T0141041

Vrouwe Alchemie omringd door alchemistische apparatuur en instrumenten, BL Sloane 1255, f. 5r.

JOOS BALBIAN EN DE STEEN DER WIJZEN
DE ALCHEMISTISCHE NALATENSCHAP VAN EEN ZESTIENDE-EEUWSE ARTS

Antwerpse Studies over Nederlandse Literatuurgeschiedenis 9

Publicatiereeks van het ISLN
Instituut voor de Studie van de
Letterkunde in de Nederlanden
Universiteit Antwerpen

Onder de redactie van:

Piet Couttenier
Hubert Meeus
Frank Willaert

Omslagillustratie: De boom der metalen, BL Sloane 1255, f. 143v.

Joos Balbian en de steen der wijzen De alchemistische nalatenschap van een zestiende-eeuwse arts

ANNELIES VAN GIJSEN

PEETERS
2004

D. 2004/0602/51
ISBN 90-429-1444-0

INHOUD

DEEL II
BLOEMLEZING

DEEL III
BIJLAGEN

Een eerste steen ligt nauwelijks terneer

WOORD VOORAF

In de alchemistische traditie heeft er altijd een zekere weerstand bestaan tegen het in druk uitgeven van teksten over alchemie. Dat brengt immers het risico met zich mee, dat ze in handen vallen van personen voor wie ze allerminst bedoeld zijn: parels voor de zwijnen. Joos Balbian kende dit bezwaar, maar hij deelde het niet. In 1599 gaf hij twee alchemistische bundeltjes uit; in een voorwoord verdedigde hij dit met het argument, dat de onwaardigen deze teksten immers toch niet kunnen begrijpen.[1]

Alchemistische teksten zijn berucht om hun ontoegankelijkheid, waardoor het moeilijk is om in de achterliggende denkwereld door te dringen. Maar niet alleen deze doelbewust door de alchemisten zelf opgetrokken rookgordijnen belemmeren de beeldvorming. Door de eeuwen heen zijn de alchemisten vaak zijn afgeschilderd als door hebzucht verblinde dwazen. Ook dit voor velen van hen onverdiend negatieve beeld onttrekt hun werkelijke opvattingen en bedoelingen aan ons oog.

Met dit boek hoop ik een tipje van de sluier op te lichten, en daardoor bij te dragen tot meer begrip en respect voor de alchemie en haar beoefenaars. Niet alleen voor de beoogde lezer, maar ook voor mijzelf gaat het hierbij om een eerste ontmoeting met de alchemie. Te veel nuancering of uitweiding over details past niet in deze bescheiden doelstelling; die ben ik dan ook zoveel mogelijk uit de weg gegaan.

Het Balbian-onderzoek vond plaats aan de UA/UFSIA in het kader van het onderzoeksproject 'Alchemie en religie in de Nederlanden tot 1600'. Dit project werd aanvankelijk uitgevoerd door dr. Veerle Fraeters, die in 1998 andere werkzaamheden kreeg. Ik was en ben nog steeds erg blij, dat mij toen gevraagd is het project over te nemen. Gezien de beperkte tijd leek het raadzaam, een concrete casus aan te pakken. Balbian leek om diverse redenen aantrekkelijk: zijn grote en gevarieerde handschrift bevat fascinerend materiaal, en over zijn leven bleek bovendien tot nu toe niet bekende documentatie te vinden te zijn.

Dit boek is een drieluik. In het eerste gedeelte komen Balbians biografie, de alchemie van zijn tijd en zijn alchemistische collecties min of meer uitvoerig ter sprake. Het tweede deel is een bloemlezing van alchemistische gedichten en prozateksten en -fragmenten, voorzien van enige toelichting en van vertalingen in modern Nederlands. Deel drie documenteert het voorafgaande in de vorm van bijlagen, waarin gedetailleerde informatie over Balbians familie en over de inhoud van zijn collecties is opgenomen.

[1] Zie voor de tekst van dit voorwoord Bloemlezing 21.

Met genoegen en dankbaarheid kijk ik terug op de steun en hulp, die ik bij het Balbian-onderzoek van vele kanten heb ondervonden. De nauwst betrokkenen, Frank Willaert en Veerle Fraeters, hebben mij voorbeeldig begeleid; Frank Willaerts fenomenaal snelle begrip en altijd waardevolle commentaar en Veerle Fraeters' genereuze steun vanuit een grote kennisvoorsprong verdienen het hartelijkste respect. Ook ben ik hen zeer erkentelijk voor de ruimte die ze me boden, en niet het minst voor hun zwaarbeproefde geduld.

Aan de Universiteit Antwerpen heb ik me, sinds mijn aanstelling in het najaar van 1998, altijd bijzonder op mijn plaats gevoeld, wat voor een belangrijk deel te danken was aan de plezierige sfeer en de vriendelijke collega's. Bij dit onderzoek sta ik bovendien bij enkelen van hen in het krijt. Mijn hartelijke dank gaat uit naar de latiniste dr. Rita Beyers, die altijd bereid was me te helpen om in de Latijnse teksten door te dringen, en van wie ik daarbij veel heb geleerd. Verder dank ik dr. Guido Marnef voor zijn waardevolle commentaar op de historische component van dit boek, en Prof. em. dr. F. Bossier voor een memorabele rekensessie. Annemie Van Aelst ben ik dankbaar voor haar voortreffelijke secretariële ondersteuning van het project.

Ook aan verschillende deskundigen buiten Antwerpen ben ik dank verschuldigd. De neolatinist dr. Zweder von Martels (RU Groningen) hielp me met de interpretatie en de vertaling van Palingenius, zijn vakgenoot R. Bouthoorn uit Amsterdam met Pontanus, en dr. José de Bruijn-van der Helm (Universiteit Utrecht) heeft me geholpen met de Italiaanse teksten. Aan Prof. dr. Hilde de Ridder-Symoens (RU Gent/ VUAmsterdam) dank ik waardevolle informatie over de universiteiten in de zestiende eeuw. Prof. dr. A. Hamilton (RU Leiden) was zo vriendelijk me zeer interessante gegevens te verschaffen rond Balbians aangetrouwde zwager Paulus de Kempenaer, waarvan ik in de toekomst nog gebruik hoop te maken.

De eerste aanzet tot het onderzoek naar Balbians biografie dank ik aan de informatie die ik kreeg van de archivaris van de Goudse Sint-Janskerk, Mw. H. van Dolder-de Wit. Via haar kwam ik in contact met Ds. V.E. Schaefer, die me de weg wees naar verschillende belangrijke bronnen; het spijt mij bijzonder dat hij het verschijnen van dit boekje niet meer heeft mogen meemaken. Een mijlpaal in het onderzoek was mijn bezoek aan mr. Philip E. Hartman te Rotterdam, een directe afstammeling van Anthonie Balbian en de huidige eigenaar van diens *Memorieboek*. Ik dank de heer Hartman en zijn echtgenote voor de vriendelijke ontvangst en hun behulpzaamheid.

De alchemistische collectie van de Bibliotheca Philosophica Hermetica in Amsterdam is van onschatbare waarde voor het internationale alchemieonderzoek. Van de staf van deze bibliotheek wil ik in het bijzonder drs. José Bouman en dr. Cis van Heertum van harte bedanken voor hun even deskundige als vriendelijke hulp.

Tenslotte dank ik mw. A. Brunt, archivaris van het Huisarchief Twickel, voor haar hulp ter plaatse en vooral voor haar vriendelijke reactie op mijn vorafgaande telefoontje.

De voltooiïng van dit boekje heeft aanmerkelijk meer tijd gekost dan voorzien. Het zou me nog meer moeite kosten afscheid te nemen van het manuscript als ik niet de hoop had het onderzoek in de toekomst te kunnen voortzetten. Er valt immers nog heel wat te doen.

Annelies van Gijsen
Antwerpen, 15 october 2003

DEEL I

LEVEN EN KUNST

BIOGRAFIE

Joos Balbian is bijna drieënzeventig jaar geworden: voor zijn tijd een respectabele ouderdom. Zowel zijn familieachtergrond als zijn levensloop zijn te situeren in een landsgrenzen overschrijdende, Europese context. Hij was actief betrokken bij de godsdienstige en politieke conflicten en spanningen van zijn tijd. Enkele witte plekken uitgezonderd, is zijn levensloop uit verschillende bewaard gebleven documenten redelijk goed te construeren. Door de dorre feiten heen schemert soms een glimp van Balbian als mens, van zijn persoonlijke levenshouding, zijn zelfbeeld en dat wat hem bewoog. De alchemie, die in zijn leven een bijzondere plaats innam, komt na de biografie aan de orde. Sommige omstandigheden en connecties lijken daarbij uit te nodigen tot speculaties die in een *vie romancée* goed zouden passen, maar die niet controleerbaar zijn. Ik beperk dergelijke suggesties tot enkele voetnoten en een deel van een korte nabeschouwing.

Anthonie Balbians vertaling in het Nederlands van de familieaantekeningen van vader Jan Balbian (zie Bijlage 1). Hier de entree over de geboorte van Joos op 10 augustus 1543; Memorieboek van Anthonie Balbian, f. 94r.

Ouders en kindertijd

Joos Balbian werd op 10 augustus 1543 in Aalst geboren als zoon van Jan Balbian en Anna van Gavere. Zijn vader Jan noteerde, dat het 'le jour de Saint Laurens' was, 'sur ung vendredy un petit devant les 7 heures du matin'.[1] Joos was hun tweede kind; het eerste, Jan, was kort na zijn geboorte overleden. Hij werd vernoemd naar zijn grootvader Joos van Gavere, die ook een van zijn peters was.

Vader Jan was begonnen met zijn notities in het jaar 1540. Op elf januari van dat jaar trad hij in de Karmelietenkerk te Aalst in het huwelijk met Anna van Gavere. Hij was toen ongeveer 34 jaar. Het is onbekend wanneer hij vanuit zijn geboorteplaats Andezeno, bij Chieri in Piemont, naar de Lage Landen is verhuisd. Misschien was zijn moeder een Vlaamse.[2] In elk geval waren er hier te lande veel van zijn streekgenoten actief in de handel, vooral in de geldhandel. Jan was werkzaam als tafelhouder: hij beheerde een tijdlang de leentafel (de bank van lening) in Aalst en had een aandeel in die in Antwerpen.

Anna, zijn bruid, was zo'n tien jaar jonger dan hijzelf; ze was in Aalst geboren als dochter van Joos van Gavere en Sanderijn van Liedekerke. Haar ouders waren beiden onwettige kinderen van hoogadellijke vaders: respectievelijk Godfried van Gavere en Raas (Rasse) van Liedekerke.[3] Anna's vader Joos, haar broers en zusters, en andere familieleden zullen zeker bij haar huwelijk aanwezig zijn geweest; ze had veel verwanten in Aalst, en de wettige en de bastaardnakomelingen van de families stonden wel met elkaar in contact.[4]

Uit het huwelijk van Jan en Anna werden tien kinderen geboren, waarvan er zes al op zeer jonge leeftijd zijn overleden. Uit de persoonlijke notities van Jan, die overigens consequent in het Frans schrijft, weten we hun geboorte- en sterfdata, en hij noteerde ook precies wanneer, waar en door wie ze (rooms-katholiek) gedoopt zijn, en wie hun peters en meters waren. De kinderen van Jan en Anna werden vooral ten doop gehouden door bloed- en aanverwanten van Anna en door Piemontese tafelhouders en hun gezinsleden.[5] Het gezin is tussen 1550 en 1554 van Aalst naar Gent verhuisd: de eerste zeven kinderen zijn in Aalst geboren en gedoopt, en de drie jongsten in Gent.

[1] De familie-aantekeningen van Jan en zijn nakomelingen worden besproken in Bijlage 1.

[2] Ze heette Lievina Cluterinc; deze familienaam kwam voor in Gent.

[3] Octaviaen, een zoon van Joos, noteert althans dat Jaques de Gavere, heer van Fresin en vliesridder, 'Joost Balbian moeders vaders broeder' was; zie ook de volgende noot.

[4] Philip van Liedekerke, een kleinzoon van Rasse, noteert als meters van zijn in 1532 geboren kind Alexandrine van Liedekerke, echtgenote van Josse van Gavere, en Catherine Spliters, weduwe van Daniel van Liedekerke, 'mes tantes bâtardes' (Liedekerke 1969, II, p. 78, p. 159; in register bij Josse de Gavere: 'de ligne bâtarde'). Philips zuster Jeanne van Liedekerke was in 1548 meter van het vijfde kind van Jan Balbian en Anna van Gavere.

[5] Zie voor details bijlage 1, p. 188.

Een jaar na Joos werd zijn broer Anthonie geboren, twee jaar daarna gevolgd door Bertelmeus. De drie jongens zullen in Gent de Latijnse school bezocht hebben. Bertelmeus overleed in 1560 op veertienjarige leeftijd als leerling van de Latijnse school ten huize van de schoolmeester Pieter van Dickele.[6] Van de zes na Bertelmeus geboren kinderen bleef alleen Cathelijne, geboren in 1557, in leven.

Studietijd[7]

In de zestiende eeuw was het gebruikelijk, dat jongens uit gegoede families aan universiteiten elders in Europa studeerden. Sommigen deden daarbij een hele reeks prominente universiteiten aan, waar ze naast de nodige kennis en vorming vaak ook belangrijke contacten opdeden. De jongens Balbian volgden dit patroon. Op 25 september 1562 werden ze ingeschreven aan de Universiteit van Heidelberg, juist in het jaar dat de stad Heidelberg publiekelijk overging tot de protestantse godsdienst, als 'Jodocus', respectievelijk 'Antonius Balbianus Alostensis'.[8] Blijkbaar was Joos bij zijn inschrijving nog niet zeker van zijn 'officiële' voornaam; later noemde hij zich steeds 'Justus'.[9] Een studierichting wordt niet vermeld, maar als dit de eerste universiteit is die Joos en Anthonie bezoeken, zullen ze waarschijnlijk begonnen zijn met het gebruikelijke eerste-jaars-programma: een inleiding in de zeven vrije kunsten.

Op dezelfde datum schreef de ook in Aalst geboren Olivier de Bock ('Oliverius Bockius, Alostensis') zich in Heidelberg in, als student in de theologie. Hij was mogelijk een volle neef van de twee broers, en in elk geval was hij ouder en meer ervaren, aangezien hij al in 1554 als student in Wittenberg werd ingeschreven.[10] Misschien fungeerde hij als mentor van de Balbians.

Drie jaar later zat Joos, ditmaal zonder zijn broer, in Orléans. Op 8 october 1565 werd hij ingeschreven als 'Nobilis dominus Justus a Balbian Alostanus, Flandrus'.[11] De aanduiding als 'edele heer' zegt niet alleen iets over Joos' afkomst en sociale status, maar ook over het van hem verwachte bedrag aan collegegeld. Rijke studenten betaalden meer, waardoor arme studenten gratis konden studeren. Hij betaalde twee maal zoveel als het bedrag dat de Gentenaar Martin de Peystere een dik jaar eerder had moeten neerleggen. Orléans was net als Heidelberg een bolwerk van protestantisme;

[6] Vermoedelijk dezelfde als 'meester Pieter van Dickele', die in 1532 schepen was.

[7] De meeste gegevens voor dit gedeelte zijn afkomstig uit De Ridder-Symoens 1986.

[8] Toepke 1886, II, p. 29.

[9] Hij noemt zich 'Josse' als hij Frans schrijft; in stukken uit de noordelijke Nederlanden wordt hij doorgaans 'Joost' genoemd, maar zelf schrijft hij 'Joos'.

[10] Foerstermann 1841, I, 292.

[11] De Ridder-Symoens 1986, p. 99.

hoewel de Balbians nog tot 1577 formeel katholiek blijven, lijkt de keuze van deze universiteiten al te wijzen op sympathie voor de reformatie. Aan de van oudsher beroemde rechtenfaculteit van Orléans behaalde Joos op 20 juni 1566 het licentiaat in de beide rechten. Het is onbekend of hij hierna nog in Orléans is gebleven, al kan de aankomst van Gilles Borluyt, die de maand ervoor werd ingeschreven als 'Egidius Berluyt Gandavensis', dat aantrekkelijk hebben gemaakt. Met zijn leeftijdgenoot Gilles was Joos mogelijk al vanaf de Latijnse school bevriend: in de opdracht van zijn *Tractatus Septem* (1599) 'Aan de zeer doorluchtige en edele heer Gilles Borluyt, ridder' maakte hij melding van hun vriendschap *ab adolescentia*.[12]

Uit een aantal documenten blijkt dat Joos behalve rechten medicijnen heeft gestudeerd en daarin ook gedoctoreerd is. Op zijn grafzerk in de Goudse Sint-Janskerk stond 'MD', *Medicinae Doctor*. Een aantal oudere biografische naslagwerken noemt Padua als plaats van Joos' promotie, met meer of minder stelligheid, maar pas sinds de achttiende eeuw;[13] één encyclopedie vermeldt Pavia.[14] Het lijkt niet onwaarschijnlijk dat Joos in Italië gestudeerd heeft, waar hij familie van vaderskant had, maar er zijn nog geen gegevens boven water gekomen waaruit blijkt, waar hij zijn titel heeft behaald.

Huwelijk en werk

Op Kerstdag 1568 overleed Jan Balbian te Gent. Hij was toen tegen de drieënzestig jaar oud. Joos en Anthonie, die beiden de familienotities van hun vader voortzetten, noteerden hierover nogal verschillende details. In de notities van Joos stond naast de vermelding van het overlijden van zijn vader een kanttekening, dat Jan Balbian op zijn sterfbed is geportretteerd, een gebruik dat juist in die tijd hier te lande in de mode kwam. Op de lijst van het geschilderde portret stond een tekst in het Latijn, waarin het karakter, de deugden en de verdiensten van de overledene worden geprezen.[15]

[12] Het contact was blijvend; in Gouda bevindt zich een notarieel stuk dd. 4 oct. 1616 (SAHM, Notarieel Archief Gouda, No. 19, 25v-26r), na de dood van Joos, waarin zijn dochters Barbara en Anna Gilles machtigen bij het afwikkelen van geërfd onroerend goed in Gent.

[13] De eerste is Paquot 1766, die nog enig voorbehoud maakt en daarin gevolgd wordt door Eloy 1778, Jourdan 1820, Delvenne 1829 en Dewalcke 1866; De Chalmot 1798, Pauwels de Vis 1843, Van der Aa 1853 en Kobus 1854 doen dat niet.

[14] *Enciclopedia universal ilustrada europea-americana.* Barcelona, 1907-1931, deel 7 p. 324.

[15] Dit portret is waarschijnlijk verloren gegaan. Er is wel een tweetal vrijwel contemporaine Brusselse doodsportretten bewaard; zie Sliggers 1998.

Het nuptiaal wapen, gedecoreerd met liefdesknopen, van de ouders van Joos, Jan Balbian en Anna van Gavere. Het wapen van de Balbians is een gouden dolfijn (op deze afbeelding niet bijster herkenbaar) op een rood veld; de Gaveres voeren een rode leeuw met blauwe klauwen op een gouden veld. BL Sloane 1255, f. 3r.

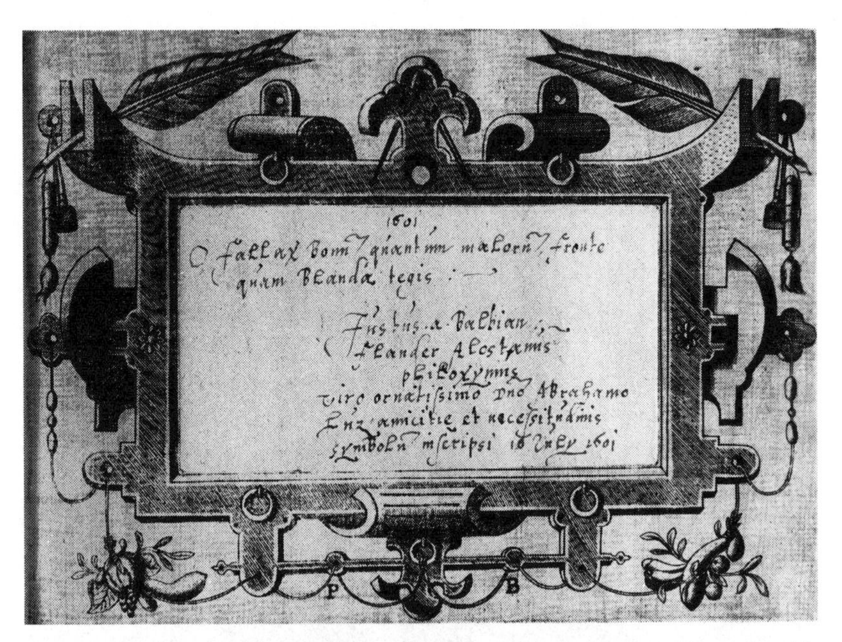

In 1601 schreef Joos deze bijdrage in het *Album amicorum* van Abraham Sionsz. Luz. Na een citaat uit Seneca's Oedipus ('O bedrieglijk goed dat zozeer het aangezicht van het slechte verbloemt alsof het goed is'; in de oorspronkelijke context heeft dit betrekking op het koningschap) volgt de opdracht: 'Joos Balbian, Vlaming uit Aalst, chemieliefhebber, heeft dit geschreven voor de voortreffelijke heer Abraham Luz als teken van vriendschap en verbondenheid, 16 juli 1601.' Na het overlijden van zijn eerste echtgenote, die familie was van de toenmalige bewoners van kasteel Twickel (waar het album zich nog steeds bevindt) zou Abraham in 1603 trouwen met Margriete Alexandersdr. Balbian. Huisarchief Twickel, Delden.

Anthonie noteerde bij het overlijden van hun vader, dat hij 'werd begraven tot de carmelijten of vrouwe broeders binnen de Stad van Ghent, hebbende geordonneert voor sijne uijterste wille soo de gemeene armen der Stadt van Gendt, als andere arme huijsgesinnen de somme van twee duijsent guldens'. Jan Balbian was in materieel opzicht blijkbaar geslaagd in dit leven en daarbij een deugdzaam en menslievend man. Wellicht was er een directe relatie tussen zijn overlijden en het huwelijk, in het jaar erna, van zijn beide zonen: door de nalatenschap van hun vader waren ze in staat zich te vestigen en een gezin te stichten.

In augustus 1569 trouwde Anthonie met Piereintje Jansd. de Peyster; Anthonie was toen bijna vijfentwintig, Piereintje vijf jaar jonger.[16] Joos

[16] Haar eventuele familierelatie met de hiervoor genoemde Reinier en Martin heb ik niet kunnen achterhalen.

trouwde drie maanden later; zijn bruid, Josine Michielsdr. Fouasse (Fouazzo), was pas zeventien. Het gezin waaruit Josine kwam, had veel met dat van Joos gemeen. Haar moeder, Adriana van der Meere, was Gents; haar vader kwam uit Piemont, en hij beheerde de tafels van lening in Dordrecht en Utrecht. De families Balbian en Fouasse kenden elkaar al minstens vijftien jaar: in 1554 werd Joos' zusje Adriana vernoemd naar haar meter, zijn latere schoonmoeder.[17] De ondertrouw van Joos en Josine vond plaats te Gent in haar ouderlijk huis. Mogelijk woonden de Fouasses al veel langer in Gent.

Joos en Josine kregen acht kinderen: zeven dochters, van wie de twee eersten zeer jong stierven, en een zoon. Alle kinderen werden in Gent geboren, de jongste in 1583.

We weten niet, of Joos in Gent ooit als arts werkzaam is geweest.[18] Wel trad hij samen met zijn broer in de voetsporen van hun vader: 'Josse de Balbian et Anthoine son frère' worden op 24 april 1577 vermeld als beheerders van de leentafel van Antwerpen.[19] Dat heeft niet zo lang geduurd, want vanaf 22 december 1578 werd de zaak voortgezet door Pierre Tubbiz.[20] Waarschijnlijk is er een verband met de aanstelling, door de Raad van Financiën, van Bernardin de Succa als controleur van de leentafels begin december van dat jaar.[21] Hij moest toezien op het naleven van een voorschrift, waar veel tafelhouders blijkbaar de hand mee lichtten: de verplichte publieke verkoop van verjaarde panden, waarvan de opbrengst dan met de pandgevers verrekend diende te worden.[22] Mogelijk was het optreden van Bernardin de reden dat Joos en Anthonie hun octrooi op de Antwerpse leentafel kwijtraakten, dan wel verkochten.

[17] Zij had zich bij de doop laten vertegenwoordigen door 'Janneken femme de Baduwin Andragon'.

[18] Dat hij zich na zijn studie als arts in zijn geboorteplaats Aalst zou hebben gevestigd (Van der Aa 1853) is niet meer dan een slag in de lucht.

[19] Niet te verwarren met de in dezelfde periode als bankiers in Antwerpen gevestigde gebroeders Balbi. In het stadsarchief van Mechelen is correspondentie van deze broers, Jehan Franchesco, Bartolomeo en Jeronimo, met het stadsbestuur bewaard (1577-1588); zie Van Doren 1866, IV en V.

[20] Goris 1925, p. 622. Misschien was Pierre familie van Bernardin Tubiz, die in 1556, met onder meer vader Jan Balbian, een aandeel had in de Antwerpse leentafel, Verachter 1845 p. 19.

[21] De Raad wilde blijkbaar profiteren van inkomsten uit boetes; ze reden hiermee de Staten-Generaal in de wielen, die al in maart 1578 Michel des Ardes had aangesteld als 'contrerolleur des abuz et commissions perpetrez par les Lombards et ceulx tenans tables de prest', De Pater 1917, p. 99.

[22] De Pater 1917, p. 98-99. Den Tex 1959, p. 50-51 spreekt hier van 'malversaties van de lombarden', maar het lijkt aannemelijk dat het eerder een, zij het onwettige, vorm van klantvriendelijkheid betreft. Vooral de pandgevers zouden door een dergelijke verplichte verkoop gedupeerd worden, omdat het geleende bedrag doorgaans lager was dan de werkelijke waarde van het onderpand.

Calvinistisch engagement

Het lijkt waarschijnlijk dat Joos en zijn familie al voor of in de jaren zestig sympathiseerden met de reformatie. Toch gingen ze pas op de valreep, kort voor de calvinistische machtsgreep in Gent, formeel over tot de gereformeerde godsdienst.[23] Joos en Josine lieten hun vijfde kind, Benedictus, geboren op 28 januari 1577, nog katholiek dopen. Het volgende kind, Anna, geboren op 8 augustus 1578, werd gedoopt door de gereformeerde predikant Jacobus Regius.[24] Joos' zuster Cathelijne Balbian, haar schoonvader Anthonie Darbant en de vrouw van Anthonie Balbian, Piereintje de Peyster, waren de doopgetuigen. Blijkbaar was de familie min of meer collectief protestants geworden.[25]

Kort hierna vond in Gent een machtsgreep plaats, gericht tegen het Spaanse bewind. Begin november 1577 werd er een nieuw bestuurscomité van achttien mannen geïnstalleerd onder leiding van Jan van Hembyze, waarna naar voorbeeld van Genève een calvinische stadsrepubliek werd gevestigd.[26] Willem van Oranje, die kort hierna de stad bezocht, vond in Hembyze een tegenstander van de door hemzelf nagestreefde vrijheid van godsdienst. Het conflict escaleerde, en Hembyze moest in augustus 1579 naar Duitsland uitwijken. Onder de hertog van Parma Alexander Farnese, die Don Juan als landvoogd was opgevolgd, werd de toestand van de opstandelingen steeds benauwder. Op advies van Willem van Oranje benoemden de Staten-Generaal na de *Akte van Verlatinghe* (augustus 1581) Frans van Valois, hertog van Anjou en Alençon en broer van de Franse koning, tot landvoogd. Diens optreden werd een faliekante mislukking. Anthonie Balbian geeft van de Anjou-episode de volgende levendige beschrijving:

> In 't Jaer 1582, den [niet ingevuld] february es Franchois van Valloys, hertoge van Allanchon, uyt Engeland t'Antworpen aen commen, ende es voor de voorseide Stadt ghehult hertoge van Brabant [...]. Ende heeft den 23 der voorseide Maendt Augusti op de Vrydaghmarct der Stadt van Ghendt synen eedt gedaen ende es aengenomen als Grave van Vlaenderen met groote Blydscap van alle de volcke. Welcke voorseide Blydschap niet lange geduyrt heeft, overmidts dat hy by alle onbehooirlycke middelen heeft gesocht den voorseide Landen van Vlaenderen ende Brabant te bringen in eene Slavernye, vele erger dan de Spaensche. Maer alsoo hem 't selve qualijc succedeerde (namelijc den aenslach dye hy voren hadde op de Stad van Antworpen den

[23] Vooral personen uit hogere kringen waren terughoudend om publiekelijk tot het protestantisme over te gaan; zie Marnef 1985.

[24] Jacob de Coninck alias Regius was daarvoor de 'meest toonaangevende predikant van de Londense Vluchtelingenkerk'; hij kwam in maart 1578 naar Gent. Decavele 1984, p. 41.

[25] In mei 1579 doopte Regius ook Sara, dochter van Anthonie Balbian, met als doopgetuigen zus Cathelijne, Josine Fouasse en Pieter de Vos, toentertijd secretaris van Vere. Bij het huwelijk van Cathelijne, op 8 november 1575, waren ze blijkbaar nog allemaal katholiek.

[26] Zie Decavele 1984, p. 32-37. Tot de achttien behoorde Gilles Borluyt.

> 17 february 1583 stylo novo,[27] waer deure ooic allen syne andere aenslagen dye hy op diveersche Steden hadde tot nyet gebragt werden), soe es hy ten eynde uyt Vlaenderen gescheeden ende naer Vranckerycke vertrocken, al waer dat hy curts daer naer dese warelt overleden es. Ende heeft groote oorsake gegeven dat de provincien van Vlaenderen ende Brabant wederom gecommen syn in de slavernije der Spaengiaerden, tot ruyne van de twee voorseide Provincien. De Almogende Heere sal se van de selve verlossen alst Syne goddelicke wille is; Hem sy lof ende prys inder eewigheyt.[28]

Hembyze werd in augustus 1583 teruggeroepen naar Gent. Omdat de opstand er toen al zeer slecht voorstond, knoopte hij geheime onderhandelingen met de tegenstanders aan, om welke reden hij een jaar later als landverrader werd onthoofd.

Van het begin af aan vervulde Joos een actieve rol ten dienste van de Gentse Calvinistische Republiek. Hij was tot de val van het regime in 1584 een van de drie sergeanten-majoor, en voerde gedurende de eerste zeven maanden daarvan als kapitein het bevel over een compagnie infanteristen.[29] In deze functie wordt hij vermeld in het *Beclach van Jan van Imbieze*, een satirisch gedicht naar aanleiding van de vlucht van Hembyze in 1579:

> Adieu, capiteyn Balbian, die vele hebt vermeten
> En redelick ghequeten jeghens de gheestelicke perfect.[30]

Joos verschijnt in verschillende bronnen uit deze periode met zijn academische én militaire titel. Een lijst van belastingbetalers te Gent van 15 maart 1578 vermeldt hem als 'Mr. Barbejan Joos', 'usurier' en kapitein van een compagnie infanterie. Hij betaalde honderd gulden per maand, en behoorde daarmee tot het meest gegoede deel van de inwoners van Gent.[31] In de 'pinksterstorm', twee maanden later, plunderden calvinistische soldaten een kapel in het kasteel annex de gevangenis, waar ze volgens de katholieke, Spaansgezinde De Halewijn (die op dat moment zelf gevangen zat) alles kort en klein sloegen op één beeld na, 'laquelle fust préservée et transportée saulve et entière au logis du capitaine maistre Josse Barbagian, usurier, pour en parer son jardin [...]'.[32] De vijandigheid van De Halewijn spreekt duidelijk uit zijn verslag van het bezoek aan Gent van 'Le ducq

[27] De zogenoemde Franse Furie; vermoedelijk was dit voor Anthoine de directe aanleiding om in zijn persoonlijke aantekeningen van het Frans op het Nederlands over te gaan.

[28] Memorieboek Anthoine Balbian, f. 99r-v.

[29] Gezien zijn opleiding in de rechten en de medicijnen lijkt het niet erg voor de hand liggend dat hij op militaire functies werd ingezet, maar misschien volgde hij hiermee een familietraditie: zijn grootvader André Balbian wordt ergens als 'capitaine milanez' aangeduid. Rietema 1985, p. 167, op basis van de kwartierstaat Kriex.

[30] Ed. in Blommaert z.j. (ca. 1840), p. 54-89; citaat strofe 27, p. 67.

[31] Despretz 1963, p. 207. Er waren maar 100 mensen die méér betaalden, en 100 die van 50 tot en met 100 betaalden. Broer Anthonie staat niet op deze lijst (hij was blijkbaar gesjeesd als student en is later in Keulen lid van het bontwerkersgilde).

[32] 12 mei 1578. De Halewijn (ed. Kervyn de V., p. 79-80).

Jean-Casimirus', op verzoek van Jan van Hembyse, in november 1578. Hij krijgt daar

> compagnie de table des plus estimez entre eulx, sicomme du capitaine et sergeant major Guillaume Succa, usurier, Jaques Myghem, meurdrier, et le brigand Josse Stalins [...]; maistre Josse Balbian, capitaine aussi usurier, et aultres semblables suyvant le proverbe ancien des Grecs, allégué souvent par Plutarche:
> "Où discorde règne et partialité,
> "Le plus méchant a plus d' authorité."[33]

In september 1584, na een beleg van zeven maanden, moest de stad Gent zich tenslotte overgeven aan Farnese. De gevolgen hiervan laten zich nogal verschillend beschrijven, afhankelijk van de sympathie van de auteur. Zo kunnen de (katholieke) 'Geloovigen' bij het lezen van de kroniek van De Jonghe 'bemercken hoe genaedelyk door de Goddelycke Bermhertigheid deze Landen getrokken zyn uyt de Dolingen, waer in zy ten deele gevallen waeren'.[34] Anthonie Balbian kijkt natuurlijk heel anders tegen de successievelijke wisselingen van godsdienst aan:

> Een luttel tyts te voren[35] warde geweert uijt alle de kercken ende clooisters binnen Gendt weesende den Gruwelycken dienst, de Leere ende afgoderye des Pausdoms, ende in syne plaetse werdt inne gebracht de suyverlicke Leere des Evangeliums, [...] totdat ten eynden de Prince der Duysterheyd, een vijandt des Heyligen Evangelium, heeft deur syne supposten alsoe geaerbeydt dat hij ontrent het jaer 1584 wederom heeft inne gebrocht in alle de steden ende durpen van Vlaenderen ende Brabant de gruwelijke afgoderye des Antichrist, d'welck es een leere, fonteyne ende ooirspronc aller boosheijd...[36]

Tot de voorwaarden bij de overgave behoorden de eis van een groot geldbedrag en de uitlevering van zes prominente calvinisten. Deze groep werd geselecteerd uit een lijst van ongeveer vijfenveertig personen. Tot deze zes behoorde ook Joos Balbian. Over zijn wedervaren tijdens zijn gevangenschap, van october 1584 tot december 1585, schreef hij een korte *Memoire* achter in zijn handschrift. In deze *Memoire* gaat hij vooral in op de daarbij door hem geleden financiële schade: behalve het forse losgeld kwamen ook de kosten voor de gevangenschap en de bewaking voor zijn rekening.[37]

[33] De Halewijn, ed. KdV, p. 115. De Halewijn noemt Balbian ook elders nog: hij doet verslag van een expeditie (gevangenen uit Dendermonde halen, 31 maart 1579), door de Gentse cavalerie geleid door 'Francois Domignon, usurier, et les compagnies de pied de Guillaume Succa et maistre Josse Berbagian, assy usurier' (p. 184-191). Kervyn verwijst in een voetnoot naar De Jonghe II, p. 127, waar sprake is van 'dry vendelen krygs-volk van de kapiteins Sucaet, Barbiaen en eenen anderen'.

[34] Censor A. van Tienervelt in de Goedkeuringe (dd. 1752) op De Jonghe, *Ghendtsche Gheschiedenissen* ed. 1781, II, p. 472.

[35] Dit volgt na Anthonies vermelding van de inname van Menen in 1583.

[36] Memorieboek Anthonie Balbian, f. 98r.

[37] Zie Bloemlezing 18; de *Memoire* werd eerder geciteerd en besproken in Braekman 1986.

Naar het noorden

Na de overgave van de stad Gent werden de Gentse protestanten voor de keuze gesteld om terug te keren tot de katholieke godsdienst, dan wel te vertrekken naar buiten de landsgrenzen. Dit leidde tot een massale uittocht. Anthonie Balbian was al in mei 1585 met zijn gezin naar Keulen vertrokken, zoals veel van zijn stad- en geloofsgenoten. Joos en de zijnen weken, vermoedelijk kort na de jaarwisseling 1585-1586, uit naar de noordelijke Nederlanden, eveneens een toevluchtsoord voor grote aantallen zuidnederlandse emigranten. Ze vestigden zich daar in eerste instantie in Delft. Ook Joos' zus Cathelijne en haar man Dominique Darbant verhuisden naar Delft. De keuze voor deze stad kan te maken hebben met het feit dat hun bloedverwant Alexander Balbian daar woonde.[38] Wat Joos in Delft deed en waar hij van leefde is niet bekend.[39] Wel begon hij in 1587 met het samenstellen, of misschien met het redigeren, van zijn handschrift (zie alchemie en de beschrijving van het handschrift).

Bij hun verhuizing naar het noorden hadden Joos en Josine zes kleine kinderen; de oudste, Josine (1574), was negen jaar ouder dan de jongste, Isabella (1583). Hun moeder overleed enkele jaren daarna. Joos maakte hierover maar een korte aantekening, maar Anthonie is als gewoonlijk wat uitvoeriger:

> Int Jaer 1588, den 19- May, des smorghens tusschen de vyf ende sesse hueren, is dese werelt overleden ende uit dit Jammerdal gescheyden Jonckvrauwe Josyne Fouasse filia ('dochter') Michils, huysvrauwe ('echtgenote') van Mr Joois Balbian, ter selver tijt woonende in de stat van Delft in Hollant. Ende is aldaer begraven in de Aude Kercke in de sepulture ('het graf') van Alexander Balbian. Sy was gecomen tot het 36 jaers hares auderdoms: ter welcker tijt, naer hare langdurighe cranckheyt, soo hevet Godt den Almoghende Here belieft haer te verlossen van alle hare ellende ende cativicheyt ('rampspoed'), ende hare siele in syn rijcke ende eeuwighe ruste te nemen.[40]

Begin 1589 was Joos in Utrecht voor een transactie vanwege de nalatenschap van zijn schoonvader.[41] Met diens opvolgers aan de Utrechtse leentafel

[38] De precieze familierelatie heb ik niet kunnen achterhalen. Alexander was tafelhouder in Delft van 1574 tot 1584, toen Georg Genevre (ook als Joris Jenever aangeduid) de leentafel overnam, maar hij bleef nog meer dan twintig jaar in Delft wonen. Nadat Georg en zijn vrouw Maria Perche in 1593 aan de pest gestorven waren, waren Alexander en Dominique Darbant voogden over hun weeskinderen.

[39] Het *Memorieboek* van broer Anthonie doet vermoeden, dat Joos evenals Anthonie inkomsten had uit geërfde losrenten en huur- en pachtgevend onroerend goed. Anders dan zijn zwager Dominique heeft Joos zich in Delft niet als poorter laten inschrijven.

[40] Anthonie 1, p. 23. Vermoedelijk correspondeerden de broers. Joos verschilt op twee details: hij schrijft 'kort voor zes uur', en volgens hem was Josine zevenendertig.

[41] Hij treedt op als voogd van Josine; haar vader moet dus eerder dan zijzelf zijn overleden (GA Utrecht notarieel U003a11). Joos legt een verklaring af 'by syne mannewaerheijt in plaetsche van eede'.

bleef hij in contact: enkele van hen waren later doopgetuige bij kinderen uit zijn tweede huwelijk. Op 25 april 1594 kocht Joos een huis aan het Zuideinde in Den Haag. Bij de koop was hij niet zelf aanwezig; Jaques Sandersz. Balbian uit Delft trad op uit naam van 'zijn neve Mr. Joost Balbian', waarbij hij zich tevens borg stelde.[42] Voorzover na te gaan heeft Joos daar echter nooit gewoond, hoewel hij wel Haagse connecties had.

Toen Joos in 1596 in ondertrouw ging, na acht jaar weduwnaar te zijn geweest,[43] woonde hij nog in Delft. Zijn tweede vrouw was Janneken Claesdr. Vink, die toen in Dordrecht woonde maar die oorspronkelijk uit Gent afkomstig was.[44] Joos was inmiddels bijna drieënvijftig; Janneken was eenentwintig, ongeveer van dezelfde leeftijd als haar twee oudste stiefdochters. Het huwelijk werd afgekondigd in de Goudse Sint-Jan,[45] maar vond plaats in Dordrecht, op 2 juli 1596. Een half jaar later, op de laatste dag van hetzelfde kalenderjaar, werd in Gouda Janneken geboren, het eerste kind en de enige dochter van Joos en Janneken. Ze zou nog zeven broertjes krijgen, die ook allen in Gouda geboren zijn. Blijkbaar hadden Joos en zijn tweede vrouw zich na hun huwelijk in Gouda gevestigd.

De laatste jaren van de zestiende eeuw waren voor Joos heel vruchtbaar. Het persklaar maken van de twee door hem gepubliceerde collecties van alchemistische teksten ging gelijk op met het uitdijen van zijn gezin: het voorwoord bij de eerste draagt de datum 1 april 1598, twee dagen na de geboorte van Justus junior; dat bij het tweede vermeldt 31 augustus 1599, de geboortedag van Nicolaas. Ook na de eeuwwisseling ging Joos nog enige tijd door door met het uitbreiden en herordenen van zijn verzameling alchemistische teksten. De tussenpozen tussen de geboorten van zijn vijf volgende zoontjes werden ondertussen gestaag langer.

Ook buitenshuis was Joos actief. In 1608 verzocht hij het Goudse stadsbestuur om 'de vrijheden van de stad te mogen genieten, welke gemeenlijk de overige doctoren genietende zijn'. Blijkens de honorering van het verzoek betrof dat vrijstelling van deelname aan de nachtelijke burgerwacht en van stedelijke belasting, want hem werd 'geaccordeerd vrijdom van waecken ingaende op huyden, ende vrijdom van de stadsacchijnsen inne te gane primo Februari anno 1609'.[46] Het is denkbaar, dat Joos al eerder een privéartsenpraktijk hield. Tenslotte werd hij in maart 1615, toen hij al ruim over

[42] Rietema 1985, p. 150; G.A. Den Haag, transporten nr. 484, f. 78. Jaques was een zoon van Alexander Balbian en was in 1590 getrouwd met Sara Luz, dochter van Sion; dier broer Abraham trouwde als weduwnaar in 1603 met Alexander Balbians dochter Margriete, wed. van Anthoine Sarnotis [Rietema 1976; Versprille 1957], allen tafelhouders.

[43] Hij vermeldt dit zelf in zijn familie-aantekeningen.

[44] Volgens de ondertrouw-inschrijving in het trouwboek van de Nederduits-Gereformeerde Gemeente te Delft, 30 juni 1596.

[45] Op 15 juni 1596, een zaterdag; het werd dus op zondag 16, 23 en 30 juni afgekondigd.

[46] Bik 1955, p. 211; 6e Vroedschapsboek, 17 dec. 1608, f. 118. De interpretatie dank ik aan Guido Marnef.

de zeventig was, de officiële stadsmedicus van de stad Gouda, als opvolger van Adriaen van Woerden.

Deze functie heeft hij maar ruim een jaar vervuld: hij overleed begin mei 1616, enkele maanden nadat hij een graf in de Sint-Janskerk had gekocht. Het graf werd vijf jaar later door de kerkeraad uit erkentelijkheid voor Balbians verdiensten als stadsarts aan zijn weduwe geschonken (het was blijkbaar nog niet betaald), en er werd een mooi epitaaf op de muur aangebracht.[47]

Het kan geen toeval zijn dat dit pas gebeurde na de Dordtse synode, waarbij de contra-remonstranten als overwinnaars uit de bus waren gekomen. Daarna was de Goudse Sint-Jan, aanvankelijk een arminiaans-gezinde gemeente, in meer orthodoxe handen gekomen. De meeste immigranten uit de Zuidelijke Nederlanden behoorden tot de 'precieze' aanhangers van het Calvinisme. Vermoedelijk gold dit ook voor Balbian. Van een aantal van zijn nabestaanden is in ieder geval zeker dat ze behoord hebben tot de 'dolerende' gemeente van Gouda, een groepering die strenger in de leer was dan de stroming die in het begin van de zeventiende eeuw in Gouda domineerde. Deze dolerenden waren in grote meerderheid Zuidnederlanders; op de bewaard gebleven ledenlijsten, die dateren van kort na Joos' overlijden, figureren zijn weduwe, twee van de dochters uit zijn eerste huwelijk, en twee van zijn schoonzoons, die beiden in hetzelfde jaar als Joos zijn overleden.[48] Ook zij waren emigranten uit de zuidelijke Nederlanden. Laurens van Vreckum, de man van Barbara Joostdr. Balbian, vertegenwoordigde de Goudse dolerenden bij vergaderingen elders in het land, en op zijn zolder werden de (clandestiene) diensten van de dolerende gemeente gehouden. Barbara werd hierover in november 1616 ter verantwoording geroepen door het stadsbestuur, maar ze weigerde het door haar overleden man gesloten huurcontract te verbreken en ook om namen van leden en predikanten te noemen.

Over de sociale connecties van Balbian tijdens zijn Goudse jaren geven de doopgetuigen van zijn kinderen enige informatie. De vermelde personen zijn bloed- en aanverwanten, leden van oorspronkelijk uit Piemont afkomstige tafelhoudersgezinnen (categorieën die elkaar deels overlappen),

[47] Van Dolder-de Wit 1993 wijst erop (p. 70-71), dat Muylwijk 1934 bewust een verkeerde voorstelling van zaken geeft als hij vermeldt dat Balbian aanvankelijk op het kerkhof begraven zou zijn.

[48] De door Abels gereconstrueerde lijst van tachtig namen vermeldt onder meer: Annetge Claesdr., weduwe van Joost Balbian, stadsmedicus, van Aalst; Louris Vrecke, tapissier, van Gent; Barbara Joostdr. Balbian, zijn echtgenote, van Gent; Lowijsken Vrecke, hun zoon (volgens andere bronnen heette hij Jan); Josijntgen Balbian, weduwe van Michiel van Baersbanck, van Gent; Michiel Joosten, linnenwever, van Aalst (dit is dezelfde Michiel); cf. Abels 1989, p. 85-86. De bij vergissing vermelde naam Elisabeth in plaats van Barbara in de notulen van burgemeester en schepenen (Muylwijk 1934, p. 65) kan erop wijzen dat ook Isabella (Lijsbeth, Elisabeth) Balbian (1583) tot de dolerenden behoorde.

en personen uit Gouda met een medisch beroep. Verder weten we dat hij contact had met zekere Corneille de Longchamp, genaamd Artois, die in Den Haag woonde (zie p. 152), en dat hij wel eens in Leiden kwam.

De voogden over de minderjarige kinderen van Balbian waren beroepsmedici: Mr. Martinus Blonck, doctor in de medicijnen en Joos' opvolger als stadsmedicus, en de chirurgijn Mr. Thomas Hilverts.[49] Blijkens een notarieel stuk van 1630 ging Joos behalve met hen ook om met de chirurgijn Mr. Jan Dircxsz. Harles en de apotheker Gerrit Schade. Dergelijke contacten waren niet alleen professioneel, maar ook persoonlijk; ook de gezinsleden waren bij de relaties betrokken. Zo vermaakte Willemke, de zuster van Gerrit Schade en zelf getrouwd met een Utrechtse apotheker, in 1610 een bontmanteltje aan 'Janneken Claes, huysvrouwe van Mr. Joos Balbian'.[50]

Het epitaaf in de Goudse Sint-Jan, dat het stadsbestuur in 1621 had laten aanbrengen uit erkentelijkheid voor Balbians verdiensten als stadsarts. De tekst luidt: 'Acht de dagen elk afzonderlijk als aparte levens. Van Joos Balbian, Vlaming uit Aalst, chemieliefhebber, en van zijn erven. Hij gisteren, ik vandaag, gij morgen. Gestorven in 1616'. In: Van Dolder-de Wit 1993, p. 70-71.

[49] GA Gouda, Weesboek 6, f. 251, 30 juni 1617; vermeld worden 'Joos, Claes, Octaviaen, Jan, Ascanius ende Isaac Joostenzoon ende Janneken Joostendochter'. Hieronymus ontbreekt; hij overleed in november 1617 en werd begraven in de Utrechtse Jacobikerk. Misschien verbleef hij al langer in Utrecht. In Rietema 1985, p. 180 ontbreekt Jan.

[50] Testament geciteerd in Grendel 1957, p. 492.

BALBIAN EN DE ALCHEMIE

Balbians biografie geeft een beeld van een veelbewogen en vruchtbaar leven tegen de achtergrond van een zeer turbulente periode uit de Europese geschiedenis. Zijn gemengde afstamming en zijn fysieke, politieke en religieuze mobiliteit deelde hij met een aantal meer of minder prominente tijdgenoten. Hetzelfde gold voor zijn alchemistische interesses. In de zestiende eeuw stond de alchemie in het brandpunt van de belangstelling van een intellectuele en sociale elite, waarbij eerbied en enthousiasme voor oude en gezaghebbende teksten samengingen met belangrijke innovaties.

Balbians warme betrokkenheid bij de alchemie spreekt uit zijn papieren nalatenschap. In de jaren na zijn emigratie naar de noordelijke Nederlanden verzamelde hij een grote en gevarieerde hoeveelheid tekstmateriaal op dit gebied. Zijn monumentale, met zorg geredigeerde en geïllustreerde verzamelhandschrift bevindt zich in nu de British Library. Hij is er ongeveer vijftien jaar mee bezig geweest om de bijna tweehonderd alchemistische tractaten, gedichten en recepten in dit lijvige handschrift bij elkaar te sprokkelen.

Het is vooral opvallend hoe veeltalig de collectie in dit handschrift is. Het Latijn domineert, zoals ook wel te verwachten is bij een 'gestudeerd' persoon uit deze periode, maar de Nederlandstalige teksten nemen nauwelijks minder ruimte in beslag. Het Frans neemt een eervolle derde plaats in, met zowel een reeks prozateksten als vier gedichten en een zestal recepten. Het Duits en het Italiaans zijn elk vertegenwoordigd door een drietal gedichten, en er is een lang strofisch gedicht in het Spaans. Van een klassiek zesregelig raadselversje geeft Balbian zowel de Griekse versie als een vertaling in het Latijn. De ouderdom van de teksten loopt sterk uiteen, van klassiek (of pseudo-klassiek) tot zeer recent.

Bij alle variatie in taal, vorm — naast het proza bevat het handschrift een dertigtal gedichten — en ouderdom van het tekstmateriaal is het handschrift inhoudelijk opmerkelijk consistent. Balbian blijkt primair geïnteresseerd te zijn in teksten over de Steen der Wijzen. Dit is het thema dat in alle talen en genres domineert. Het spectrum van benaderingen van dit onderwerp beweegt zich daarbij van filosofische en vaak in raadselachtige beelden ingeklede beschouwingen tot praktische instructies voor alchemistische procedures en recepten.

Balbian was echter niet alleen een verzamelaar voor eigen gebruik: hij redigeerde twee bescheiden gedrukte boekjes met uitsluitend in het Latijn geschreven alchemistische tractaten en gedichten, die beide in het jaar 1599 te Leiden uitgegeven werden door Christoffel van Rafelingen, een kleinzoon van de beroemde Christoffel Plantijn. Het eerste heet *Jodoci Greveri Secretum et Alani Philosophi Dicta De Lapide Philosophico.* Item alia nonnula eiusdem materiae, pleraque jam primum edita a Justo a Balbian ('Het Geheim van Jodocus Greverus en de Uitspraken van de filosoof Alanus over

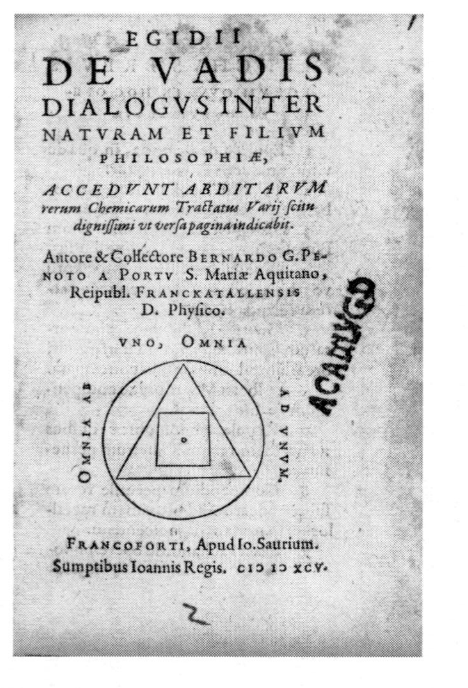

EGIDII
DE VADIS
DIALOGVS INTER
NATVRAM ET FILIVM
PHILOSOPHIÆ,

ACCEDVNT ABDITARVM
rerum Chemicarum Tractatus Varij scitu
dignissimi vt versa pagina indicabit.

Autore & Collectore BERNARDO G. PENOTO A PORTV S. Mariæ Aquitano, Reipubl. FRANCKATALLENSIS D. Physico.

VNO, OMNIA
OMNIA AB
AD VNVM.

FRANCOFORTI, Apud Io. Saurium.
Sumptibus Ioannis Regis. CIↃ IↃ XCV.

Dit boekje van de Engelse alchemist Aegidius de Vadis, dat in het bezit was van Joos Balbian (Leiden UB, 487 E 3a) werd uitgegeven door Bernardus G. Penotus, die zoals ook elders als titelvignet de zogenoemde pythagoreïsche tetraktys afbeeldt met het randschrift OMNIA AB UNO, OMNIA AD UNUM. Deze spreuk werd door Balbian als lijfspreuk aangenomen; hij stond zelfs op zijn zerk (zie ook p. 29-31).

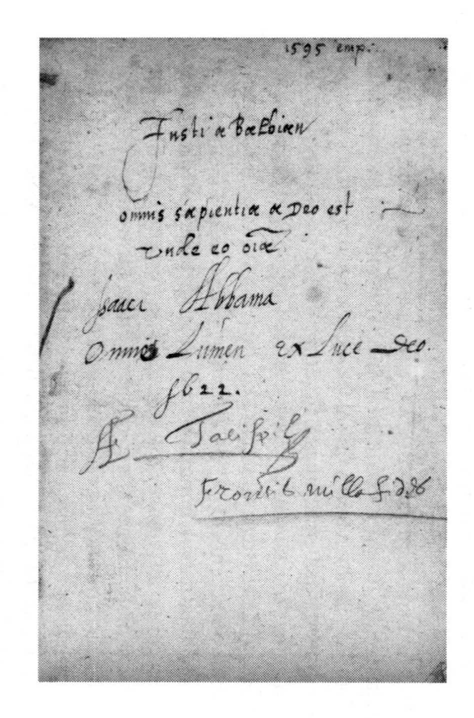

1595 emp.
Isaac Abbama
1622.

Op een van de schutbladen voorin zijn exemplaar van De Vadis schrijft Joos Balbian behalve zijn naam en lijfspreuk ook het jaar van aankoop: 1595, vers van de pers dus. In 1622 kwam het boekje in bezit van Isaac Abbama, een jonge, gereformeerde predikant (zie over hem Visscher en Van Langelaar 1907, p. 3-4). De naam van de derde eigenaar is slecht leesbaar; Boeren geeft hem weer als 'Ae. Taeihpirs' (Boeren 1975, p. 272).

de Steen der Wijzen. Met daarbij nog wat andere [teksten] over hetzelfde onderwerp, merendeels voor het eerst uitgegeven door Joos Balbian'); het bevat vier prozateksten en zes gedichten. Het tweede is de *Tractatus septem de lapide philosophico,* e vetustissimo codice desumti, ab infinitis repurgati mendis, & in lucem dati a Justo a Balbian ('Zeven tractaten over de Steen der Wijzen, aan een zeer oud handschrift ontleend, van talloze fouten gezuiverd en uitgegeven door Joos Balbian').[1] Zestien van de zeventien door Balbian gepubliceerde teksten komen ook voor in zijn verzamelhandschrift. De drie voorwoorden en de opdracht aan zijn vriend Gillis Borluyt, die Balbian voor deze boekjes schreef, leveren daarbij interessante informatie over zijn motieven om juist deze teksten te publiceren, en over zijn persoonlijke visie op de alchemie.[2]

Vooral zijn rol als editeur van gedrukte teksten leverde Balbian in de driehonderd jaar na zijn overlijden een bescheiden plaats op in nationale en vakgerichte biografische naslagwerken. De beeldvorming rond zijn persoon in de loop van deze periode weerspiegelt de gelijktijdige geleidelijke neergang van de alchemie: na toenemende kritiek verdwijnt Balbian vrijwel helemaal van het toneel. Na het nu volgende beknopte verslag van dit proces zal ik deze beeldvorming bijstellen. Latere waarde-oordelen doen immers weinig recht aan de visie op de alchemie van Balbian en diens tijdgenoten zelf.

Beeldvorming rond Balbian vanaf de zeventiende eeuw

De oudere biografische naslagwerken echoën elkaar, waarbij onjuiste of dubieuze gegevens telkens gereproduceerd worden. Bij de biografie werd in dit verband al verwezen naar Balbians veronderstelde promotie in Padua (zie p. 8). Iets vergelijkbaars geldt voor de hardnekkige toeschrijving aan Balbian van een medisch werk, getiteld *Nova ratio praxeos medicinae libri tres,* dat in 1600 in Venetië verschenen zou zijn.[3] Waarschijnlijk is er sprake van verwarring met een boek van Heurnius; een herdruk daarvan verscheen net als de door Joos uitgegeven drukken in 1599 bij Christoffel van Rafelingen in Leiden. De *Tractatus Septem* worden verder wel vrijwel steeds vermeld, maar het *Secretum Greveri et Dicta Alani* veel minder.[4] Sinds 1643 duikt bovendien een zekere Cornelius Balbian in de naslagwerken op, die wordt voorgesteld als een in Italië levende Vlaamse arts, wellicht familie van

[1] Zie voor een overzicht van de inhoud van deze boekjes Bijlage 2, p. 224-226.

[2] Zie voor de teksten Bloemlezing 21-24.

[3] De eerste die dit vermeldt is Sweertius 1628, p. 497; het wordt overgenomen tot en met Hamilton 1980 en Braekman 1986.

[4] Dit komt vermoedelijk doordat bij de herdrukken van de *Tractatus septem* en Greverus/Alanus in het *Theatrum Chemicum* III (1602; 1613; 1659) Balbians voorwoord bij de *Tractatus septem* wèl, en dat bij Greverus niet is opgenomen.

Joos, auteur van een alchemistische *Specchio della Chimia* (Rome 1624 en 1629).[5] Vermoedelijk is dit een 'spook-afsplitsing', en gaat het om een vertaling in het Italiaans van Joos' *Tractatus septem*.[6] Tot nu toe heb ik jammer genoeg geen exemplaar van dit boekje kunnen vinden.[7] Het beeld van Balbian als auteur is door deze onjuistheden in elk geval meer medisch en minder alchemistisch aangezet dan terecht is. Dit heeft zijn latere reputatie echter niet kunnen redden.

De oudste naslagwerken vermelden Joos neutraal-waarderend als een geleerde arts, die ook publiceerde. In de eeuwen hierna wordt de houding tegenover hem steeds negatiever, zoals blijkt uit de volgende chronologische reeks citaten uit de achttiende en de negentiende eeuw. Paquot haalt uit de *Tractatus septem* het korte *Revolvi lapidem* aan, duidelijk als extreem voorbeeld van alchemistische kletskoek. Bovendien vindt hij de toespeling op een bijbelplaats blijkbaar ongepast.[8] Hij heeft wel via het *Theatrum Chemicum* kennis genomen van het *Secretum Greveri* ('aussi Enthousiaste que les Auteurs précèdens') en de *Dicta Alani*. 'Le Recueil est terminé par des Rimailles & de mauvais vers Latins sur la même matière'. Hiermee zet Paquot de toon, die door Eloy wordt overgenomen bij zijn omschrijving van de *Tractatus septem*: 'C'est un recueil de differentes pieces, dont les Auteurs ont été aussi follement passionnés pour la recherche du grand-oevre, que l'Editeur paroît l'avoir été lui-même'.[9] De Chalmot vermeldt dat de meeste van de door Balbian uitgegeven tractaten 'over den *Steen der Wijzen* en het *goudmaken* handelen, en die hoe ongerijmd ook van inhoud, nogthans bij de begunstigers en beoeffenaars van die ingebeelde konst, grotelijks geacht worden'.[10] Dewalque zegt over *Tractatus septem*: 'Ces traités, dont plusiers ne sont pas signés Van Balbian, sont écrits dans le style mystique habituel aux ouvrages hermétiques; mais ils ne témoignent guère que des illusions de l'auteur-éditeur'.[11] De vermeldingen worden korter en vager,[12] en geleidelijk verdwijnt Joos Balbian helemaal uit de biografische naslagwerken.

[5] Valerius Andreas 1643, p. 598; ook in Foppens 1738, p. 32; Paquot 1766, p. 3, De Chalmot 1798, p. 111; Piron 1862, p. 107 en Dewalque 1866, p. 38.

[6] Adus Lenglet Dufresnoy 1742, T. III, p. 118; hij citeert als naam van de auteur van deze *Speccio* 'Giusto a Balbian Fiammengo'.

[7] Nu had Joos wel een achterneefje uit Delft (een achterkleinzoon van Alexander) die Cornelius Balbian heette en die in 1632 in Leiden in de medicijnen promoveerde, maar die was in 1624 nog geen twintig en eerstejaarsstudent theologie; na 1632 woonde hij in Delft.

[8] Paquot 1766, p. 33-34. *Revolvi lapidem et sedebam super ipsum* is een toespeling op het Paasgebeuren (Matth. 28:2); Paquot merkt op: "Les Alchymistes ne rougissoient point d'appliquer les paroles de l'Ecriture à leur vaine science."

[9] Eloy 1778, p. 250.

[10] De Chalmot 1798 p. 111. De zinsnede wordt bijna woordelijk overgenomen in Kobus 1854, p. 101.

[11] Dewalque 1866 p. 38.

[12] Jourdans frase 'Ses ouvrages n'offrent rien de bien remarquable' (1820) duikt nog op in Delvenne 1829 en in Pauwels de Vis 1843.

Een halve eeuw geleden figureerde hij nog in een reeks over historische uit Aalst afkomstige artsen, in het heemkundige tijdschrift *Het land van Aalst*. De auteur, de arts en medisch-historicus Elaut, kon weinig begrip en al helemaal geen waardering opbrengen voor Balbians alchemistische bezigheden. Elaut verwijst naar Balbians grafschrift in de Goudse Sint-Janskerk:

> Dat grafschrift geeft zeer juist de toedracht van Balbianus' wetenschappelijk werk weer; hij was een "philo-chemicus", wat met de vrije vertaling van "amateur in alchemistische knutselarijen" overeenstemt. Dat werk staat zo ver van de echte scheikunde af als de wijsheid van "De Filosoof van 't Sashuis" van Platoon's philosophie.

Balbians keuze van de door hem uitgegeven teksten vindt Elaut 'een veeg teken voor zijn geestesstanding', en als voorbeeld van geraaskal citeert hij het complete *Tractatus brevis sed non levis* in vertaling.[13] 'Er is geen mens op onze dagen meer', concludeert Elaut, 'die de roekeloze of naieve moed bezit met de betekenis van zo'n duister geschrijf zijn hersens te kwellen. En die raaskallerij besluit met een paar honderd verzen van hetzelfde allooi.'[14]

De hierboven genoemde publicaties weerspiegelen de beeldvorming rond de alchemie vanaf de zeventiende eeuw. De alchemisten zijn vaak mikpunt van spot geweest en ze worden dan bij voorkeur voorgesteld als hebzuchtig en vooral als naïef, dwaas en verblind.

Pas in de jaren tachtig van de twintigste eeuw leek het tij te keren. In 1985 verscheen Rietema's artikel over de Goudse Balbians in het *Jaarboek van het Centraal Bureau voor de Genealogie*. Een jaar later publiceerde Braekman een artikel in de *Handelingen van de Maatschappij voor Geschiedenis en Oudheidkunde te Gent* waarin hij aandacht besteedde aan Balbians handschrift; dit werd gevolgd door een bijdrage van De Ridder-Symoens over Balbians universitaire studies.[15] Braekman gaat vooral uitvoerig in op Balbians *Memoire* en op de heraldische illustraties uit het handschrift. Het is spijtig dat Braekman het artikel van Rietema niet kende, want in zijn speculaties omtrent Balbians afkomst en familieconnecties, die hij als 'belangrijke nieuwe biografische gegevens' presenteert, heeft hij een weinig gelukkige hand gehad.

Als *philochymus* is Joos er in ieder geval tot nu toe vrij bekaaid afgekomen. En dat terwijl hij zich graag en met kennelijke trots zo noemde. Hij was dan ook een liefhebber van de alchemie, niet in de betekenis van 'amateur', die Elaut erin zag, maar een werkelijk toegewijde minnaar van deze in zijn ogen zo voortreffelijke kunst.

[13] De overeenkomst met Paquot 1766, naar wie Elaut ook verwijst, is frappant.

[14] Elaut 1952, p. 20-21.

[15] Rietema 1985; Braekman 1986; De Ridder-Symoens 1986. Het handschrift was al eerder globaal beschreven in De Flou en Gaillard 1895, p. 187-195; zie ook Jansen-Sieben 1989, L 970, p. 397-398.

Balbians visie op de alchemie

Balbians visie op de alchemie blijkt impliciet uit de keuze van de door hem verzamelde en uitgegeven teksten. Hij heeft bovendien een aantal directe uitspraken over dit onderwerp gedaan in de drie voorwoorden en de opdracht aan zijn jeugdvriend Gilles Borluyt in de twee door hem bezorgde verzameldrukjes. De denkbeelden die hij daar ventileert zijn weliswaar op zich niet bijster origineel of persoonlijk, maar geven wel een indruk van het zelfbeeld en het beeld van de alchemie van een zestiende-eeuwse arts-alchemist.

Het door Balbian geschetste beeld van de alchemie valt als volgt te karakteriseren. De alchemie is een zeer oude en eerbiedwaardige wetenschap, die al in een ver verleden werd beoefend door grote en gezaghebbende wijzen. Zij houdt zich bezig met diepzinnige en verheven kwesties. Zij is een kostbare gave Gods, die zeer nuttig en heilzaam is voor de hele mensheid. Zij is echter slechts toegankelijk voor een kleine elite van begaafde, ijverige en vrome beoefenaars; de grote massa, die bestaat uit domme en kortzichtige, hebzuchtige en immorele personen, zal haar nooit kunnen begrijpen. Per traditie werd en wordt deze eerbiedwaardige kunst terecht 'beveiligd' door presentatie in moeilijk toegankelijke vormen.

De eerbiedwaardige ouderdom van de alchemie

In zijn opdracht van de *Tractatus septem* aan Gilles Borluyt beroept Balbian zich in zijn pleidooi voor de alchemie op drie met name genoemde autoriteiten: Hermes, Geber en Avicenna. Ook in het voorwoord bij Greverus' *Secretum* wordt Geber met veel eerbied aangehaald.

Aan Hermes Trismegistus, de 'Driewerf Grootste', werden al in de Oudheid magische en astrologische teksten toegeschreven, vermoedelijk van Egyptische herkomst.[16] Later werd een toenemend bestand aan alchemistische en gnostisch-filosofische tractaten op zijn naam gesteld. Balbian en zijn tijdgenoten dachten dat Hermes ofwel 'Mercurius Trismegistus, de welcke den vader was aller philosophen ende vol alder wysheyt'[17] omstreeks dezelfde tijd geleefd had als Plato en Mozes. De beroemdste tekst die op naam van Hermes in omloop was, is ook de kortste: de *Tabula Smaragdina*, het 'tablet van smaragd', een reeks van dertien bondige en geheimzinnige spreuken over de schepping. In theoretische alchemistische teksten en ook in alchemistische poëzie is de *Tabula Smaragdina* zonder meer de meest geciteerde brontekst.[18]

[16] Van den Broek en Quispel 1996, p. 13-14.

[17] Hs. 226v.

[18] Zie Bloemlezing p. 18.

De vermelding van de al bijna even beroemde maar in ieder geval historische Avicenna (980-1037) heeft iets ironisch, omdat Avicenna zelf ondubbelzinnig verklaard had dat de transformatie van de metalen onmogelijk was: 'De alchemisten dienen te weten dat de metalen niet wezenlijk getransformeerd kunnen worden'.[19] Later werd deze voor de alchemisten moeilijk te verteren opvatting 'rechtgebreid' door toevoegingen als: 'tenzij zij eerst tot hun *prima materia* worden teruggebracht'. Zo werd het citaat weer bruikbaar en courant in alchemistische teksten, bijvoorbeeld als opening van het korte 'Nuttige en allerwaarste tractaat over de steen der wijzen'.[20] Alle toeschrijvingen van alchemistische teksten aan Avicenna zijn apocrief.

Dit laatste geldt niet voor Geber, de in Europa gebruikelijke naam voor de achtste-eeuwse arabische alchemist Jabir ibn Hayyan. De meest succesvolle teksten die op naam van Geber in omloop waren zijn echter pseudepigrafen. De bekendste daarvan is de *Summa Perfectionis,* die aan het eind van de dertiende eeuw geschreven is door de franciscaan Paulus van Taranto.[21]

Deze toeschrijvingen aan beroemde autoriteiten hebben op Babian duidelijk het beoogde effect gesorteerd: de (gefingeerde) hoge ouderdom en de eerbiedwaardige herkomst verhogen het gezag van deze teksten. Dat gezag was in zijn eigen tijd overigens niet langer onbetwist: in de bewerking van een recent paracelsistisch tractaat, dat Balbian ook afschrijft, worden Geber en een aantal andere autoriteiten stevig bekritiseerd.[22]

Een paar teksten uit de Balbian-collecties zijn overigens ècht oud. De oudste is vermoedelijk het Sibyllijnse raadsel, waarvan hij zowel de Griekse tekst als een Latijnse versie geeft.[23] In vertaling luidt het als volgt:

> Ik tel negen letters en vier lettergrepen; raad mij. De drie eerste syllaben hebben elk twee letters, de laatste de drie overige, en vijf ervan zijn medeklinkers. Het complete getal is twee maal acht honderdtallen, plus driewerf drie tientallen, plus zeven. Wie begrijpt wat ik ben, is bot noch onwetend, want in mij is wijsheid.

Dit raadsel, dat ook bekend is geweest als 'het raadsel van Agathodaimon', komt al voor in derde-eeuwse handschriften met sibyllinische teksten.[24] De gebruikelijke alchemistische oplossing is 'arsenikon', hoewel de totale

[19] 'Sciant artifices alkymie species metallorum transmutari non posse'; zo begint een commentaar van Avicenna bij Aristoteles, *Meteorologica* IV. Vertaling van deze passage in Grant 1974, p. 569-573.

[20] No. 30 in het Balbian-handschrift; door hem uitgegeven als 'rosarium abbreviatum'.

[21] Editie Newman 1991.

[22] Zie onder en Bloemlezing p. 11.

[23] Zijn Latijnse versie is een andere dan die in Dorns *Congeries Paracelsica* (Manget II, p. 442).

[24] Lippmann 1919, p. 62; Buntz 1968, p. 65; Telle 1980, p. 143 n. 35. Zie over Agathodaimon Fraeters 1999, p. 9, 91, 100, 117-120 en de daar vermelde literatuur.

getalswaarde van dat woord niet de vereiste 1697 oplevert.[25] Balbian geeft dit wel als oplossing, met de interpretatieve kanttekening 'mercurius noster', 'onze' mercurius.[26] Oorspronkelijk is dit raadsel mogelijk helemaal niet alchemistisch bedoeld.

Wat is alchemie?

Een serie loffelijke eigenschappen van de alchemie is al vermeld. Ze is een edele kunst met een lange traditie, die zeer nuttig is en die door geleerde en hoogstaande personen wordt beoefend. Met dit alles is het moeilijk om een alomvattende definitie te geven van wat alchemie nu precies is. De hier volgende definities leggen vooral nogal wisselende accenten op de doelen van de alchemie.

> De alchemie is een verborgen deel van de natuurfilosofie (...) dat leert alle kostbare stenen te veranderen en ze tot hun ware wezen te brengen; en alle menselijke lichamen tot een zeer voortreffelijke gezondheid te brengen; en alle metallische lichamen in waar goud en zilver te transmuteren (...).'[27]

Volgens deze definitie van pseudo-Raymund Lull is de alchemie een 'verborgen', dat wil zeggen esoterisch, aan ingewijden voorbehouden deel van de natuurfilosofie. Haar drieledige doel, de transformatie tot hun volmaakte staat van edelstenen, het menselijk lichaam en alle metalen, bereikt zij vanuit deze leer, maar over haar methodes laat de definitie zich niet uit.

Een anonieme Franse prozatekst in het Balbian-handschrift kondigt uitleg aan over 'la fachon que les philosophes ont definy l'elixyr, puis la pierre, l'alchimie, en appres le menstrue, le mercure et le soulfre' (f. 39r). De definitie van *alchimie* luidt als volgt:

> Alchimie est une art par laquelle nous est monstré la mesure et proportion des elements, lesquelles sont en tout composé; demonstre aussy la quinte essence des metaux en laquelle est leur esprit qui tainct, et est ce que nous cherchons. Davantage icelle enseigne le moyen de corrumpre tout individue, de quelle espece qu'il soit, par le moyen de quelle corruption provient appres la separation des elements. Et en affirmation ce qu'avons dict devant de la dicte separation se prend l'intelligence des pois et quantité des elements, lesquelles sont en toutes choses creées, par lequel l'art maine et conduict l'elixyr

[25] Mijn hartelijke dank gaat uit naar prof. em. dr. F. Bossier voor zijn verhelderende uitleg over de getalswaarden van de letters van het Griekse alfabet.

[26] Het voornaamwoord 'onze' betekent: niet de gewone, maar die van ons filosofen-alchemisten.

[27] Pseudo-Raymundus Lullius, *Practica Testamenti*; ThK 77. 'Alchimia est una pars celata philosophie naturalis (...) que docet mutare omnes lapides preciosos et ipsos ducere ad verum temperamentum; et omne corpus humanum ponere in multum nobilem sanitatum; et transmutare omnia corpora metallorum in verum solem et in veram lunam (...)'; citaat naar Kahn 1995, p. 400.

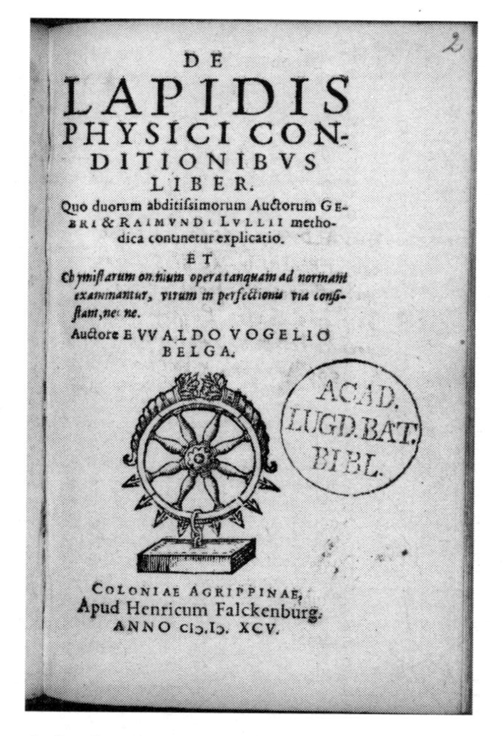

DE
LAPIDIS
PHYSICI CON-
DITIONIBVS
LIBER.
Quo duorum abditissimorum Auctorum GE-
BRI & RAIMVNDI LVLLII metho-
dica continetur explicatio.
ET
Chymistarum omnium opera tanquam ad normam
examinantur, verum in perfectionis via consi-
stant, nec ne.
Auctore EVVALDO VOGELIO
BELGA.

COLONIAE AGRIPPINAE,
Apud Henricum Falckenburg.
ANNO cIↄ.Iↄ. XCV.

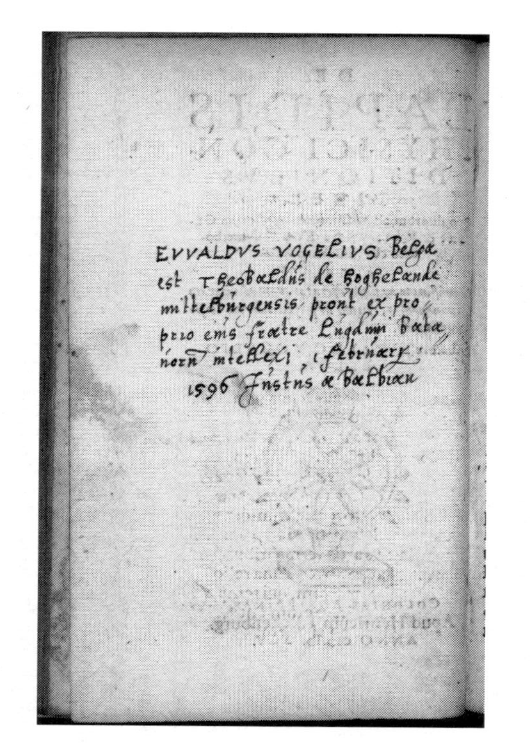

Dit boekje was in het bezit van Joos Balbian, die het samen met het boek van De Vadis heeft laten inbinden (UB Leiden, 487 E 3b). Met zijn aantekening op de achterzijde van het titelblad van Vogelius beslecht Joos een blijkbaar in zijn eigen tijd al spelende kwestie: 'Ewout Vogelius, Nederlander, is Theobaldus van Hoghelande uit Middelburg, zoals ik te Leiden uit de mond van diens eigen broer heb begrepen, 1 februari 1596. Joos Balbian.' Ferguson en zijn voorgangers twijfelden hier nog aan (Ferguson I, p. 412 en II, p. 514-515), maar recentelijk heeft Matton een identificatie als een en dezelfde persoon vanuit verwijzingen in de werken beargumenteerd (Matton 1993, p. 129 n. 28).

> de puissance en puissance, c'est a dire de forme en pierre qui est la medicine parfaicte (40v).[28]

Deze definitie geeft expliciete informatie over zowel de theorie als de werkwijze van de alchemie. De alchemie leert dat alle samengestelde dingen bestaan uit de vier elementen (aarde, water, lucht en vuur) in wisselende proporties; de metalen bevatten een vijfde of quintessens, en dat is de kleurende geest die wij zoeken. Verder leert ze ons iedere individuele species te ontbinden in zijn afzonderlijke elementen. Zo kan men het gewicht en de kwantiteit van de elementen in ieder geschapen ding doorgronden, met welke kennis de kunst vermag het elixir van potentiele tot actuele staat te brengen, en dan heb je de steen die het volmaakte medicijn is.[29]

De definities van alchemie zijn vaak tweeledig: alchemie is een combinatie van theorie en praktijk. Ze wortelt in de natuurfilosofie, die inzicht verschaft in het wezen van de materiële wereld en de werking van de natuur. Op deze theorieën berusten praktische instructies om met bepaalde middelen en bewerkingen bepaalde alchemistische doelen te verwezenlijken. Een aantal prominente alchemistische tractaten uit de Middeleeuwen heeft dan ook de vorm van een tweeluik: ze bestaan uit een theoretische, bespiegelende inleiding die gevolgd wordt door een 'practica'.[30] In het Balbian-handschrift wordt dit type vertegenwoordigd door onder meer *Een ander cleyn tractaet*.[31] Op kleinere schaal heeft ook de brief van Pontanus deze opzet.[32]

[28] De definities komen ook vrijwel woordelijk voor in een Latijnse tekst [21].De latijnse tekst luidt: Est ars qua mensura et proportio elementorum quae sunt in omni mixto demonstratur, nec non etiam quinta essentia metallorum, in qua consistit spiritus tingens quem querimus. Eadem ipsa docet rationem et modum corrumpendorum individuorum, quam corruptione deinceps consequitur elementorum separatio, cuius opera atque interventum colligitur pondus et quantitas eorundem elementorum, quae artis administratio conducit elixyr de potentia in actum, id est in lapidem philosophorum, seu medicinam perfectam (66v).

[29] Sheppard heeft een ruime universele definitie van alchemie voorgesteld, die niet alleen de Westeuropese maar ook de oosterse (met name Chinese) alchemie zou dekken en die daarbij recht zou doen aan zowel de praktische als de theoretische component van de alchemie. Deze luidt: 'Alchemy is the art of liberating parts of the Cosmos from temporal existence and achieving perfection which, for metals is gold, and for man, longevity, then immortality and, finally, redemption. Material perfection was sought through the action of a preparation (Philosopher's Stone for metals; Elixir of Life for humans), while spiritual ennoblement resulted from some form of inner revelation or other enlightenment (Gnosis, for example, in Hellenistic and western practices).' Sheppard 1986, p. 16-17, onder verwijzing naar Sheppard 1981, p. 9-10.

[30] Roger Bacon (de echte, 13e eeuw) was de eerste die in zijn werken deze tweedeling 'speculativa' en 'operativa' aanbracht; deze wordt vooral nagevolgd in het enorme corpus alchemistische tractaten van pseudo-Raymundus Lullius. Zie Newman i.v. Bacon in Priesner & Figala 1998, p. 68-70.

[31] Zie Bloemlezing 11; in deze vorm bestaat de tekst uit vier hoofdstukken over dolingen en misvattingen in de alchemie, gevolgd door vier hoofdstukken met instructies voor hoe het wèl moet.

[32] Zie Bloemlezing 17. De componenten van zo'n tweeluik-tractaat circuleren ook wel afzonderlijk; dit geldt mogelijk voor de Franstalige prozateksten [17] en [19], waarbij Balbian pas later ontdekte en aantekende dat [19] aan [17], de bijbehorende 'practica', vooraf had moeten gaan.

Daarnaast zijn er teksten waarin ofwel de theorie, ofwel de praktijk centraal staat. Sommige van de teksten uit de Balbian-collecties zijn volledig theoretisch van karakter: zij geven een bespiegelende filosofische beschouwing over hoe de schepping in elkaar zit en hoe de natuur wezenlijk te werk gaat. Daartegenover staan dan de recepten, die in vaak uiterst beknopte vorm praktische instructies geven.

Niet alleen de prozateksten maar ook de rijmteksten variëren van volledig theoretisch tot heel praktisch. Het Duitstalige *Von dem Stein der Weisen* [10] beschrijft de stadia van het alchemistische proces heel gestructureerd en met tussenkopjes, maar in heel algemene termen en ingebed in vrome, christelijke bespiegelingen.[33] Daartegenover staat bijvoorbeeld het gedicht *Cogitur exire spiritus*, dat in het Balbian-handschrift zowel in het Latijn als in vertaling voorkomt. Dit gedicht geeft gedetailleerde instructies voor de transformatie van tin tot zilver; Boeren karakteriseert het terecht als een 'recette sous forme d'un poème'.[34]

Ab uno omnia

Op de achterzijde van het laatste blad van zijn handschrift noteerde Balbian een korte reeks dicta, die de in zijn handschrift dominerende visie op de alchemie beknopt weergeeft, en die we wellicht als zijn alchemistisch credo kunnen beschouwen.[35] Ze luiden als volgt:

> Ab uno omnia ad unum
> eo omnia ...[onleesbaar/ uitgeveegd?]
> Unum sunt omnia per quod omnia
> eo unde omnia
>
> 1588
>
> In opere nostro nihil intrat extranei neque in principio neque in medio neque in fine
> Fac mercurium per mercurium
> Ignis et azoch sufficiunt
> Solve congela [andere inkt] [36]

[33] Editie Telle 1994. Het Balbian-handschrift bevat ook een beknoptere, Nederlandstalige bewerking van dit gedicht; zie Bloemlezing 9.

[34] Handschrift [45], [46] en [91]; Boeren 1975, p. 60. De versie in Leiden UB Voss. Chym F 19 is, met 19 verzen, nog vijf verzen korter dan de ook al incomplete versies in het Balbian-handschrift. De redactie in BL Sloane 1091, f. 222r-v telt 36 verzen.

[35] Voorbehoud: het achterste gedeelte van het handschrift bevat de oudste afschriften van de collectie (zie hierover p. 197-198).

[36] 'In ons werk komt niets van buitenaf, noch in het begin, noch in het midden, noch aan het einde. Maak mercurius (kwik) door mercurius. Vuur en *azoch* (zie infra) zijn voldoende. Los op en maak vast.'

Het tweeluikje ter weerszijden van het jaartaal 1588 drukt verwante denkbeelden uit, waarbij het tweede reeksje als een alchemistische toepassing van het eerste kan worden beschouwd.

De spreuk 'Ab uno omnia- ad unum omnia' komt ook elders in het handschrift herhaaldelijk voor. Op f. 212v maakt hij deel uit van een vignet, dat op de titelpagina's van verschillende door de paracelcist Bernardus Penotus (1519-1617) uitgegeven boeken staat. Zeker een daarvan was in het bezit van Balbian. In een collectie alchemistische aforismen in het Balbian-handschrift[37] wordt deze spreuk geciteerd onder de naam 'Dorneus'[38]:

> Ubi suam natura phisicam terminavit,
> Chymicus metafisicam inchoabit:
> Unum sunt omnia per quod omnia,
> Ab uno omnia ad unum (255r)[39]

Deze spreuk wortelt in een ver teruggaande traditie. De Eenheid als oerbeginsel waaruit al het andere voortvloeit behoort tot het hermetische gedachtengoed en vindt ook uitdrukking in de *Tabula Smaragdina*: 'Et sicut res omnes fuerunt ab uno, meditatione unius, sic omnes res natae fuerunt ab hac una re, adaptatione.'[40] Het zeer verspreide commentaar van Hortolanus[41] geeft hiervan de volgende interpretatie:

> Dat de steen vier elementen in zich heeft. Hoofdstuk 3. EN ZOALS ALLE DINGEN ONTSTAAN ZIJN UIT ÉÉN, DOOR DE MEDITATIE VAN DE ENE, dit geeft het volgende beeld: zoals alle dingen ontstaan zijn uit één, namelijk uit een vormeloze bol of een vormeloze oerstof, door de meditatie, dat is: door de gedachte en de schepping, van de Ene, dat is: van de almachtige God, ZO ZIJN ALLE DINGEN GEBOREN, dat is: zijn voortgekomen, UIT DAT ENE DING, dat is: uit een vormeloze oerstof, DOOR AANPASSING, dat is: alleen op Gods bevel en door een wonder. Zo ook wordt onze steen geboren en komt voort uit een vormeloze oerstof, die alle elementen in zich bevat, en die door God geschapen is, waarbij onze steen passief is en alleen door Gods toedoen ontstaat.[42]

[37] *Canones seu regulae aliquot philosophicae super Lapide Philosophico*, f. 254r-260r.

[38] De paracelcist Gerhard Dorn (ca. 1530/1535- ca. 1584). Zie over hem Kahn 1995.

[39] 'Op het punt waar de natuur haar natuurlijke werking eindigt, daar begint de alchemist met zijn bovennatuurlijke werk: Alle dingen zijn een, en uit dit ene komt alles voort; alles komt uit één, en alles gaat naar dat ene.'

[40] 'En zoals alle dingen uit één zijn voortgekomen, door de meditatie van de Ene, zo ook ontstaan alle geschapen dingen uit dat éne, door aanpassing'; zie ook Bloemlezing 16.

[41] In het Balbian-handschrift, f. 250r-253v, vermoedelijk afgeschreven uit de druk van 1541. Zie Ferguson 1906, p. 419-421.

[42] Quod Lapis habeat in se quatuor elementa. Cap. iii. ET SICUT OMNES RES FUERUNT AB UNO, MEDITATIONE UNIUS: hic dat exemplum dicens: Sicut omnes res fuerunt ab uno, scilicet globo confuso sive massa confusa, meditatione, id est: cogitatione et creatione, Unius, id est: omnipotentis Dei, SIC OMNES RES NATAE FUERUNT, id est: exiverunt, AB HAC UNA RE, id est: ex una massa confusa, ADAPTATIONE, id est: solo praecepto Dei et miraculo. Ita lapis

Hortolanus expliciteert hier de relatie tussen de Ene en het ene: de ene Godheid schiep de ene nog niet gedifferentieerde materie, die de vier elementen en alle vormen potentieel in zich had en waaruit deze vervolgens zijn voortgekomen.

Balbian heeft dit inzicht blijkbaar tot zijn lijfspreuk gemaakt: zijn zoon Jan vermeldt dat

> [...] onse vader Justus Balbian [...] lijd begraven in de Groote Kerk genaamt St. Janskerk tot Gouda, digt aan de sijde van de diaken kamer, en staat op de sark: 'Ab uno omnia ad unum' (en is vertaald: 'Van één, alles tot één'), Justus a Balbian, Alostanus, Philochimus [...][43]

Ignis et azoch

Na het jaartal 1588 volgen enkele spreuken, die de uitgangsstellingen zijn van een specifieke alchemistische leer: de 'alleen-mercurius'-theorie.[44] Deze kreeg zijn meest geprononceerde theoretische basis en zijn grootste verspreiding via de al vermelde dertiende-eeuwse *Summa Perfectionis* van pseudo-Geber.[45] De achterliggende gedachte is, dat alle metalen in de aarde ontstaan uit twee componenten: kwik en zwavel. De kwalitatieve verschillen tussen de metalen onderling weerspiegelen hun ontstaan en samenstelling. Zo is lood een zacht, onedel en zelfs 'ziek' metaal doordat het uit vervuild kwik en verontreinigde zwavel is voortgekomen.[46] Het goud is het enige metaal waarin de vier elementen in perfect evenwicht zijn, en dat daardoor duurzaam en onaantastbaar is.

Vanuit deze voorstelling ligt het voor de hand, dat alchemisten van oudsher geprobeerd hebben goud te maken uit kwik en zwavel. Volgens de 'alleen-mercurius'-theorie is het toevoegen van zwavel echter overbodig, omdat het natuurlijke kwik, net als de andere zes metalen, zijn eigen zwavel al in zich heeft.[47] Wanneer dit kwik tot zijn oerstof wordt ontbonden, gelouterd en tot een vaste stof gemaakt, kan het tot zijn hoogste potentie

noster est natus et exivit ab una massa confusa, in se continens omnia elementa, quae a Deo creata est, et suo solo miraculo lapis noster est inde patiens. Hs. 251r; alwaar ook klein kapitaal gebruikt is voor de citaten.

[43] Die zerk is er tegenwoordig niet meer. Het citaat komt uit een afschrift van de familieaantekeningen van Jan Justusz. Balbian (1606-1655); zie Bijlage 1.

[44] Thorndike III, p. 58 gebruikte als eerste de term 'mercury-alone-theory'.

[45] Ed. Newman 1991. Newman vermeldt de een aantal voorlopers van de *Summa*, maar volgens hem was 'the [mercury-alone-]theory [...] largely original to the *Summa*, though based on hints taken from earlier sources'; Newman 1991, p. 206.

[46] In het gedicht *Een uytleggingge vanden boom mercurii* beklagen de vijf zieke metalen zich over hun ellendige toestand, en ze wenden zich tot hun koning, het goud, die hen kan genezen. Editie in Fraeters 2001.

[47] Kwik ofwel mercurius kan dus twee verschillende begrippen aanduiden: 1. een van de twee wezenlijke bestanddelen van alle zeven de metalen; 2. een van de zeven metalen.

worden vervolmaakt, namelijk tot goud. Voor deze transformatie is het toevoegen van welke andere stof dan ook niet alleen overbodig, maar zelfs funest.

'In ons werk komt niets van buitenaf, noch in het begin, noch in het midden, noch in het einde': alleen mercurius is voldoende. Het meeste geliefde pseudo-Geber-citaat met deze strekking luidt:

> Er is één steen, één medicijn, waarin het hele meesterschap van de alchemie bestaat, waaraan wij geen enkel ding moeten toevoegen van buitenaf, noch iets eruit moeten afnemen, behalve dat we in de bereiding ervan dat wat overbodig is verwijderen.[48]

Balbian heeft een korte tekst die met dit citaat begint zowel afgeschreven als uitgegeven.[49] Ook de door hemzelf uit het Duits in het Latijn vertaalde *Dicta Alani* zijn volledig gebaseerd op de 'mercurius-alleen-theorie'. In de rijmteksten komt het thema veelvuldig voor, in alle gebezigde talen.

De volgende spreuk, *Fac mercurium per mercurium*, drukt uit dat 'onze' mercurius, de 'mercurius der wijzen', moet worden samengevoegd met 'gewone' mercurius om in die vereniging tot volle kracht te komen. 'Onze' mercurius wordt ook wel 'azoch' of, gebruikelijker, 'azoth' genoemd.[50] Hiertoe dient natuurlijk kwik bewerkt, gereinigd en gesublimeerd te worden tot het verandert in

> een water ofte olie, dat die gheleerde heeten dye prima materia oft primum ens metallorum ofte dat water der philosophen, ende Paracelsus heetet Azoth, ende heeft ontalbaer meer namen.[51]

Het hoofdstuk over 'dat secreet vier der philosophen' in *Een ander cleyn tractaet* begint met het citeren van

> de sententie vanden wyse phylosoophen, die daer leeren ende spreecken: 'Ignis et Azot tibi sufficiant.' Dat is te seggen dat het vier ende den mercurius, te weten dese twee, u sullen genoech doen.[52]

Ignis et azoth, het vuur en de azoth, zijn de twee gelijkwaardige, even noodzakelijke en gezamenlijk ook toereikende basiscomponenten voor het alchemistische proces. Warmte is het wezenlijke middel waarmee de alchemist

[48] 'Est lapis unus, medicina una, in quo totum magisterium artis Alchemiae consistit, cui non adjungimus aliquam rem extraneam, neque minuimus, nisi quod in praeparatione superflua removemus.' Hs. 111r; Pseudo-Geber ed. Newman, 1991, p. 263.

[49] Hs. 111r-113v; als derde tractaat in de *Tractatus septem*.

[50] Pernety 1758, p. 52. De term komt van het arabische al-zauq, kwik; Figala i.v. Quecksilber, in Priesner en Figala 1998, p. 296.

[51] F. 218v. Paracelsus was niet de eerste en evenmin de enige die de term gebruikt. Elders in Balbians handschrift wordt het begrip uitvoeriger toegelicht; zie Bloemlezing 12.

[52] F. 211r; het hoofdstuk komt overeen met pseudo-Paracelsus, *Aurora Philosophorum*, cap. 19. Zie ook Bloemlezing 11.

het transformatieproces kan bevorderen, en in veel teksten wordt uitvoerig ingegaan op het grote belang van de juiste dosering van de warmte in alle stadia van het proces.[53]

Solve congela

In de *Smaragden Tafel* komen de volgende spreuken voor:

> Je moet de aarde scheiden van het vuur, het vluchtige van het vaste, zachtjes en met kunde.
> Het stijgt van de aarde op naar de hemel en daalt weer op de aarde neer en het ontvangt de kracht van het hogere en van het lagere.

De alchemisten interpreteerden deze uitspraken als instructies voor het destillatieproces. Gedurende dit veelvuldig te herhalen proces dient het vaste vloeibaar, en het vloeibare vast gemaakt te worden. De spreuk *Solve congela*, een variant van *Solve [et] coagula*, geeft een geserreerde uitdrukking van dit denkbeeld.[54]

De elementen moeten van elkaar worden gescheiden en in hun tegendeel worden omgezet. Dit proces dient een aantal keren herhaald te worden om hun reinheid en kracht telkens tot een hogere graad te brengen. Deze *conversio oppositorum*[55] wordt wel de rotatie of circulatie van de elementen genoemd.[56] In de woorden van pseudo-Aristoteles:

> Wanneer je water zult hebben uit lucht, en lucht uit vuur, en vuur uit aarde, dan zul je het hele meesterschap bezitten, want dan pas heb je de vier elementen goed tot een ding toebereid.[57]

De klassieke vier elementen, aarde, water, lucht en vuur, worden in de alchemie vertegenwoordigd door twee van hen: water en aarde. Het water staat voor het vochtige en vluchtige, en representeert hiermee ook de lucht; de aarde is vast, maar heeft droogheid gemeen met het vuur. Pas als ze door veelvuldige omkeringen van vast in vluchtig en vice versa van alle vervuiling zijn ontdaan, kunnen ze zich tenslotte in een volmaakt evenwicht verenigen.

[53] Het *Secretum* van Greverus bevat een hoofdstuk 'De regimine ignis', evenals het *Rosarium* van Dastin (f. 125v). Belangrijk is 'Over het geheime vuur' van Artefius, een bron van de brief van Johannes Pontanus; zie Bloemlezing 19.

[54] Deze zeer verspreide spreuk was onder veel namen, tot die van Plato toe, in omloop.

[55] Zie Fraeters 1999, p. 80.

[56] 'Die vier elementen dit verstaet/ Worden cirkel wys om gedraeyt' (f. 177r).

[57] F. 109v; 'Unde Aristoteles: Quando habueris aquam ab aere, et aerem ab igne, et ignem a terra, tunc totum habebis magisterium, quia quatuor elementa tunc habes in parte bene preparata.' Op f. 173v wordt dezelfde uitspraak aan Plato toegeschreven.

De natuur en de kunst

Kennis van de processen in de natuur is onmisbaar voor de alchemist. Hij moet weten hoe de schepping in elkaar zit en hoe de metalen ontstaan. Hij dient de natuur na te volgen en zo natuurlijke processen te ondersteunen en te bevorderen.

> Ghy, die den lapidem wilt leeren bauwen,
> Opt dwerck der naturen moetty schauwen
> Op haer einde, ende haer beginsel mede,
> En overdencken hares middels rede
> Om te commen haer nature ter baten
> Daer sy haer werck latst heeft gelaten;
> Want twerck begynnen wy eerst aen,
> Daert de nature heeft laten staen.[58]

De natuur heeft een ingeschapen streven naar perfectie in zich. Als de onvolmaakte metalen maar lang genoeg in haar schoot 'gedecoqueerd' worden, zullen ze op den duur in goud veranderen.

Maar, zo voeren tegenstanders van de alchemie aan, als de kunst de natuur navolgt, en de natuur er honderden jaren over doet om de edele metalen voort te brengen, hoe zou ons dat dan binnen een kort mensenleven ooit kunnen lukken? 'La responce a l'encontre' luidt:

> ... disons en premier lieu que l'art ensuit nature selon le pouvoir qu'art peult avoir; ce nonobstant voions l'art abreger l'operation de nature, qu'apert par ce que d'un arbre nature n'en scaurait faire cendre ny d'une pierre chaulx en cent ans; toutefois l'art le peult et le faict en peu de temps [...]. Nous abregons donques l'operation de nature, faisants en peu de jours ce qu'elle ne scaurait faire en cent ans; aussy scavons nous que toute chose par voye de nature, par resolution devienent en leur commencement ou principes, c'est aux elements; et ce que nature faict en long temps, nous le faisons brievement, de maniere que ne nous eloignons de nature, mais abregeons sa voye [...][59]

De transformatie van bijvoorbeeld hout tot as, die ieder uit waarneming kent, is alleen mogelijk als het product in potentie al in de grondstof aanwezig is.[60] Een spectaculair voorbeeld, dat ook graag als bewijs-door-analogie voor de mogelijkheid van de alchemistische transformatie wordt aangevoerd, is dat van de kunst van het glasmaken:

[58] F. 176v; vgl. het *Correctorium Alchemiae* van Richardus Anglicus: '(...) ende daerom seytmen gemeynlick "ars imitatur naturam", dat is: die conste volcht dye nature naer. Niet dat sy een nature maect; maer dat sy dye selve nature subtyl maect. Daerom vaet die conste aen om te volbrenghen dat dye nature achter gelaten heeft.' (F. 190r)

[59] F. 56r-v. Het argument komt sterk overeen met het vierde bezwaar bij Petrus Bonus, maar de refutatie verschilt: *Theatrum Chemicum* V, p. 532 en 547-548, vertaling in Grant 1974, p. 575 en 580.

> Die nature genereert wel die metalen, maer sy en can gheen tincturen genereeren oft gemaecken, hoe wel datter een verborghen ende volcomen tincture in haer is. Daerom spreect eenen philosophus: 'Die nature heeft in haer verborghen het ghene datse van doene heeft, ende sy en wort niet volmaect, ten sy door betooghinghe des wercks ende der consten'. Dit is een exempel van gelas te maecken. Daerom en es in ons werck dye conste niet anders dan een behulper der nature, gelyck dat selve in veel wercken der consten mach gesien worden. Want die nature brencht eerst voort dat hout; daer naer maeckt dat vier uyt het hout de asschen; daer naer maeckt de conste uyt de asschen de eerste materie des gelas.Ende dat sult ghy alsus verstaan: waert saecke dat in de asschen de eerste materie des gelas niet verborghen en ware, soo en soude die conste geensins gelas daer uyt connen gemaecken.[61]

Het instrumentarium van de alchemist is bedoeld om de natuurlijke processen te optimaliseren en te versnellen. De natuur doet de metalen ontstaan in de schoot der aarde, een proces dat door Jan van der Donck als volgt wordt toegelicht:

> Ghy sult weten dat den berch al omme steenachtich is en besloten, soo dat de naturelicke hitte nergens uyt en mach, maer moet alsoo eenparelick wercken op de materie, ende naer dat de materie suyver ofte onsuyver is, ende de hitte groot ofte cleene is, daer af soo wert een metael suyver ofte onsuyver. Waerom Hermes ende ander wyse meesters seggen dat mercurius by hem selven ende sulphur by hem selven d'een sonder dander geen materie en syn van de metalen. Ende desen meesters segghen dat elck van dese twee in de mineren der eerden verkeeren in der maniere van eender eerden mit der hitten. Ende dan soo vlicht daer van op eenen subtylen roock ofte asem door de eenparelicke hitte in die aderen onder d'eerde; ende dese twee rooxkens ofte dampen vereenicht in een syn de oirsake ende den oirspronck ende de materie van alle metalen.[62]

Hieruit valt af te leiden, dat het alchemistisch proces een hermetisch gesloten vat vereist, dat in de juiste mate wordt verwarmd. Zo zal de alchemist de elementen weten om te keren. Alles wat in strijd is met de natuur, zoals een verkeerde proportionering van de materie, te veel of te weinig hitte en vooral het toevoegen van overbodige bestanddelen is funest.

[60] Paracelsus ziet dit als een ontbinding van het hout in de drie universele elementen zwavel (dat vuur wordt), mercurius (dat damp of rook wordt) en zout (dat as wordt); Coudert 1984, p. 19.

[61] Richardus Anglicus, f. 190r. De frase 'Dit is een exempel van gelas te maecken', niet in de Latijnse tekst (*Theatrum Chemicum* 2, p. 385), fungeert in de Duitse druk van 1581 als tussenkopje.

[62] F. 78v-79r; vgl. Volcht de nature van hooger macht/ Die in besloten bergen werct haer cracht/ Die daer metaelen maect uyt damp (f. 170r).

Het zaad en het desem

In den beginne heeft God een ongevormde oerstof geschapen, die in potentie de vier elementen al in zich had, en de hele ondermaanse wereld bestaat uit deze vier elementen. Deze zojuist ook al genoemde *massa confusa* is ook de oorsprong van alle leven en de draagster van de *humiditas radicalis, humidum radicale*, de wezenlijke basisvochtigheid.[63] Deze is van hemelse oorsprong en onvergankelijk; ze gaat vooraf aan de vier elementen, die op hun beurt in haar terug kunnen keren in de vorm van quintessens, 'onze hemel'.[64] De mercurius der wijzen, de wortel en de eerste materie van onze steen, is zelf deze 'humor celeste, caldo, untuoso', 'die aen den wortel vanden boom leit';[65] 'die vruchten die onse boom draecht syn Son en Maen'.[66] Wie de vruchten van zon en maan, goud en zilver, wil voortbrengen moet de daarvoor benodigde zaden in het proces toevoegen: wat je zaait, zal je oogsten.

Deze opvatting lijkt in strijd met de 'alleen-mercurius'- theorie, maar het is daar een interpretatie van die uitgaat van het gegeven, dat goud en zilver hun eigen, kwalitatief zeer zuivere kwikzilver in zich hebben. In het recept voor de azoth wordt de mercurius der wijzen dan ook uit goud of zilver getrokken.[67] Daarnaast zijn er alchemisten die beschrijven dat de eerste materie voor de Steen der Wijzen uit natuurlijk kwikzilver bereid moet worden, maar dat daar enig zilver of goud aan moet worden toegevoegd als katalysator voor de transformatie:

> Gebruik voor een goed deeg water en meel,
> En bovendien desem; ga ook zo te werk met onze steen.[68]

Zoals een klein beetje zuurdesem een grote hoeveelheid deeg kan omzetten, zo kan de kleurende kracht van een klein beetje goud of zilver een veel grotere hoeveelheid materie tot goud of zilver transformeren.

Geest, ziel, lichaam

Balbian vertaalde zelf een dialoog tussen een meester en zijn leerling uit het Latijn. De meester komt daarbij te spreken over de drievuldigheid van de

[63] Zie ook Joly i.v. Substanz en Figala i.v. Quintessens, in Priesner & Figala 1998, p. 350 en p. 300-302, en Bachmann & Hofmeier 1999, p. 128-139.

[64] De term komt voor bij Rupescissa, *De consideratione quintae essentiae*, vertaling in Wien 2818 (Huizenga 1997, p. 127) en bewerkt in *Tscep vol wonders* (Van Gijsen 1993, p. 134).

[65] Zie Bloemlezing 7; f. 170r; Fraeters 2001.

[66] F. 173r.

[67] Zie Bloemlezing 12.

[68] Ad bonam pastam utere aqua atque farina/ Nec non fermento; modo simili in lapide nostro. F. 155v.

steen. De leerling, die juist begrepen had dat er maar één steen is, reageert hier verbaasd op.

> Meester: [...] Ghy sult neerstelick aenmercken dat onsen steen is verciert met een dryvaudig cleet ende in drye deelen gedeilt, als in lichchaem, siel ende geest. Want een doot lichchaem dat gesien werde sonder siele is duyster. Wilt ghy dat het lichchaem worde weder levende, dat is dat het worde vegetabel, soo voecht hem toe syn siele, ende terstont sal het levendich worden.
> Discipel: O beminde meester, ic en verstae uwe woorden niet, want sy syn my te duyster. Want ghy hebt my geseyt van éénen steen, ende nu schynt ghy te spreken van dryederley steenen, als van lichchaem, siele ende geest. Ic en verstae niet wat ghy daer mede meent, want één steen en kan der gheen drye gewesen. [69]

De meester weet de zoon gerust te stellen: in de eerste materie zijn geest en lichaam verenigd in één enkel water, waarin het onvolmaakte lichaam (het gezuiverde natuurlijke kwikzilver) wordt opgelost, en daardoor wordt de ziel eruit getrokken.[70]

Het denkbeeld dat ieder ding bestaat uit een lichaam, een ziel en een geest komt al voor in klassieke gnostische teksten.[71] Om tot de Steen der Wijzen te komen, moet de onvolmaakte eerste materie eerst worden ontbonden in deze drie componenten. Die worden dan elk afzonderlijk gelouterd en tot hun volmaaktheid gebracht, om dan vervolgens weer verenigd te worden tot een hogere, stabiele en volmaakte eenheid. Dit wordt wel omschreven in termen van het sterven en weer tot leven komen van de materie.

De termen geest en ziel zijn niet altijd even duidelijk begrensd; doorgaans is het lichaam de materiële stof en de geest het levengevende principe, terwijl de ziel de schakel is die beiden met elkaar verbindt en die ook de tinctuur, de kleurende kracht, bevat:

> En mercure est ce que querons.
> De luy esprit et corps tyrons
> Et ame aussy, d'ou sort teincture.[72]

De al vermelde circulatie van de elementen wordt ook in deze termen beschreven: door de sublimatie wordt de vaste stof geestelijk gemaakt, en

[69] F. 29v; vgl. *Rosarium* ed. Telle 1992 I, p. 82-83; de tekst is iets beknopter en de zoon volstaat met 'O Magister non intelligo'.

[70] Dat de ziel (elders ook wel: de geest) van mercurius 'vegetabel' wordt genoemd komt overeen omschrijvingen als 'non tamen vulgari, sed crescens ut herba', 'die daer wast als groene cruyden'; zie Bloemlezing no. 6 en 8.

[71] Zie Fraeters 1999, p. 78-79; Joly i.v. Seele in Priesner & Figala 1998, p. 329-330.

[72] F. 178r; vgl. 'Est in mercurio quiquid quaerunt sapientes/ Corpus ab hinc, anima, spiritus trahuntur', Ms BL Add. 10764, f.77 (DWS 823,2); het eerste vers als voorlaatste in Ad bonam pastam, f. 157r.

door de fixatie wordt de vluchtige stof lichamelijk gemaakt. In de bewoordingen die hierbij gebruikt worden, resoneert vrijwel altijd de *Tabula smaragdina*.[73] De relatie tussen de besproken denkbeelden wordt mooi geformuleerd door Pernety:

> CONVERTIR LES ÉLÉMENS. Terme de Chymie Hermétique. Dissoudre & coaguler; faire de corps esprit, & de l'esprit corps, le volatil fixe, & le fixe volatil: tout cela ne signifie que la même chose. La Nature aidée de l'Art, le fait dans le même vase des Philosophes par la même opération continuée. Lorsque la matiere est bien purifiée & scellée dans l'oeuf, il s'agit seulement de conduire le feu.[74]

Kleuren en fasen van het proces

Het proces van de alchemistische transformatie beslaat een aantal stadia en bewerkingen, waarvan het aantal en de volgorde dat in teksten wordt aangegeven sterk uiteenloopt. Een constante factor is wel de geleding van het Grote Werk in stadia, genoemd naar de drie belangrijkste kleuren: het zwarte, het witte en het rode werk.[75] Er wordt telkens weer op gewezen dat het onmogelijk is om zonder het zwart tot het wit, en zonder het wit tot het rood te komen; iedere andere volgorde betekent, dat het werk tot mislukking gedoemd is.

Het oplossen en doden van de stof, waarna de ontzielde stof tot ontbinding overgaat is het Zwarte Werk. De eerste materie wordt daarbij gereduceerd tot een lichamelijke, zwarte en vormeloze aarde. Deze wordt door herhaalde bevochtiging en uitdroging omgezet tot een witte, kalkachtige stof waarin het lichaam verenigd is met de ziel door de witte geest ofwel de witte tinctuur van de gereinigde mercurius. Het optreden van de volmaakte witheid markeert de voltooiing van het Kleine Werk, dat resulteert in het ferment, de tinctuur of het elixir dat natuurlijk kwikzilver tot zilver kan transformeren.[76] Het Grote Werk is volbracht wanneer ook de volgende fase, het rode werk, heeft plaatsgevonden. Dat levert de Steen der Wijzen

[73] Bijvoorbeeld: Spiritum volantem capite/ Et in radium Solis trahite/ Ut fixetur debite/ Et fixum fiat volatile (f. 158r); Spiritum et animam suldy doen sterven/ In desen steen seer menichwerven/ Water, vier, lucht suldy van hem dryven/ Dat hy een suyver eerde mach blyven./ Dan weder vereenicht moet hy syn; /Soo word de steen goet ende fyn. (F. 175v); Dan is daer dat seer wit coorenken ofte saeyken gestorven, ende brenct wederom hondertfaudighe vruchten voorts; ende daeraf vlieget ende trecket uyt der eerden in den hemel, ende vanden hemel wederom in der eerden; ende dat lyvelick is dat wort int sublimeeren geestelick ende dat geestelick wort lyvelick int neder dalen, ende heeft cracht van het opperste element (Pseudo-Lullius, f. 216v).

[74] Pernety 1758, p. 89.

[75] Variant: gele fase tussen wit en rood; dikwijls vermeld: de verschijning van alle kleuren van de regenboog, de zgn. *cauda pavonis* of pauwenstaart, tussen zwart en wit.

[76] Voor een beschrijving zie het tractaat van Georg Eckart, Bloemlezing 1.

op, die levend en vruchtbaar is en die de rode tinctuur bevat, waarmee alle metalen tot goud kunnen worden getransformeerd.

Het Duitse gedicht *Von dem stein der weisen* heeft als tussenkopjes 'Von der solution', 'De compositione', 'De augmentatione' en 'De projectione'. Deze stadia vallen samen met het zwarte, het witte en het rode werk (de solutio omvat ook de sublimatie en de scheiding van de elementen; de compositio leidt tot de albatio, het wit worden) gevolgd door het gebruik van de Steen: door de projectie op een onedel metaal wordt de steen vermeerderd.

De bewerkingen die in elk van de stadia genoemd worden wisselen in andere teksten in aantal en in volgorde. De anonieme *Annotationes* op f. 173 onderscheidt er zeven:

> De fasen van het werk zijn de calcinatie, waardoor de solutie op gang komt, welke calcinatie een destillatie is waardoor de materie vast wordt. De tweede is de oplossing tot water, en dat water is onze mercurius. In deze fase moet het vloeibare het vaste overheersen, omdat de gedestilleerde aarde door de kracht van het mercuriale water wordt opgelost. In dit stadium komt alles wat verborgen is, geest, ziel en lichaam, aan de dag, die dan verfijnd en vloeibaar gemaakt worden; gebeurt dit niet, dan leidt ons werk tot niets. Deze solutie gebeurt herhaaldelijk maar door dezelfde kracht; terwijl je het lichaam oplost, maak je tegelijk de ziel vast, en omgekeerd. De derde is de scheiding van de reine en de onreine dampen door wederom herhaaldelijk te destilleren. De vierde is de samenvoeging van de vier gerectificeerde elementen. De vijfde is de fixatie, die plaatsvindt door een zacht en zwak vuur dat geleidelijk sterker wordt. De zesde is het voeden, waardoor de steen sterker wordt. Dat gebeurt door het oplossen van het vaste en stevige lichaam van de volmaakte steen, dat is de rode Leeuw [in het rode elixir], dan wel van de Lunaria in het witte elixer.[77] Dit moet enkele malen herhaald worden voor de vermenigvuldiging.[78]

Iets afwijkend in deze voorstelling is het begin: calcinatie, het tot een kalk maken, vindt meestal pas in een later stadium plaats. Wel is het gebruikelijk

[77] De rode leeuw is de 'mannelijke', gouden partner in het proces, die in een vroeger stadium van het proces wel 'de groene leeuw'dan wel 'de groene draak'wordt genoemd; Pernety 249-251. De Lunaria, het 'kruid van de maan', is het elixir voor de witte steen, het zilver.

[78] Gradus operis sunt: calcinatio, ut per hanc introducatur solutio; que calcinatio est destillatio donec materia figatur. Secundo fit solutio in aquam, et haec aqua est mercurius noster. In hoc gradu debet pars fluxa superare partem fixam, quia per dominium aquae mercurialis solvitur terra destillata. In hoc gradu prodeunt omnia occulta: spiritus anima et corpus, que in hoc gradu subtiliantur fluidaque fiunt, quod nisi fieret, frustra laboraremus. Haec solutio pluries fit cum una simul vire: cum enim solvis corpus/ tunc coagulas et spiritus et vice versa. Tertio fit separatio puri vaporis ab impuro per reiterationem destillationis. Quarto fit coniunctio quatuor elementorum rectificatorum. Quinto fit fixatio, qui fit per ignem tepentem et exilem qui sensim augetur. Sexto fit cibatio, in qua est augmentatio lapidis. Haec fit per resolutionem coagulati et concreti corporis lapidis perfecti, id est rubei Leonis, vel Lunarie in elixyre albo. Repetitur aliquoties propter multiplicationem (f. 173v).

om te beginnen met sublimeren, waarbij de stof door verhitting van zijn onzuivere bestanddelen wordt gereinigd.

In een zeer beknopt Italiaans prozatractaatje worden negen operationes genoemd: achereenvolgens de solutie, de distillatie, het nederdalen, de ontbinding, de afwassing, de samenvoeging, de coagulatie, de calcinatie en de fixatie.[79] Ook het getal twaalf is erg verspreid: de *Twaalf sleutels* van Basilius Valentinus en de *Twaalf poorten* van Ripley beschrijven twaalf bewerkingen in het proces.

De hermetische verpakking

De edele kunst der alchemie mag niet voor de honden worden gegooid. Daarom wordt ze beschreven op een manier die alleen begrepen kan worden door mensen die er verstand van hebben en die ook nog erg hun best doen. Balbian gebruikt dit als argument om zijn uitgave van een aantal teksten te rechtvaardigen: hij kan dat met een gerust hart doen, want de niet-ingewijden begrijpen er toch niets van. Zijn doelgroep, de ware liefhebbers van de hermetische filosofie, moedigt hij aan met de gebruikelijke aansporing: 'lees, lees, herlees en herlees nogmaals'. [80]

De middelen ter verhulling zijn gevarieerd en ook voor een hedendaagse lezer bijzonder doeltreffend: het gebruik van vreemde woorden en 'Decknamen', de talloze namen voor het Ene Ding, omschrijvingen met het bezittelijk voornaamwoord 'ons/onze', bijvoorbeeld 'ons water' of 'ons koper', dat aangeeft dat daarmee níet het gewone water of koper wordt bedoeld, en notaties in symbolen en geheimschrift.[81] Sommige alchemisten hebben opzettelijk een deel van het proces weggelaten en alleen de laatste stadia beschreven. Daartegenover hebben ze ook allerlei afzonderlijke fasen onderscheiden, die in de praktijk vloeiend en zonder ingrijpen van de meester in elkaar overgaan.

De verschrikkelijke gevolgen van de hermetische verpakking komen in verschillende teksten in Balbians handschrift uitvoerig aan de orde. Een cruciaal punt is dat mensen die er geen verstand van hebben metaforisch bedoelde termen letterlijk hebben opgevat. Zo wordt de Steen, die immers een lichaam, geest en ziel heeft, omschreven als *mineralis, vegetabilis* en *animalis*: mineraal, plantaardig en dierlijk. Onwetende personen hebben hierom, en ook omdat ze veel andere verhulde woorden verkeerd begrepen hebben, de gekste dingen geprobeerd om de Steen der Wijzen te maken.

[79] La prima operatione di quella compositione si chiama solutione. La 2a distillatione. La 3a descensione. La quarta putrefactione. La 5a lavamento. La sexta coniunctione. La 7a coagulatione. La 8a calcinatione la nona fixione (f. 184v).

[80] Voorwoord bij het *Secretum* van Greverus; Bloemlezing 21.

[81] Pernety 1758, p. i-ij; Bloemlezing 16a.

Voor zover ze al niet opzettelijke bedriegers zijn, doen ze minstens de natuur geweld aan en verspillen ze hun tijd en geld:

> ...daerom synt sotten ende dwasen dye soo veel ende menigherley stucken ende bedriegheryen daer toe nemen om die menschen te bedrieghen, te weten ongelycke dinghen, dye niet teghen dye nature en geven noch en nemen, als daer syn: eyer schalen, haer, menschen bloet, asschen, een basiliscus, wormen, cruyderen, menschen stront ende alsoo noch veel meer ander dinghen, ende willen alsoo met het quaetste het beste maecken, ende alsoo daer mede dye nature haer gebreken beteren. Maer aengezien datse in deese naturlycke dinghen niet eens gedacht en hebben op dye warachtigher materie, maer sy hebben stront gesaeyt ende hebben daer af willen terwe maeyen, het welcke onmoghelick is om doene. Maer ist saecke dat ghy stront saeyt, soo sult ghy oock stront maeyen, want dye nature gevet selve uyt.[82]

Behalve 'kleinschalige' vormen van verhulling zijn er ook alchemistische teksten en beeldmateriaal, die het hele proces weergeven in beeldspraak, waarbij sommige centrale metaforen tot uitvoerige allegorieën worden uitgewerk. Een zeer verspreide allegorie is die van het alchemistisch huwelijk: het transformatieproces wordt in erotische termen voorgesteld als het sacrale huwelijk van Sol en Luna, de koning en de koningin, Gabricus en Beya.[83] Daarbij is het alchemistisch paar soms een vereniging van broeder en zuster, soms van zoon en moeder. Beider vereniging resulteert in een hermafrodiet, die sterft en weer tot leven komt. De reeks illustraties bij het florilegium *Rosarium Philosophorum* geven deze stadia weer: we zien het alchemistisch paar eerst gekleed, dan naakt, en nadat ze in een bad zitten volgt hun coïtus. Ze sterven dan samen en verenigd tot één wezen, waaraan de ziel ontstijgt, om na een louterende regenbui weer neer te dalen en de 'edele koningin', het witte elixir, tot leven te wekken.[84] Verwant hiermee is de *Donum Dei*-serie, waar de allegorische personages en gebeurtenissen worden afgebeeld in een serie kolven.[85]

De planeten/metalen[86] treden als sprekende personages op in *Een uytlegginghe vanden boom Mercurii*. Dit gedicht beschrijft de koning die zijn leven geeft om zijn onvolmaakte broeders te verlossen en te vervolmaken, waarbij het motief van de terugkeer van de koning in de schoot van zijn moeder enigszins verhuld doorschemert.[87] In het *Secretum* van Greverus komt een

[82] Richardus Anglicus, f. 195r. Zie ook Bloemlezing 3 en 11.

[83] Zie Telle 1980, *passim*.

[84] Ed. Telle 1991, met facsimile van de met houtsneden geïllustreerde druk van 1550.

[85] In het Balbian-handschrift zijn de illustraties zeer simpele pentekeningetjes.

[86] De planeten spelen ook een rol bij het ontstaan van de met hen verwante en naar hen genoemde metalen. Gebruikelijk is de koppeling van zon en maan aan goud en zilver; Saturnus -lood, Jupiter-tin, Mars-ijzer, Venus-koper en Mercurius-kwikzilver.

[87] Ed. Fraeters 2001.

vrij uitvoerige allegorie van de *Tuin der Hesperiden* voor; er zijn wel meer mythen gebruikt voor alchemistische allegorisering.[88].

Balbian en het paracelsisme

Uit het voorafgaande bleek, dat Balbian veel voelde voor de 'alleen-mercurius'-theorie, die al sinds de veertiende eeuw een dominerende rol speelde in de alchemie. Daarnaast neemt hij ook een paar recentere tractaten, gedichten en recepten in zijn handschrift op, waarvan er enkele afkomstig kunnen zijn van Paracelsus zelf, en andere paracelsistische denkbeelden combineren met oudere theorieën.

Vooral op medisch gebied was Paracelsus[89] een van de grootste vernieuwers uit de zestiende eeuw. Hij brak radicaal met de traditionele leer van de vier elementen, temperamenten en lichaamssappen en stelde in plaats hiervan de, overigens al langer bestaande, theorie van drie *principia*: zwavel, kwikzilver en zout, die analoog zijn aan de trits geest, ziel en lichaam. De alchemie beschouwde hij primair als een van de steunpilaren van de medische wetenschap; hij hechtte veel meer belang aan medische toepassingen van chemische bereidingen dan aan de transmutatie van de metalen. Bij zijn volgelingen, die overigens zijn opvattingen vaak naar eigen inzicht versneden met meer traditionele denkbeelden, lag dat vaak omgekeerd. De meeste geschriften van Paracelsus werden pas na zijn dood gedrukt, doorgaans in het Latijn (hij schreef zelf in het Duits); bovendien verschenen er tientallen apocriefe werken op zijn naam. Zijn werk en opvattingen waren aanleiding tot felle polemieken tussen aanhangers en bestrijders. Een van de bekendste tegenstanders van Paracelsus was Thomas Erastus, die juist hoogleraar in Heidelberg was in de tijd dat Joos en Anthonie Balbian daar studeerden.[90]

Van Joos, die tenslotte arts van beroep was, zou men verwachten dat hij belangstelling zou hebben voor deze medische alchemie. Expliciet medisch gerichte teksten zijn echter vrij uitzonderlijk in zijn handschrift. In een doorgehaald fragment dat het slot is van een incomplete tekst wordt verwezen naar een werk van Paracelsus over syfilis.[91] Hierop sluit een reeks van elf recepten voor bereidingen uit kwik aan, waarvan er twee expliciet voor

[88] Het Gulden Vlies is het meest prominente voorbeeld. In de Bloemlezing zijn een paar soorten allegorie vertegenwoordigd: 5 en 10.

[89] Theophrastus Bombastus Paracelsus van Hohenheim,1493/1494-1541. Zie voor literatuur Müller-Jahnke in Priesner & Figala 1998, p. 269-270.

[90] De Ridder-Symoens 1986, p. 98.

[91] 78 [185r, 1-8], begint midden in zin: 'facit aer ergo in aperta olla vel vitro; dan doet het in den destilleer pot ende destilleertse per cineres. Tunc habebis aquam mirabilem, de qua lege Theophrastum in libello *De xenodochio et de morbo gallico*. [...]'

medisch gebruik zijn bedoeld.[92] Het handschrift bevat verder een recept voor een 'Oleum mercurii Paracelsi' tegen 'pocken' en dergelijke, een 'Elixyr mercurii' en een recept voor 'aurum potabile'.[93] De drie *principia* 'sal, sulpher ende mercurius' worden enkele malen genoemd, eenmaal onder verwijzing naar Paracelsus.[94]

De naam van Paracelsus wordt het vaakst genoemd in de Nederlandstalige mercurius-verzamelteksten.[95] Het hierboven al vermelde mercuriale water dat Paracelsus het Azoth noemt is 'in der medecynen ende Alchemie' van grote waarde.[96] Deze dubbele toepassing vinden we ook bij enkele van de volgende recepten.[97]

Teksten van paracelsistische inspiratie zijn verder de Duitstalige rijmtekst *Von dem stein der Weisen* en de Nederlandse verkorte bewerking daarvan, en de Nederlandstalige excerpten uit pseudo-Paracelsus' *Aurora philosophorum*.[98] In een prozatekst in het Latijn staat een lovende verwijzing naar een werk van Paracelsus over het ontstaan van de mineralen en de metalen.[99]

Balbian heeft gebruik gemaakt van teksten afkomstig van, of uitgeven door, de Franse arts-paracelsist Bernard G. Penot en misschien ook van diens al even paracelsistisch geörienteerde vriend en collega Nicolas Barnaud.[100] Waarschijnlijk had hij ook een verzameling Hollandus-handschriften in zijn bezit.[101] 'Hollandus' is zo paracelsistisch dat Paracelsus wel van Hollandus-plagiaat beschuldigd is door personen die ten onrechte dachten dat die ouder was.[102]

[92] 'Mercurius precipitatus' geneest allerlei ziekten, vooral de 'pocken', en kan zowel uitwendig als inwendig gebruikt worden (f. 185r-v); een van de mercuriale wateren die volgen 'geneest ende cauteriseert alle corrosyfsche accidenten' (f. 186v). Mogelijk zijn enkele andere recepten uit de reeks, die paracelsistisch aandoet, ook voor medisch gebruik bedoeld.

[93] F. 219v; f. 222r; f. 224v.

[94] F. 221v; f. 230r. Ook op de twee cirkeldiagrammen op f. 143v en 144r.

[95] Nader onderzoek zal moeten uitwijzen, of Balbian dit materiaal uit een druk overnam. Een ingang bij nader onderzoek is het gebruik van 'anathar' in plaats van 'athanor' in een aantal van de Nederlandstalige, paracelsistische prozateksten.

[96] F. 218v.

[97] F. 221r; f. 221v. Ook op 227v wordt Paracelsus met name geciteerd.

[98] Zie Bloemlezing 9 en 11.

[99] Het begin van deze tekst ontbreekt; ik heb hem niet kunnen identificeren. De verwijzing luidt: '.. de quo vide latius librum Theophrasti Paracelsi de oeconomia mineralium, in quo generationem mineralium optime declaratam reperies, atque etiam metallorum' (f. 68r).

[100] Met name Pontanus: zie Bloemlezing 19; zie over Barnaud Willard 2001.

[101] Zie Telle 1986, die er op wijst dat J.F.H.S. alias Harprecht in het voorwoord bij zijn Hollandus-editie van 1659 zegt een pak Hollandus-handschriften van 'Justi à Balbians Schwieger-Sohn' gekregen te hebben.

[102] Handschriften (vanaf ca. 1560) en drukken staan op naam van Isaac Hollandus en Johannus Isaaci Hollandus; ze worden wel voor vader en zoon gehouden. De plagiaatbeschuldiging aan het adres van Paracelsus zou van Penot afkomstig zijn; Partington 1961, p. 204-205.

Paracelsus is dus duidelijk aanwezig in het Balbian-handschrift; blijkbaar had Joos wel belangstelling of sympathie voor zijn werk. Toch was hij bepaald geen uitgesproken partijganger van de Hohenheimer. De voorwoorden en de keuze van de teksten in de beide door hem uitgegeven boekjes getuigen van een diep respect voor oudere maar post-klassieke alchemistische teksten, waarvan de uitgangspunten door Paracelsus krachtdadig werden verworpen. Deze boekjes staan bovendien volledig, en het handschrift in sterke mate, in het teken van de transformatie van de metalen, een onderwerp dat Paracelsus als marginaal beschouwde.

Een kostbare gave Gods

De alchemist dient te beschikken over kennis van en inzicht in de werking van de natuur, van de te gebruiken materie en van de aard en de hoeveelheid warmte die nodig is voor het proces. Kennis, inzicht en vaardigheid zijn echter wel noodzakelijk, maar niet voldoende om zijn doel te bereiken: alle wijsheid komt van God.[103] De *Dicta Alani* openen dan ook met de aansporing

> Sohn, setz dein herz mehr Gott dann zu der kunst; wann sie ist ein gab von Gott, und wem er will dem theyle er sie mit. Darum hat ruhe undd freude in Gott, so hastu die kunst.[104]

Van gelijke strekking, maar wat uitvoeriger is de aanhef van *Een cleyn tractaet Raymundi Lully van den steen der philosophen*:

> In den name Godes soo hoort toe, merct ende neempt wel waer mijn alderliefste vrienden, dye groote ende principale heymelicheyt, dye alle schatten der gantscher werelt te boven gaet, en dye Godt syn uytvercorene geeft ende leert, ende beletse den ontwetenden. Daerom: wilt ghy tot deese heymelicheyt ende secreet commen, dwelck ons God den Vader, Sone ende Heylighen Gheest gegheven ende geleert heeft, soo siet dat ghy eerst voor al soect dat rycke Godes ende syn gerechticheyt: soo sal u oock deese gave gegheven worden, ende ghy sult u verblyden in t'aensien dye wonderlicke cracht Godes, dye hy in de nature gelaten heeft in haer werckinghe. (f. 213v)

Om het werk te kunnen voltooien dient de alchemist voor alles zijn vertrouwen in God te stellen, al moet hij wel beseffen dat slechts weinigen zo'n kostbaar geschenk waardig zijn.[105] Dat kan hem natuurlijk alleen baten,

[103] Omnis sapientia a Deo est (Eccl. 1:1); ook op Balbians beide titelpagina's (f. 1r; f.2r).

[104] Ed. Barke 1991, p. 434 (interpunctie toegevoegd, avg). Balbian vertaalt, wat breedsprakiger (ik cursiveer zijn uitbreidingen): 'Ad Deum *ter Optimum Maximum*, fili mi, *et* cor *et mentem* convertite quam ad artem magis: ipsa enim donum Dei *summum* est; cuique bene placitum fuerit, eam largitur. Deum igitur *ex toto corde totaque diligito*, *atque in eo solo* et spem et oblectationem *omnem* locato; et *omni dubio procul*, arte hac *tam nobili cum gaudio* perfruere.' (F. 243v)

[105] Vgl. het slotvers van Palingenius; zie Bloemlezing 5.

wanneer ook zijn levenswandel getuigt van grote vroomheid en deugdzaamheid.[106] De teksten uit het Balbian-handschrift besluiten vaak met de raad, God te loven en te danken. Deze raad wordt nogal eens gecombineerd met een aansporing tot onbaatzuchtigheid, meer specifiek tot barmhartigheid ten aanzien van 'vrome armen diet qualijc gaet',[107] na de voltooiing van het werk:

> ende lovet Godt van syn sonderlinghe gaven die hy ons heeft verleent, ende biddet voor my ende deylt den armen, dat bidde ic u allen. Finis.[108]

De goede alchemist wordt niet gedreven door hebzucht of eigenbaat, maar door het verlangen bij te dragen tot de door God bedoelde voltooiing van de schepping. Door zich te verdiepen in dit proces begrijpt en ondergaat ook hijzelf een parallelle spirituele loutering en verlossing. Het alchemistische werk is immers uiteindelijk, zoals de hele schepping, een afspiegeling van een hogere, spirituele werkelijkheid.

Christelijke alchemie

De Westeuropese alchemistische traditie wortelt voor een belangrijk deel in gnostische, hermetische en (neo-)platonistische teksten en denkbeelden. Door deze voedingsbodem was zij van meet af aan sterk religieus gekleurd. In de loop van de tijd kreeg deze religieuze dimensie steeds meer christelijke trekken. Een alchemie op radicaal christelijk geïnspireerde grondslag werd pas door Paracelsus geconcipieerd en door diens volgelingen uitgewerkt.

In de veertiende en vijftiende eeuw kwamen verschillende alchemistische tractaten in omloop, waarin christelijke symboliek een belangrijke rol speelde. Het alchemistisch proces wordt dan vergeleken met de christelijke heilsgeschiedenis, waarbij er een parallel is tussen Christus en de Steen der Wijzen. Zoals Christus mens geworden is, gestorven en weer opgestaan uit de dood, waarmee hij de mensen verlost heeft van de zondeval, zo moet ook de mercurius tot een lichaam gereduceerd worden dat wordt gemarteld en gedood, om daarna te herrijzen in een perfecte en onsterfelijke staat.

Een aantal bijbelse en christelijke parallellen wordt aangegeven in de *Coelum Philosophorum*, een kosmologisch-alchemistisch diagram van de vijftiende-eeuwse kanunnik George Ripley.[109] De vier kwartieren van dit

[106] Het tractaat van Jan dan der Donck gaat hier uitvoerig op in; zie Bloemlezing 3.

[107] *Een edel conste* vs. 8; zie Bloemlezing 9. Een vergelijkbaar slotadvies in *Het is een steen*, Bloemlezing 8: 'Danct Godt en helpt den aermen al; / Syn rycke u Godt vergunnen sal', en in het recept uit Andriessen, Bloemlezing 14.

[108] Slot van Jan van der Donck, f. 101v.

[109] No. 161; Balbian nam hem misschien over uit de *Quadriga aurifera* van Nicolas Barnaud (Leiden 1599), maar het is ook heel goed mogelijk dat hij hem van Barnaud zelf kreeg.

schema verbinden de vier elementen, windstreken en seizoenen met fasen van het alchemistische proces en met stadia in de heilsgeschiedenis: Christus' conceptie, dood, verrijzenis en hemelvaart.

> Zoals Christus, zoals de Schrift getuigt, van zijn hoge troon neerdaalde in de heilige schoot van Maria om ons te verlossen, evenzo daalt onze steen af in de schoot van de mercuriale maagd, om zijn broeders te bevrijden van de erfzonde.[110]

Jan van der Donck roept geregeld de hulp in van 'onsen heer Jhesu Christo' in en presenteert zich als een godvruchtig man. Hij geeft een theologische vergelijking om het drievoudige wezen van de Steen der Wijzen te verklaren:

> Daer by soo segge ic u over een groot secreet: Maect water van de lucht ende lucht van den water, ende van de lucht maect eerde, ende van den viere maect eerde; dan sult ghy hebben in dit regiment eenen geest smeltende, ingaende, verwende ende vergauderende die ander lichchaemen in hem selfs eeuwech durende. Ende desen geest is een lichchaem, ende dit lichchaem is een geest ende is fix ende eeuwich durende.
>
> Dat dit alles waer sy dat bewyse ick in deser figuren. Ghelyck dat drye persoonen syn vereenicht in eender eeuwecheyt eens wesens, Vader, Sone, Heilich Geest (by den Vader verstaende de mogentheyt, by den Sone wysheyt ende byden Heyligen Geest gratie, inspiratie ende illuminatie), dese drye syn in een vereenicht in eenen persoon, dat is in Christo Jhesu onsen Godt ende salichmaker, aldus soo is oock onsen philosoofschen steen dryvuldich ende een in wesen.[111]

In enkele gedichten speelt het Christelijke gedachtengoed een hoofdrol. Dit geldt vooral voor het paracelsistische *Vom stein der weisen*, voor het verwante, vermoedelijk uit een druk overgeschreven *O heillige Dreyfaltigkeyt* en voor *O summa causa, o Majesta divina*, dat daarnaast overigens nogal wat mythologische personages laat opdraven.

Slotsom

Balbian deelde zijn levendige belangstelling voor de alchemie met velen van zijn prominente tijdgenoten. Hij was primair geinteresseerd in de Steen der Wijzen, en dan vooral in het perspectief van de transformatie van de metalen. Zowel zijn handschrift als de twee door hem bezorgde drukken bevatten vooral traditioneel, overwegend veertiende-eeuws tekstmateriaal, waarin de 'mercurius-alleen'-theorie een dominerende rol speelt.

[110] Quemadmodum Christus, ut testatur scriptura, in sanctum ventrem descendit Mariae de suo alto Throno pro nostra redemptione, sic hic noster Lapis descendit de suo statu in ventrem virginis Mercurialis, ut fratres suos liberet a spurcitie originali (f. 260v).

[111] F. 96v.

Balbian stond wel open voor nieuwere opvattingen; zijn handschrift bevat ook contemporain materiaal. Alleen in deze paracelcistische, dan wel paracelcistisch getinte of geïnspireerde teksten komen ook medische toepassingen van de alchemie herhaaldelijk, maar vrij terloops, ter sprake.

Een religieuze en ethische context speelt in het handschrift voortdurend mee, zij het meestal enigszins op de achtergrond. Zonder Gods hulp is er geen hoop; verschillende teksten in het handschrift bevatten opwekkingen tot vroomheid en een goede levenswandel en besluiten met een aansporing om God te loven. In enkele teksten krijgen God, de Drieënheid en/of Christus een centrale plaats.

BALBIAN EN ZIJN BRONNEN

Hoe kwam Balbian aan de teksten die hij verzamelde en publiceerde? Hieronder komt eerst ter sprake wat Balbian mogelijk zelf geschreven heeft, en daarna waar hij zijn overige materiaal vandaan had. Vervolgens wordt ingegaan op de manier waarop hij met zijn teksten omging als afschrijver, redacteur of vertaler. Tenslotte volgen nog enkele opmerkingen over de totstandkoming van het handschrift, en over de plaats ervan in de Nederlandstalige alchemistische overlevering.

Balbian als auteur

'Sommige traktaten zijn in Nederlandse verzen geschreven, wat bewijst dat de veelzijdige Balbiaen ook dichterlijke aspiraties moet hebben gehad'. Aldus Braekman, die aan het slot van zijn artikel over Balbian een van de Nederlandse gedichten uit het Balbian-handschrift citeert 'om een idee te geven van Balbiaens rijmkunst'. Hij signaleert als eerste van de reeks van zeven 'een werkje getiteld *Deus summa sapientia*'[1]. Het opschrift daarvan, *Een onbekent autheur*, lijkt mij een duidelijke aanwijzing dat Balbian dit gedicht niet zelf geschreven heeft, en dat hij zich er evenmin van bewust is dat het uit het Duits is vertaald.[2] Het tweede Nederlandstalige gedicht draagt het opschrift *Een ander*, wat zowel 'nog een gedicht' als 'een gedicht van een andere anonymus' kan betekenen. Het laatste lijkt het meest waarschijnlijk, omdat boven het derde gedicht *De selve* staat. Dit lijkt te betekenen, dat Balbian deze twee gedichten aan dezelfde anonieme dichter toeschrijft.

Het vierde gedicht vermeldt wel een titel, *Een uytlegginge van den boom mercurii*, maar geen auteur. De overeenkomst met het voorafgaande gedicht wijst erop, dat beide uit dezelfde bron en van dezelfde dichter afkomstig zijn.[3] De twee volgende heten *Een ander*, en de laatste *Een ander van de steen der philosophen*. Bij het vijfde gedicht valt op te merken, dat het als enige van de reeks Nederlandstalige gedichten ook uit een eerder handschrift bekend is.[4] Alleen in de Balbian-redactie wordt expliciet verwezen naar de voorafgaande *Boom Mercurii*. Omdat de gedichten spellingseigenaardigheden gemeen hebben die niet voorkomen in de door Balbian zelf

[1] Fols. 166v-168. Braekman 1985, p. 94-95. Uit de bronnen blijkt dat dit niet het opschrift van het volgende, maar het onderschrift van het voorafgaande, Duitstalige gedicht [59] is. Daar stond overigens *Jesus summa sapientia* !

[2] Zie Bloemlezing 8.

[3] De verzen 13-28 van [62] komen vrijwel woordelijk overeen met 37-52 van [63].

[4] [67]; Londen WI 359 (dd. 1563), II f. 98-101, een langere (207 verzen, tegen 152 bij Balbian) en nogal corrupte versie. De tekst is dus oud.

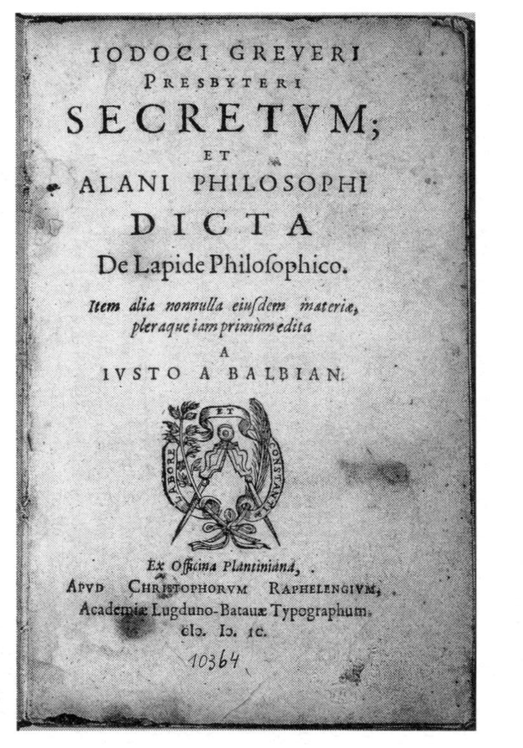

IODOCI GREVERI
PRESBYTERI
SECRETVM;
ET
ALANI PHILOSOPHI
DICTA
De Lapide Philosophico.
Item alia nonnulla eiusdem materiæ, pleraque iam primùm edita
A
IVSTO A BALBIAN.

Ex Officina Plantiniana,
APVD CHRISTOPHORVM RAPHELENGIVM,
Academiæ Lugduno-Batauæ Typographum.
clɔ. Iɔ. IC.
10364

De titelpagina van *Jodoci Greveri Secretum, et Dicta Alani* (...), in het Antwerpse exemplaar, Museum Plantin-Moretus/Prentenkabinet, Antwerpen: collectie museum.

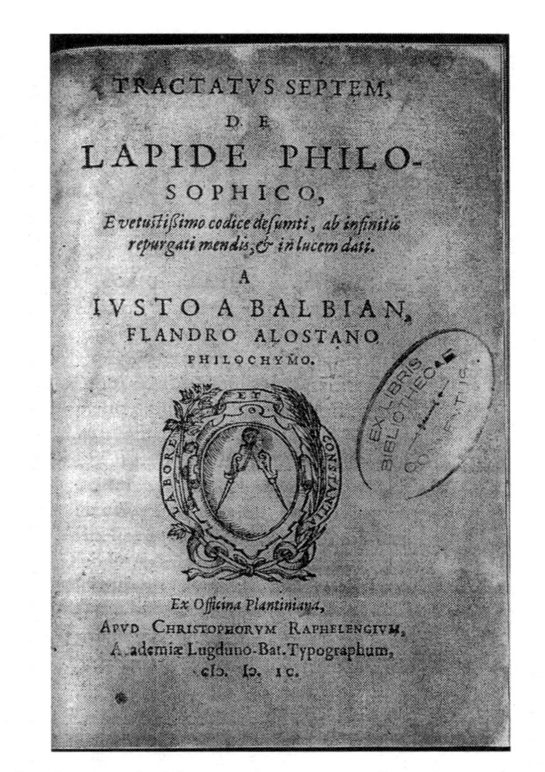

TRACTATVS SEPTEM,
DE
LAPIDE PHILO-
SOPHICO,
E vetustissimo codice desumti, ab infinitis repurgati mendis, & in lucem dati.
A
IVSTO A BALBIAN,
FLANDRO ALOSTANO
PHILOCHYMO.

Ex Officina Plantiniana,
APVD CHRISTOPHORVM RAPHELENGIVM,
Academiæ Lugduno-Bat. Typographum,
clɔ. Iɔ. IC.

De titelpagina van de *Tractatus septem*, exemplaar: Amsterdam, Bibliotheca Philosophica Hermetica.

vertaalde teksten,[5] lijkt het aannemelijk dat hij in ieder geval deze twee gedichten in deze volgorde uit dezelfde bron afschreef, die mogelijk de reeks als geheel bevatte.

Van deze zeven Nederlandstalige rijmteksten heeft Balbian er dus vrijwel zeker niet één zelf geschreven. Blijft nog over het enige buiten de reeks: de vertaling van het *Vetus carmen ad Lunam*, met het opschrift *Het selve in neerduyts over geset*. Taal en vorm doen wat moderner aan dan die van de reeks, die op één na in simpele rijmparen zijn geschreven. Wie het vertaalde blijft een open vraag.[6]

Als Balbian zelf de pen ter hand neemt, bedient hij zich gewoonlijk van het Latijn of van het Frans. De opmerkingen en kanttekeningen die hij aan sommige teksten in zijn handschrift toevoegt zijn grotendeels in het Latijn.[7] Zijn persoonlijke biografische *Memoire* achterin het handschrift is in het Frans gesteld, en zijn familie-aantekeningen in het Frans met hier en daar een zinsnede in het Latijn.

Wat de alchemie betreft, zijn de meest informatieve 'zelfgeschreven' stukken uit Balbians nalatenschap de drie voorwoorden en de opdracht bij de twee drukken, alle in het Latijn. Tenslotte zijn er nog enkele kleine juweeltjes van zijn hand: de aantekening in zijn exemplaar van Vogelius, en een bijdrage in *Album Amicorum* van Abraham Luz, beide in het Latijn.

Balbian heeft al met al geen erg indrukwekkend eigen oeuvre nagelaten; een auteur kunnen we hem nauwelijks noemen.

Handschriftelijke bronnen

Balbian schreef in elk geval een aantal teksten over uit verschillende handschriften. Dat zet hij er graag bij, vooral als ze oud zijn: blijkbaar draagt dat bij tot de autoriteit of geloofwaardigheid. Meestal geeft hij dergelijke gevallen aan met frasen als *e codice* of *e manuscripto antiquissimo* of *vetusto* of *vetustissimo*, 'uit een ontzettend oud handschrift'.

Maar: hoe oud is oud? Balbian doet daar maar één expliciete uitspraak over, bij een recept dat hij twee keer achter elkaar opneemt, *Recepta sive experimentum cuiusdam socii ambulantis per mundum* ('Recept of experiment van zeker iemand die door de wereld rondtrekt').[8] Met dit recept kan

[5] Bijvoorbeeld de spelling natur (:figur) en de spelling lichaem (Balbian spelt zelf nature, lichchaem). Mogelijk zijn de gedichten deels of alle uit het Duits vertaald.

[6] [45] en [46]. Als het Balbian zelf was, is het vreemd dat hij dat er niet bij zette, want dat doet hij elders doorgaans wel.

[7] Daarbij is doorgaans niet uit te maken of die al dan niet in reeds zijn bron stonden. Die bij het gedicht van Lorenzo Ventura (Bloemlezing 7), dat uit een druk komt, zijn vermoedelijk wèl van Balbian zelf.

[8] Pereira geeft enkele citaten waarin met *socius*, letterlijk 'gezel', een reisgenoot van een andere adept bedoeld kan zijn; Pereira 1993, p. 170.

men van een ons goud drie maal zo veel maken. Onder de eerste versie zet hij: 'Op de achterzijde van dit blad staat hetzelfde recept, woordelijk overgeschreven uit een zeer oud boek, ik denk wel ongeveer vijfhonderd jaar oud'.[9] Balbian schat dit boek hiermee vermoedelijk ongeveer tweehonderd jaar ouder in dan het in werkelijkheid geweest kan zijn.

Ook elders maakt Balbian expliciet melding van een handgeschreven bron: het *Liber sancti Asrob* heeft hij zelf 'uit een zeer oud handgeschreven boek overgeschreven'[10], en hetzelfde geldt voor het gedicht *Massa aurea*, dat hij daarbij bovendien gecorrigeerd heeft.[11]

Het belangrijkste stuk dat Balbian in handen kreeg was ongetwijfeld de handschriftelijke bron van de zeven Latijse prozateksten, die hij uitgaf als de *Tractatus septem*. Op het titelblad en in het voorwoord bij de druk staat duidelijk en expliciet, dat deze teksten alle zeven uit één en hetzelfde, 'ontzettend oude' handschrift komen. In zijn handschrift wordt dat bij drie ervan ook vermeld; twee daarvan vermelden bovendien een jaartal: 1599.[12] Gezien de datering van de oudste handschriften van deze zeven tractaten kan Balbians bronhandschrift op zijn vroegst uit ongeveer 1350 dateren.

Balbian ontleende ook een tiental recepten (alle in het Latijn) aan handschriften. Over de ouderdom doet hij alleen een uitspraak, wanneer hij de bron oud tot zeer oud inschat. Dat is bij zeven van de tien recepten het geval.[13]

Aan het slot van de lange tekst van Jan van der Donck, waarvan geen oudere versie bekend is, staat de de mededeling van Balbian dat hij hem met andere exemplaren vergeleken heeft. Dat lijkt erop te wijzen dat hij handschriften gebruikte. Ook de Nederlandstalige gedichten zijn hoogstwaarschijnlijk uit handschriften overgenomen: ze zijn geen van alle uit drukken bekend.Voor de *Dicta Alani* en het *Secretum Jodoci Greveri* kunnen we uit de voorwoorden bij de door Balbian bezorgde edities opmaken, dat hij handschriften gebruikte.

Het blijft onduidelijk of Balbian een aantal teksten die hij als oud of zeer oud presenteert ook uit oude handschriften had, of dat hij hun deze ouderdom op andere gronden toekent. Dit geldt met name voor de Latijnse gedichten, waarvan hij er vijf in druk uitgeeft. Dat doet hij omdat hij ze

[9] 'Versa pagina continet eadem receptam e verbo ad verbum ex antiquissimo libro descripto, ut puto autem annos plus minus quingentos.' F. 249r.

[10] 'e vetustissimo codice descripto a J a B', f. 22r.

[11] 'a libro vetustissimo desumpta et correcta a Justo a Balbian flandro Alostano Philochymo 1601', f. 148r.

[12] Betekent dat, dat Balbian het handschrift toen pas in handen kreeg (de druk is ook van 1599), of is dat het jaar van -in het net of met correcties- af- of overschrijven? Ik vermoed het laatste.

[13] Het zijn [84] 'e manu scripto'; [103-104] 'e fragmento anglico', resp. 'ex eodem'; [133] 'e libello antiquo manu scripto'; [136] 'e codice vetusto'; [136] noot in marge: 'vetus quoddam exemplar' heeft volgens JB een betere variant; [156] 'ex antiquissimo libro'; [189] 'e libro antiquissimo' [189] 'e vetustissime codice', en [190] 'veteri codice'.

inhoudelijk hoog aanslaat.[14] Op de titelpagina van de druk staat echter alleen, dat de teksten in het boekje 'merendeels' niet eerder zijn gedrukt.
Alleen bij het recept uit Parijs en het daarop volgende experiment vermeldt Balbian wanneer en van wie hij ze gekregen heeft, namelijk in 1600 van Corneille de Longchamp bijgenaamd Artois, die in Den Haag woonde.[15]

Drukken als bronnen

Er zijn maar weinig teksten waarbij Balbian expliciet vermeldt dat ze uit een gedrukt boek afkomstig zijn: een recept uit Andriessen, en een, indirect, uit Jobin 1581.[16] In het eerste geval noemt Balbian noch de titel, noch de auteur of uitgever. In het tweede geval kwam hij er pas achteraf achter, dat iemand anders de druk van Jobin geplagieerd had. Bij het enige Italiaanse recept verwijst Balbian naar Fioravanti's *Secreti rationali*, een boek dat voor het eerst werd gedrukt in 1566.[17] Uit het voorwoord bij Greverus kunnen we opmaken, dat Balbian zowel het Lulliaanse *Repertorium* als de brief van Johannes Pontanus uit gedrukte edities overnam.
Van een aantal andere teksten is het waarschijnlijk dat hij ze uit drukken overschreef, al staat dat er niet bij. Dit geldt voor enkele teksten in het Latijn, die al eerder in druk waren en die Balbian dan ook niet zelf uitgaf, waaronder de *Tabula Smaragdina* met het commentaar van Hortolanus. Ook het gedicht van Lorenzo Ventura, twee van de Franse en twee van de Duitse gedichten komen waarschijnlijk uit drukken. Het blok Nederlandstalige kunstboek-achtige recepten [110-132] is vermoedelijk in zijn geheel uit één gedrukt boekje overgenomen.[18] Ripley's diagram *Coelum Philosophorum* is gedrukt in Barnaud, *Quadriga aurifera*, Leiden 1599, maar het is denkbaar dat Balbian het van Barnaud zelf had.
Enkele teksten gaan indirect terug op een gedrukt boek. Drie van de Nederlandstalige prozateksten zijn vertaald uit het Duits. Een van die drie, het plagiaat-recept, is een speciaal geval; de beide andere teksten, Richardus Anglicus' *Correctorium Alchemiae* en een tractaat van pseudo-Raymundus Lullius, zijn vermoedelijk niet door Balbian zelf vertaald.[19] Het lijkt

[14] Zie voorwoord *Dicta Alani*; [45] *Aliud vetus carmen ad Lunam*; [91] hetzelfde gedicht ook als *Vetus carmen pro transmutatione Lune*; [51] *Aliud vetustissimum carmen de lapide philosophorum*; [52] *Aliud non minus vetustatem redolens*; [54] *Alterius vetustissimi* [opschrift in druk: *Alterius antiquissimi*]; [55] *Aliud eiusdem facine* [niet in druk 1]

[15] Zie Bloemlezing 17.

[16] Zie Bloemlezing 14 en 17.

[17] Zie Bloemlezing 15.

[18] [110-132]; ik heb er vier nogal woordelijk in Andriessen 1600 teruggevonden.

[19] Zie Bloemlezing 17; [94] en [97], vooral Lullius, hebben (net als [95]) veel pronomina 3e persoon meervoud op -lier (sylier, huerlier), die Balbian in zijn eigen vertalingen [9] en [12] nergens gebruikt.

THEATRUM CHEMICUM,

PRÆCIPUOS

SELECTORUM AUCTORUM TRACTATUS DE CHEMIÆ ET LAPIDIS PHILOSOPHICI antiquitate, veritate, jure, præstantia, & operationibus continens:

In gratiam Veræ Chemiæ, & Medicinæ Chemicæ studiosorum (ut qui uberrimam inde optimorum remediorum messem facere poterunt) congestum, & in sex partes seu volumina digestum;

SINGULIS VOLUMINIBUS, SUO AUCTORUM ET LIBRORUM Catalogo primis pagellis: rerum verò & verborum Indice postremis annexo.

VOLUMEN QVARTUM.

ARGENTORATI,
Sumptibus HEREDUM EBERH. ZETZNERI,
M. DC. LIX.

De reusachtige compilatie *Theatrum chemicum* verscheen in 1602 en werd herdrukt in 1613 en 1659. Naast de twee boekjes van Joos bevat het derde deel een flink aantal andere alchemistische teksten die kort voor de eeuwwisseling in Leiden gedrukt zijn.

waarschijnlijk, dat ze door iemand anders uit het Duits in het Nederlands vertaald zijn, en in dat geval heeft Balbian ze denkelijk van een (recent) handschrift afgeschreven.[20]

Balbian als bewerker

Balbian heeft de verzamelde teksten zeker niet kritiekloos overgeschreven. Hij voegt nogal eens opmerkingen toe over de (meestal slechte) kwaliteit van zijn bron, en wat hij eraan heeft gedaan. Er zijn ook enkele opmerkingen over varianten; soms heeft hij andere handschriften geraadpleegd.

[20] De opschriften van [94] en [97] suggereren dat Balbian de namen van de oorspronkelijke auteurs en de titels pas later heeft toegevoegd, en dat ze in zijn directe bron anoniem waren. In elk geval heeft hij in of na 1600 het boek van Jobin zelf in handen gehad (zie Bloemlezing 17).

Het lange gedicht *Massa aurea* heeft Balbian niet alleen uit een oud handschrift afgeschreven, maar hij heeft het ook gecorrigeerd. Vermoedelijk is het doorgehaalde fragment dat iets verderop zit een restant van de oudere redactie. Alle verzen van dit fragment komen ook voor in het complete afschrift, maar de volgorde is anders.[21]

Na de tekst van Jan van der Donck schrijft Balbian dat hij de tekst op allerlei plaatsen heeft moeten corrigeren en ook het een en ander heeft moeten schrappen en toevoegen, ook op grond van andere handschriften.[22] Hij richt deze mededeling tot een 'amice lector', waarmee hij een medegebruiker in het heden of de toekomst op het oog blijkt te hebben.

De zeven Latijnse prozateksten die Balbian uitgaf als de *Tractatus septem* heeft hij stevig onder handen moeten nemen. In het voorwoord bij de druk spreekt hij met bijna tastbare verontwaardiging over de ten hemel schreiende ondeskundigheid van de afschrijver van het oude handschrift; dank zij zijn eigen bijna levenslange studie van de alchemie heeft hij diens talloze fouten kunnen verbeteren.

Bij enkele andere teksten staan kanttekeningen over de volledigheid. Na een van de Franse prozateksten schreef Balbian eerst: *Cetera desiderantur*, 'het vervolg ontbreekt'. Achteraf kwam hij erachter dat dit ontbrekende vervolg al eerder in zijn handschrift stond: naast de titel staat de toegevoegde aantekening 'dit hoort vooraf te gaan aan wat op folio 51 staat'.[23] De Latijnse *Demonstratio progressus naturae* breekt af met de aankondiging, dat er nog een praxis volgt op het voorafgaande theoretische deel, 'opdat we ons kunnen verblijden en verkrijgen wat wij verlangen'.[24] Balbian merkt hier op: 'Die praxis was er niet bij dus die wordt nog verlangd'.[25] Hij besluit het in zijn handschrift anonieme en titelloze gedeelte van *La parole delaissée* met *Finis*, maar de tekst is niet compleet.[26] Dat wist hij blijkbaar niet.

Hoe tekstgetrouw Balbian afschreef, hing vooral af van de mate waarin hij zijn bron vertrouwde.[27] Hij was zich wel sterk bewust van kwaliteitsver-

[21] Waarschijnlijk is dit fragment bewaard gebleven, omdat op de verso-zijde een nieuw lang gedicht begint, dat Balbian wilde bewaren. Oorspronkelijk zat er een plaatje over het fragment geplakt.

[22] Amice lector ego Justus a Balbian libellum hunc nactus multa ex arte in eo immutavi neque id temere tamen in describendo enim mendis plenum reperi/ superflua itaque multa omisi/ atque etiam plura recte omitti poterant/ quaedam etiam lucidius expressi/omissa quo ad hec ars permittit restituivi quod verum esse cum aliis exemplaribus collatum res indicabit Vale ipsis calende septembris 1597.

[23] Het gaat om de teksten [19] en [17]; Istud debet predecere quod folio 51 continetur [17] begint op het huidige f. 47; oorspronkelijk was dit f. 51. In dit geval is de oorspronkelijke foliëring, in Balbians eigen hand, goed te zien.

[24] : '.. *procedendum est nobis ad praxim ut letari possimus et frui nostris desideriis*, f. 69r.

[25] *Practica illa deerat itaque desideratur*, F. 69r. De formulering heeft iets humoristisch.

[26] [18], van (pseudo-)Bernardus Trevisanus.

[27] Ook het gezag dat hij blijkbaar aan zijn brontekst toekende speelde een rol; zo is het opvallend dat hij een recept van Fioravanti zeer zorgvuldig afschreef, maar dat hij zich met

schillen tussen versies, en achtte zichzelf zeker deskundig en bevoegd om aan teksten te sleutelen. Dit sterke filologische bewustzijn lijkt me typerend voor een moderne intellectueel uit de zestiende eeuw.

Balbian als vertaler

Balbian deelt zelf mee, dat hij een tractaatje van een zekere Georg Eckart van het Duits in het Nederlands heeft vertaald.[28] Bij *Een dialogus magistri et discipuli de magisterio lapidis uyt den latyne in neerduyts gesteld* heeft hij later toegevoegd: 'door Justum a Balbian'. De *Dicta Alani* heeft hij van het Duits in het Latijn vertaald met de speciale bedoeling, de tekst te laten drukken ten behoeve van philochymici die geen Duits kennen. Dat zegt hij expliciet in het voorwoord bij de druk.[29] Er is wel wat tijd overheen gegaan: de vertaling maakte hij al in 1588, maar het voorwoord bij de druk is van tien jaar later.[30] Mogelijk vertaalde hij ook een gedicht uit het Latijn naar het Nederlands.

Het handschrift bevat verder enkele uit het Duits vertaalde prozateksten en gedichten, maar die zijn hoogstwaarschijnlijk niet door Balbian zelf vertaald. Een speciaal geval is het gedicht *Solvere qui nescit*, dat niet in handschrift maar alleen in Greverus/Alanus staat. Dit is vermoedelijk een vertaling van een sonnet in het Italiaans, maar het valt niet te achterhalen wie het vertaalde.[31]

Het handschrift

Balbian is minimaal veertien jaar bezig geweest met het bij elkaar sprokkelen van de teksten in zijn handschrift. Het vroegste jaar dat genoemd wordt is 1587, het laatste 1601. Het is duidelijk dat hij niet een leeg boek van voor naar achter volschreef. Vermoedelijk heeft hij op losse bladen of katernen geschreven, die pas achteraf van bladnummers voorzien en ingebonden zijn. Balbian nummerde de bladen in zijn eigen hand op zijn vroegst in 1601, toen het handschrift ongeveer tweehonderd bladen omvatte. Daarna

een recept uit een Nederlandstalig gedrukt boekje aanmerkelijk meer vrijheid permitteerde. Zie Bloemlezing 14 en 15.

[28] Zie Bloemlezing 1.

[29] Zie Bloemlezing 22.

[30] Het *Secretum* van Jodocus Greverus [162] had hij nog eerder: onder de tekst in het handschrift staat, duidelijk als toevoeging: Descripsi 1587 i.a.b. Imprimi curavi et in lucem dedi 1599.

[31] Ed. Perifano 1982, p. 389, naar druk van 1475. Het tweede door hem uitgegeven Italiaanse sonnet is de vermoedelijke bron van het Latijnse bijschrift bij de *Imago Martis*; zie Bloemlezing p. 92.

heeft hij ongeveer in het huidige midden nog een tachtigtal bladen ingevoegd, waarna hij zijn eerste bladnummering gedeeltelijk heeft herzien.

Zoals al vermeld is, zijn sommige van de teksten in het handschrift het eindproduct van een redactieproces. Balbian moet van deze teksten eerdere afschriften gehad hebben, die hij corrigeerde en vervolgens in het net in zijn handschrift opnam. Dat geldt niet voor alle teksten: in één geval vermeldt Balbian de datum van afschrijven, 'L'ay copié le 1 May 1594'.

Uit de volgorde van de teksten blijkt dat Balbian min of meer systematisch te werk ging bij het ordenen van zijn materiaal. Zo heeft hij alle rijmteksten bij elkaar gezet, geordend op taal. De recepten verdeelde hij over drie rubrieken, waarbij goed te zien is dat hij nu eens een aantal pagina's achter elkaar overschreef, en dan weer steeds een kort receptje toevoegde met een andere pen of in een iets andere hand.

In 1905 is het handschrift gerestaureerd, waarbij ieder afzonderlijk blad op een strookje papier geplakt is. Over de oorspronkelijke toestand zijn jammer genoeg geen gegevens bewaard. Evenmin is het duidelijk hoe het handschrift in het bezit van Sir Hans Sloane terecht is gekomen.[32] Een overzicht van de inhoud is te vinden in Bijlage 2.

Voor het aandeel van Balbian aan de illustraties in zijn handschrift geldt ongeveer hetzelde als voor dat aan de teksten. Enkele van de gekleurde afbeeldingen bevatten zoveel tekst, onmiskenbaar in de hand van Balbian zelf, dat we mogen aannemen dat hij ook de tekeningen zelf maakte. De alchemistische voorstellingen komen daarbij in grote lijnen overeen met van elders bekende afbeeldingen; Balbian heeft deze illustraties blijkbaar min of meer getrouw uit bronnen gecopieerd. Nader onderzoek naar die bronnen lijkt zeer de moeite waard.

Plaats in de Nederlandstalige traditie

De meeste Nederlandstalige teksten in het Balbian-handschrift zijn niet van elders bekend. Sommige ervan zijn vermoedelijk ouder dan dit handschrift, dat ook daarom een belangrijk document is voor de volkstalige alchemistische traditie in de Lage Landen. Een uitzondering is het gedicht *Ghi philosophen* waarvan, zoals hierboven al werd gesignaleerd, een paralleltekst voorkomt in Wellcome Institute 359, dat uit 1563 dateert. Ditzelfde handschrift bevat een Nederlandse vertaling van het *Donum Dei*, waarvan het Balbian-handschrift een andere Latijnse redactie bevat.[33] Ook van het *Rosarium* dat opent met *Desiderabile desiderium*, dat Balbian afschreef en uitgaf in zijn *Tractatus Septem*, bestaat een Nederlandse vertaling in een

[32] Met dank aan Dr. Andrea Clarke, handschriftenafdeling, British Library.

[33] Zie Moorat 1963 en Jansen-Sieben 1989, p. 400.

handschrift van 1592.[34] Balbians eigen vertalingen in het Nederlands zijn bij mijn weten niet in latere bronnen overgeleverd. Zijn vertaling uit het Duits in het Latijn van de *Dicta Alani* daarentegen was erg succesvol en werd veelvuldig geprezen en geciteerd door latere alchemisten. Het feit dat de tekst driemaal herdrukt werd, in de drie uitgaven van het *Theatrum Chemicum*, zal daartoe zeker veel hebben bijgedragen. Voor Nederlandstalige alchemie was het potentiële publiek natuurlijk veel kleiner.

Besluit

Uit deze summiere schets van de relatie tussen Balbian en zijn bronnen blijkt duidelijk, dat hij eigenlijk geen auteur was. Wel was hij verzamelaar, afschrijver en natekenaar, filoloog, vertaler en editeur. Al deze werkzaamheden hebben in zijn leven vermoedelijk een belangrijke rol gespeeld: het samenstellen, redigeren en copiëren van de bijna zeshonderd pagina's van zijn handschrift moet een aanzienlijke tijdsinvestering gevergd hebben.

[34] Den Haag KB 133 M 28. Te onderzoeken is de mogelijke verwantschap met het Antwerpse *Pimander*-handschrift MPM M 40; zie Janssen 1990.

NABESCHOUWING

In het voorafgaande zijn Balbians levensloop en alchemistische belangstelling in grote lijnen besproken. Daarbij is een beeld geschetst van hoe hij en zijn tijdgenoten over de alchemie dachten. Ook is aangestipt hoe hij met zijn materiaal omsprong. Bij wat er nu over hem bekend is, blijven er echter open vragen en open eindes te over. Voor een deel gaat het om kwesties die in de toekomst door nader onderzoek opgelost zouden kunnen worden. Ik zal er aan het einde van deze nabeschouwing enkele noemen. Daarnaast blijft er een intrigerende vraag die door de blote feiten maar zeer ten dele kan worden opgehelderd: wat voor man was Joos Balbian?

Is deze vraag relevant? Ik denk het wel. Om enig begrip te krijgen van alchemie heb ik gebruik gemaakt van teksten. Teksten kunnen zich niet op eigen kracht verplaatsen of vermenigvuldigen. Achter ieder concreet afschrift gaat een individu schuil, dat zijn of haar redenen had om die bepaalde tekst te kopiëren, en die door zijn of haar belangstelling en werkwijze een stempel heeft gedrukt op de vorm en de inhoud van de overgeleverde tekst. Van het Balbian-handschrift weten we wie de samensteller was, en hebben we enig inzicht in zijn achtergrond en aanpak. Dat is vooral van belang voor de Nederlandstalige teksten, waarvan de meeste alleen in dit handschrift zijn overgeleverd.

De verbinding van deze collectie teksten met een zestiende-eeuwer draagt bij tot het inzicht dat de alchemie in deze periode van radicale vernieuwing toch ook stevig geworteld blijft in een traditie van beproefde en eerbiedwaardige opvattingen, waarin nieuwere ideeën maar heel geleidelijk doorsijpelen. Wetenschapshistorici zijn mogelijk vooral geïnteresseerd in de vraag 'who did it first?'; cultuurhistorici zullen zich, zeker als ze volkstalige literatuur onderzoeken, voortdurend ook in (oneerbiedig gezegd) 'ouwe koek' moeten verdiepen.

Over de persoonlijkheid van Balbian valt op basis van de feitelijke gegevens wel het een en ander af te leiden dan wel te vermoeden, maar daar is nauwelijks iets over te zeggen zonder in onbewijsbare speculaties verzeild te raken. Bij de volgende opmerkingen over Balbians zelfbeeld, zijn persoon en zijn contacten veroorloof ik me wat meer vrijheid dan in het voorafgaande. De lezer zij dus gewaarschuwd. Deze nabeschouwing, en daarmee ook het eerste deel van dit boek, wordt afgesloten met wat desiderata en aanbevelingen voor toekomstig onderzoek.

Een mercuriaal zelfbeeld?

Een kort prozastukje in het handschrift, dat zeer beknopt beschrijft hoe je goud uit kwikzilver moet maken, begint als volgt:

> Mercurius verhoogt zichzelf, en daarom is zijn verhoging in zijn eigen teken; en dus zeggen de filosofen terecht, dat mercurius zichzelf doodt en zichzelf opheft...[1]

De planeet en het metaal Mercurius worden hier volledig met elkaar geïdentificeerd. Volgens de astrologische opvatting is de verhoging of exaltatie van de planeet Mercurius in diens eigen teken Maagd, en zowel de planeet als het teken spelen in constellaties die geschikt werden geacht voor verschillende alchemistische bewerkingen een belangrijke rol.[2]

We kunnen er van uitgaan dat Balbian zijn geboorteconstellatie kende. Iemand die in zijn tijd of de eeuwen ervoor medicijnen studeerde, diende immers een behoorlijke kennis van de astrologie te hebben, gezien het grote veronderstelde belang daarvan voor kennis van de aard en het verloop van ziekten en voor het kiezen van het juiste tijdstip voor ingrepen en medicatie. Uit het feit dat zowel vader Jan Balbian als zijn zonen bij de geboorte van hun kinderen het tijdstip van de geboorte nauwkeurig optekenen blijkt in ieder geval dat ze daar belang aan hechtten. Een astrologische reden valt daarbij te vermoeden, wat enigszins wordt gesteund door het feit dat Anthonie voor zijn kinderen vanaf 1581 ook het teken en de graad van de maan op het geboortetijdstip noteert.[3]

Joos is volgens de aantekeningen van zijn vader geboren op 10 augustus 1543, kort voor zeven uur in de morgen. Op dat moment (de toenmalige hemeltoestand is tegenwoordig aanmerkelijk makkelijker te achterhalen dan indertijd[4]) kwam het teken Virgo, de Maagd, aan de oostelijke horizon op; Balbian heeft dus Virgo als ascendant. De heer van dit teken (de planeet die speciaal met dit teken verbonden is) is Mercurius. Deze planeet stond bovendien bij de geboorte van Balbian daadwerkelijk in dit teken en op de horizon, wat betekent dat hij zowel door teken als door positie maximaal sterk stond.[5] Balbian zal zichzelf zeker in een mercuriaal licht hebben gezien, hetgeen hem bepaald kan hebben aangemoedigd om zich met alchemie te gaan bezighouden.

[1] Mercurius exaltet se ipsum, quare exaltatio eius est in sua propria domo; ergo philosophi verum loquitur dicentes mercurius seipsum mortificat, se ipsum exaltat... (247r).

[2] In Nortons vier alchemistische constellaties staat 28° Virgo aan de midhemel (in het zenith); zie de afbeelding in Coudert 1984, p. 53.

[3] Hij doet dat systematisch wel voor de vijf kinderen geboren in en na 1581, en niet voor de vijf daarvoor geboren kinderen.

[4] Men vulle de gegevens in bij 'free horoscopes' op www.astro.com of op enigerlei andere astrologische website.

[5] De horoscoop op astro.com levert voor 6.50 uur afgerond een ascendant van 9° Virgo, en Mercurius 13° Virgo op. Een iets vroeger of later tijdstip maakt in dit geval geen wezenlijk verschil.

Feiten, interpretaties en vragen

Uit de biografische feiten blijkt duidelijk dat Balbian intellectuele en sociale ambities had. Zijn nogal prominente militaire functie wijst erop dat hij ook het voor een dergelijke functie vereiste gezag bezat. Het mooie grafmonument in de Goudse Sint-Jan getuigt van de waardering die hij als stadsarts ondervond. In het voorwoord bij het *Secretum* van Greverus blijkt, dat Balbian zichzelf als een sociaal voelend mens beschouwde.[6] Zijn daar vermonde geneigdheid om het algemeen belang voor zijn eigen belang te stellen blijkt zich, net als in zijn andere voorwoorden, concreet te manifesteren in een dienstbare houding ten aanzien van zijn mede-alchemie-liefhebbers. Ook geeft hij blijk van een uitgesproken elitaire opvatting van de alchemie en haar adepten, een houding die op de hedendaagse lezer wellicht geen sympathieke indruk maakt.

De heraldische tekeningen waarmee Balbian zijn handschrift opent lijken erop te wijzen, dat hij waarde hechtte aan zijn adellijke voorgeslacht. Een aantekening van (vermoedelijk) zoon Octaviaen suggereert, dat deze afkomst in het gezin wel onderwerp van gesprek was en gezien werd als iets om trots op te zijn. De bedoelde aantekening beschrijft het familiewapen van de Gaveres met de mededeling dat het in de Utrechtse Domkerk hing met eronder de naam van Jaques de Gavere, 'zijnde Joost Balbian moeders vaders broeder'.[7]

Het Horatius-citaat dat Balbian tweemaal in zijn handschrift opneemt wordt door hem vermoedelijk opgevat als een stichtelijke, relativerende spreuk over het ondergeschikte belang van onder meer sociale status.[8] Binnen de oorspronkelijke context wordt het vers echter algemeen geïnterpreteerd als: 'Al ben je nog zo voornaam en deugdzaam, als je niet ook nog geld of bezit hebt, heeft niemand respect voor je'![9] Het Seneca-citaat in zijn bijdrage aan het *Album amicorum* van Abraham Luz lijkt evenzeer meer voor de klank en de suggestie dan voor de toepasselijkheid gekozen te zijn.[10] Zijn Latijn is verder niet bijster elegant, en hij behelpt zich nogal eens met clichés.[11]

[6] Zie Bloemlezing 21, §4.

[7] Vermoedelijk in zijn functie als Vliesridder; de plaats was links in het later weggewaaide deel van de Domkerk. De aantekenig staat op p. 19 van het afschrift van de vertaling van Pieter van der Zwem; zie Bijlage 1.

[8] 'Et genus et virtus nisi cum re vilior alga est' ('Zowel afkomst als deugd zijn, tenzij met substantie, waardelozer dan slijk'), op f. 2r en als toevoeging op de afbeelding van de alchemistische hermafrodiet (afb. 12).

[9] Als Balbian dit had beseft, zou hij het vers vermoedelijk niet op deze prominente plaatsen geciteerd hebben- hoewel het wel lijkt te passen bij de centrale plaats van de geldkwestie in zijn *Memoire*, Bloemlezing 20.

[10] Zie afbeelding 3.

[11] Dit oordeel dank ik aan dr. Rita Beyers.

In één opzicht heeft Balbian zich bepaald niet gehouden aan de instructies voor de alchemist in het door hemzelf afgeschreven tractaat van Jan van der Donck. In navolging van Albertus Magnus adviseert Jan de alchemist-in-spe zich verre te houden van wereldse beslommeringen, waartoe hij vervolgens ook het erop na houden van een vrouw en kinderen blijkt te rekenen.[12] Joos heeft met elk van zijn twee echtgenotes acht kinderen gekregen. Hoe was hij als gezinshoofd, echtgenoot en vader?

Van zijn kinderen zijn er relatief maar weinig jong gestorven. Dat kan toeval zijn, maar het zou ook kunnen betekenen dat Joos een bekwame arts en zorgzame vader was. Vaderlijke emoties lijken me door te klinken in enkele opmerkingen uit zijn overigens zeer sobere en feitelijke familie-aantekeningen. Als zijn eerste dochtertje wegens haar zwakheid na de geboorte door de vroedvrouw gedoopt en direct daarna gestorven is, voegt hij toe: 'alle haare leede volmaakt, en de regte tijd van baaren verscheenen zijnde.'[13] Ik meen hier iets te bespeuren van een verbijsterd onbegrip waarom dit kindje is gestorven. In elk geval contrasteert Joos' reactie nogal met die van broer Anthonie, die over een doodgeboren dochtertje opmerkt: 'tselve also geschiedende door God des Heeren groote voorsienicheijdt, den welcke sij lof en prijs ende eer inder eeuwigheid'.[14] Bij de geboorte van zijn zestiende en jongste kind vermeldt Joos met datum en tijdstip de geboorte van 'een zoon, de zevende in rang en onafgebroken vervolg (...), hebbende toen ter tijd den ouderdom van 72 jaaren op eenige maanden na.'[15] De vreugde en trots van deze niet meer zo jonge vader lijken me er duimendik bovenop te liggen.

In de biografie is al gewezen op het verband tussen de data van Joos' voorwoorden en die van de geboorte van zijn zonen Joos en Claes.[16] Dit verband is op minstens drie manieren te verklaren. Hij kan de data gekozen hebben, omdat dat hem leuk voor later voor het kind leek; hij kan op deze feestelijke momenten zoveel energie gehad hebben, dat hij vanuit die volheid zijn boekjes voltooide, of hij kan de kraamdrukte ontvlucht zijn in een behoefte aan rust, of vanuit het verlangen zelf ook iets voort te brengen. Had hij daarvoor een laboratorium of enkele aan de alchemie gewijde vertrekken waar hij zich kon terugtrekken, conform de instructies van Albertus Magnus en Jan van der Donck?

Wat zijn alchemistische contacten betreft lijkt het niet alleen aantrekkelijk maar zelfs waarschijnlijk dat hij contact had met de Franse alchemist Nicolas Barnaud, die rond 1601 enige tijd in Gouda verbleef. Hij gaf in

[12] Zie Bloemlezing 3, §15.

[13] De bewoordingen zijn niet van hemzelf maar van vertaler Pieter van der Zwem; de spelling is van diens afschrijver. Zie Bijlage 1.

[14] Afschrift uit de Collectie Van Rijn (zie Bijlage 1), p. 6.

[15] Ook hiervoor geldt de opmerking in noot 13.

[16] Supra, p. 16.

dezelfde tijd als Joos en deels bij dezelfde uitgever alchemistische teksten uit, waaronder ook teksten die hijzelf uit verschillende Europese volkstalen in het Latijn had vertaald. Barnaud was bevriend met Penotus, die ook in het Balbian-handschrift enkele malen opduikt, en hij droeg tekstedities op aan prins Maurits en aan Frederik-Hendrik. Dit is een van de aanwijzingen dat voor het onderzoek naar alchemie in de Lage Landen Haagse (hof)kringen een interessant milieu kunnen zijn. Ook Louise de Coligny bezat een alchemistische tekst in handschrift, en wel een verkorte bewerking in het Frans van het *Opus Saturni* van Johannes Isaaci Hollandus, in 1583 gemaakt door zekere Aegidius Sylvanus Delphensis.[17] Joos kan deze Gilles gekend hebben toen hij zelf in Delft woonde. Hij had vermoedelijk zelf verschillende Hollandus-handschriften in zijn bezit, wat zou verklaren waarom noch Isaac, noch Johannes Isaaci Hollandus in zijn handschrift voorkomt.[18] Het is denkbaar, dat nader onderzoek van Hollandus-handschriften hierover nog inzicht kan verschaffen. Door de beperking in tijd en middelen heb ik ervan moeten afzien om de zes handschriften van Paulus de Kempenaar bij het onderzoek te betrekken.[19] Paulus was in de verte aangetrouwde familie[20] en had veel contact met Joos; zijn handschriften bevatten ongetwijfeld veel belangrijke informatie.

Het is moeilijk te bepalen in hoeverre de praktische beoefening van de alchemie een rol speelde in het leven van Balbian. Sommige van de recepten in zijn handschrift lijken te suggereren dat hij daadwerkelijk achter het fornuis, dan wel aan de oven stond. Zelf zegt hij dat hij zich al van jongs af aan in de alchemie verdiept had. Het lijkt me in principe mogelijk om meer inzicht te krijgen aan de alchemistische activiteiten van Joos in zijn studietijd. In de Bibliothèque Municipale te Orléans bevinden zich verschillende zestiende-eeuwse handschriften die inhoudelijke overlappingen met het Balbian-handschrift vertonen. Misschien kan hieruit blijken, dat hij sommige teksten al tijdens zijn studie aldaar heeft afgeschreven. Iets vergelijkbaars geldt voor zijn vermoedelijke studie in Italië, waar hij ook al alchemistisch materiaal kan hebben verzameld.[21] Pas recentelijk is me gebleken, dat er van

[17] Nu in Londen, Wellcome Institute; zie Moorat 1963, I, Ms. 358. In de Oude Kerk in Delft werden in 1606 en 1609 de 'huisvrouw van Gillis van den Bosch', resp. 'Gillis van den Boos' begraven. Zie www.archief.delft.nl.

[18] Telle 1986, p. 129-130.

[19] Zie over hem Hamilton 1980.

[20] Zijn echtgenote Jaqueline Darbant (of d'Arbant) uit Rijssel was het zusje van Dominique Darbant, die getrouwd was met Joos' zusje Cathelijne Balbian. Ik heb niet kunnen achterhalen wie de 'Balviaen, van Aelst' was met wie Paulus' nicht Elisabeth de Kempenaer getrouwd was.

[21] Met name het Spaanse *Toma la dama*: de Balbian-redactie komt overeen met een versie die rond 1560 in Noord-Italië in omloop was. De drie Mellon-handschriften 34, 35 en 36 en de drie Wellcome-handschriften 383, 384 en 385 moeten overigens door dezelfde compilator zijn samengesteld; nader onderzoek naar deze Johannes Baptista F- dan wel Frater Johannes Baptista lijkt veelbelovend.

de tekst van Jan van der Donck ook een in 1600 gedrukte versie bestaat.[22] Toekomstig onderzoek zal moeten uitwijzen, of dit de door Joos Balbian bewerkte redactie is.

[22] Een exemplaar bevindt zich in de British Library. Zie Valkema Blouw 1998, n° 4433.

DEEL II

BLOEMLEZING

INLEIDING

Hierna volgt een keuze van teksten en fragmenten uit het handschrift van Balbian.
De selectie van de opgenomen teksten is vooral op inhoudelijke gronden tot stand gekomen. Het is de bedoeling enkele hoofdpunten van Balbians alchemistische gedachtengoed toegankelijk te maken, en in die opzet vormt de bloemlezing een tweeluik met het inleidende gedeelte over Balbian en de alchemie: de meeste teksten illustreren opvattingen die in die inleiding besproken zijn. Kortere teksten of afgeronde teksteenheden konden in hun geheel worden uitgegeven, wat natuurlijk een voordeel is; ze zijn daardoor wat oververtegenwoordigd. Van een drietal langere teksten is een gedeelte opgenomen.[1]

Daarnaast is er ook enigszins naar gestreefd om een indruk te geven van de variatie in taal en type teksten. Daarom zijn er teksten in verschillende talen opgenomen. Mijn keuze is echter niet representatief, zoals in een oogopslag te zien is aan een globaal overzicht van de teksten in het handschrift.[2] Bij Balbian domineren kwantitatief prozateksten in het Latijn; de door hem uitgegeven gedrukte boekjes bevatten zelfs uitsluitend Latijnse teksten. Nu ben ik niet genoeg onderlegd om op eigen kracht teksten in het Latijn uit te geven; veel van die teksten zijn bovendien, al dan niet vertaald, in latere drukken en op het internet gepubliceerd. Zoals voor de hand ligt in een boekje van een neerlandica, ligt het hoofdaccent in deze bloemlezing op Nederlandstalige teksten.[3] Voor de anderstalige teksten heb ik een beroep mogen doen op de hulp van specialisten, die in mijn voorwoord en ter plekke worden vermeld.

Een geval apart zijn de illustraties in het handschrift. Balbian nam een elftal paginagrote, met aquarel ingekleurde illustraties en verschillende tekeningen en diagrammen in pen en inkt in zijn handschrift op. Toekomstig kunsthistorisch onderzoek zal ongetwijfeld licht kunnen werpen op de plaats van deze illustraties in de alchemistisch-iconografische traditie. Enkele ervan figureren in deze bloemlezing, vooral met de bedoeling om de

[1] Bloemlezing 3, 11 en 13.

[2] Dit valt snel op te maken uit het verkorte inhoudsoverzicht in Bijlage 2.

[3] En meer in het bijzonder op prozateksten: van de acht Nederlandstalige rijmteksten zijn er maar twee opgenomen, Bloemlezing 8 en 9. Daarbij heeft de overweging een rol gespeeld dat twee van de andere recentelijk gepubliceerd zijn in Braekman 1986 [68] en Fraeters 2001 [63].

aandacht te vestigen op dit nog nader te onderzoeken aspect van het handschrift.[4]

De volgorde van de teksten in de bloemlezing is in principe die van het handschrift, uitgezonderd de 'toegift'-stukjes 14b en 15b. Omdat het handschrift het eindproduct is van een proces van redigeren en herschikken, dat bijna vijftien jaar in beslag nam, weerspiegelt dit echter noch de ouderdom van de teksten, noch de volgorde waarin Balbian ze bij elkaar sprokkelde. Balbian heeft bijvoorbeeld vrijwel alle rijmteksten, gesorteerd op taal, in een cluster bij elkaar gezet. Als gevolg daarvan volgen de zes in deze bloemlezing opgenomen rijmteksten direct op elkaar.[5] Het bijwerk uit de gedrukte boekjes heb ik vanwege hun inhoudelijke belang ook in de bloemlezing opgenomen: Balbian richt zich daarin rechtstreeks tot zijn lezers, en ventileert daarbij nogal uitgesproken opvattingen.[6]

Wijze van uitgeven

Elk onderdeel van de bloemlezing bestaat uit een korte inleiding en een editie van een complete gedeeltelijke tekst of uit het Balbian-handschrift of een Balbian–druk, die als volgt tot leestekst is bewerkt: de spelling van u/v/w en i/j/y is aangepast aan het moderne gebruik. De abbreviaturen zijn stilzwijgend opgelost. Woord- en regelscheiding, alinea-indeling, interpunctie en hoofdletters zijn door mij aangebracht of aangepast. De prozateksten zijn per alinea genummerd, de rijmteksten per vers.

De leestekst wordt gevolgd door een zo tekstgetrouw mogelijke vertaling (met incidenteel interpretatieve toevoegingen tussen haakjes) in modern Nederlands; dit omdat alleen een woordverklaring voor de meeste teksten ontoereikend zou zijn. Hierna volgen nog aantekeningen en/of commentaar. Dit laatste onderdeel varieert per geval van vrijwel niets tot tamelijk uitvoerig, afhankelijk van de mate waarin de tekst voor zich spreekt dan wel toelichting vereist.

[4] Bloemlezing 2 en 4.
[5] Bloemlezing 5 tot en met 11.
[6] Bloemlezing 21 tot en met 24.

1. Georg Eckhart over de Steen der Wijzen

Zoals Balbian meedeelt heeft hij deze tekst zelf van het Hoogduits in het Nederlands vertaald. De door hem genoemde auteur, Georg(ius) dan wel Jorgen Eckart of Echart, bleek tot nog toe nog niet traceerbaar. Deze vooralsnog geheimzinnige Georg is er uitstekend in geslaagd om het complete alchemistische transformatieproces zeer beknopt samen te vatten: in het handschrift beslaat deze tekst maar viereneenhalve bladzijde. Het is dan ook eerder een synopsis of geheugensteun dan een volledige instructie om de Steen daadwerkelijk te bereiden. Georgs gecomprimeerde beschrijving van dit proces sluit naadloos aan bij de in Balbians collecties dominerende 'alleen-mercurius-theorie'.[1]

De vele frasen in het Latijn in dit tractaatje (ik heb ze in de leestekst en in de vertaling gecursiveerd) zijn merendeels woordelijke citaten uit bekende alchemistische teksten. Het is dus aannemelijk, dat ze ook al in de Duitstalige tekst voorkwamen. Hein van Eekert opperde, dat de bedoeling van de Latijnse frasen zou kunnen zijn om de informatie in de tekst beperkt toegankelijk te houden. Iemand die alleen het volkstalige deel van de kan lezen heeft er immers helemaal niets aan, want juist die frasen zijn vaak essentieel.

Cuiusdam Georgii Eckhart germani scriptum de lapide philosophico *ex superiore lingua germanica in inferiorem conversum per Justum a Balbian flandrum Alostanum, philochymum, 1600*

1. Met slechte eenvaudicheyt sal hier aen gedient werden, hoe eertyts de aude philosophen het proces *lapidis philosophici* aengeleyt en door Goddelicke hulpe ende bystandt geluckelick volbracht ende geëndet hebben; in den eersten ende vooral reducerende de *corpora metallica in primam materiam, hoc est in argentum vivum*, het welcke sy oock eerstelick gewesen syn.

2. Sulx geschiet op eene sonderlicke ende konstelicke maniere, allenxkens een weynich *per acetum acerrimum, cum quo conservetur in calore lento donec totum corpus dissolutum fuerit in aquam, id est in argentum vivum.* Hier om oock de philosophi seggen: "*Mercurius noster non est vulgaris, sed philosophice compositus.*" Ende ditte is der geheeler conste fondement ende aller philosophen *secretum*, het welcke sy in hare boecken verborgen gehauden hebben. Soo wye dan dese solutie heeft ende weet, dye heeft oock de geheele conste; ende waer dye niet en is, en is oock geene waerheyt; want door dese onse solutie werd dat fix vluchtich gemaect, dat hert weeck, dat onderste als het bovenste ende dat *corporale spirituale*; ende alsoo werden de naturen verkeert. Daerom de philosophi oock seggen: "*Convertite naturas, et quod quaeritis, invenietis.*"

3. Wanneer nu de corpora *in primam materiam* gereduceert syn, soo volcht de *perfecta sublimatio philosophorum*, in de welcke en geschiet geene *separatio partis unius ab alia* (als eenige onverstandige sich laten dencken ende oock doen), maer sy werden fyn manierelick *per fumum* geëleveert,

[1] Zie boven, p. 30-32.

ende werden bewaert datse niet op stygen, maer dat het onfix met den fixen mach in een gefigiert werden ende onder blyven. In dese philosophische sublimatie syn begrepen alle dese andere operatien, als *ascensio, descensio, destillatio, putrefactio, coagulatio, fixio, tinctura alba et rubea, uno actu decoquendi. Una furno, (12r) uno vase, una via lineari*; soo dat het eerste den lesten beanwoordet hebben, gelycke wel de *philosophi* vele *capitula* van eene ieder operatie gemaect int besondere, om den onverstandigen in dwalinge te brengen. In dese sublimatie dan bestaet het geheele *magisterium, tam ad augmentum quam ad tincturam albam et rubeam.*

4. Hoe nu hier inne te procederen sy, moet een ieder warachtich artist verstaen, dat soo wanneer de maen begint op te stygen *ad collum secundum sublimationem philosophorum* ende daelt weer neder op de onderste *faeces*, soo moet men met het selve regiment des viers alsoo voort varen ende continueren tot datter niet meer op en stygt, *sed totum maneat fixum in fundo vasis cum faecibus* ende werde eene swerte eerde, welcke der raven cop genoempt wordt; ende sulx is *perfecta radix*, daer op alle andere gefondeert worden.

5. Dese swerte eerde moestmen dealberen, daer mede het werck volkomen mach werden; ende sulx en can niet geschieden *nisi per suam sublimationem sepius repetitam*, in de welcke de terra nigra wel moet exicceren ende calcineren, ende dat *pondus de aqua que opus albificat* den wercke toe te voegen ten witten; want soo haest het witte water daer by gedaen werdt, soo reviviceret hem selven.

6. Daer naer *per sublimationem philosophorum cum suis modis* werd geprocedeert tot dat oock dit ander deel deses waters werd gefigeert, dat het niet op en styge, ende alsoo de materie ten rechten werde geëxicceert. En dit moet alsoo *cum certo modo et continua terrae lotione ac aque coagulatione et ignis calcinatione* soo dicmael gereitereert werden, tot dat dese eerde geheel wit werde, ja, witter dan snee. Wanneer het nu door Godes helpe soo verre gebracht is soo ist dat *perfectum augmentum et fixum.* Dan kan ment alwegen ende voortaen *cum aqua alba animata* in acht* dagen augmenteren, ende daer toe reduceeren wanneer men wilt; ende dese modus sou wel sich extenderen *in infinitum.*

7. Soo wye dan dese swerte eerde ten rechten kan dealberen, dye can daer naer niet dwaelen, want het geheele werck bestaet alleen op (12v) de dealbatie *terrae nigrae*; daer toe dan gehooren sekere ende sonderlicke hantgrepen ende *rectum pondus compositionis*, waer door men oock het werck abbreviëren can. Want alles wat hem als het *ad perfectum albedinem* gecomen is by gevoecht werd, dat selvich werd in den grondt in acht dagen gesolveert ende gefigeert, ende werd even gelyck als de *terra alba*, ende heeft even de selve cracht ende gewelt *ad coagulandum argentum vivum* als het eerste.

8. Wast ende multipliceert elx alsoo *in infinitum*, ende daer naer kan ment met Godts helpe met goeden gelucke ter tincture bringen. Daerom

seggen de philosophen: "*Dealbate latonem, et libros rumpite, ne corda vestra rumpantur.*" Ende dese witte eerde alsoo gemaect heeft haer gelyck het *fermentum panis*; werd oock deshalven *fermentum* genoempt, *quia parum fermenti magnam massam fermentat, et totum convertit in fermentum habens eadem potentiam sicut primum ad ipsum.* Alsoo ist oock in ende met dese heylige conste, want in de vereeninge deser perfecte witte eerde is een duecht ende cracht over het *argentum vivum*, dat het dat selvich oock brengt in eene soodanige witte eerde, ende in een suyver nature, *quia exiccatum et aridum et multum sitiens cito ebibit humidum suum, scilicet aquam, usque in infinitum. Et sic ex parva quantitate maxima crescit quantitas.* Ende gelycker wys uyt eenen cleynen vonckelyn een groot vier ontsteken mach werden, soo werd het oock met desen onsen wercke door Goddelicke gehengenisse.

9. Tunc igitur facilis est modus ad inveniendum tincturam rubeam ex predictis, soo ghy maer alleen hem Solem pro fermento en apponeert, ende is dan even den wech *cum aquis philosophicis et sublimatione philosoporum* aen te stellen als vorseyt is. Is voorder ditte te weten, dat tot geener tyt eenige warachtige tincture gemaect werdt *absque Sole*, want Sol is een *corpus perfectum secundum naturam compositum, aequale scilicet in calido, humido, frigido et sicco*, en en heeft geen mangel ofte gebreck, noch niet overvloedichs, *sed natura sua directa est*; waerom oock alle wyse eendrachtelick toe stemmen *quod utique pertineret ad speciem lapidis phisici.* Moest oock alhier de rechte artist dat werck voorder weten aen te stellen *cum auro et materia prima auri purissima*; ende wanneer het alsoo *de novo* werd gesolveert, gecalcineert ende als vorseyt is gefigeert, soo (13r) werd het wederom een wit pulver, dat lichtelick vloeyet, penetreert ende tingeert *cuprum in album verissimum. Corpus nam aurum tingit et infundit animam et generat tincturas.*

10. Daer naer, als yeder een mercken mach, en isser anders niet meer te doene, *nisi pulveres albos per augmentum confectos werden geimbibeert cum Lunificato mercurio*, ende dan *in cinere* gesublimeert *donec exiccetur aqua ut animam sive tincturam. Luna infundat huic terrae foliatae, et sic in ea confixetur*; ende sulx moet meer malen gereitereert worden. Als dan heeft men een wit pulver, dat daer licht vloeyet, ende tingeert den mercurium ende alle andere metallische corpora *in verum argentum*; ende dat was te voren een *augmentum conversivum*, sulx werd *per aquam Lunificatam* gereduceert *ad tincturam albam**, *quod alias sine Lunafieri non posset.* Hiervan seggen de philosophi: "*Seminate aurum vestrum in terram albam foliatam*", want soo wanneer de swerte eerde op dyer voegens geprepareert ende gedealbeert [is], soo is sy bereyt *ad receptionem tincturae auri.*

11. Wanneer men dan wil dat het eene roode tincture werde, soo en isser niet meer te doene dan datmen dat witte pulver int vier sette, ende het selvige soo regiere *donec ex ignis fortitudine hoc album elixir in rubeum convertatur, sicut sanguis combustus aut crocus.* Soo dan hier toe een goet laborant andere geschickelickheyten toe gehoorende gebruyct, dan tingeeret *Lunam*

in Solem verissimum similiter mercurium in impretiabili pretio, ende sulx werd dan altyt geaugmenteert *cum Solificato mercurio* als vooren aengedient is *de elixire albo*, ende wat alsoo in aenvanck een witte tincture geweest is werd *per artem et ignem* gebracht tot een roode tincture. Dieshalven secht een philosophus: "*Eadem est tinctura alba et rubea, id est: ex uno principio ortum habens.*"

12. Soo is oock voor al hier wel op achte te nemen, dat niet te veele waters daer by gedaen en werde, want het alsoo in soo corten tyt niet gefixeert en werd. Moet oock voorder goede acht genomen worden op de *pondera terrae et aquae*, datse (13v) niet te vele ofte te weynich daer by gedaen en werden; ende en moet geen water meer daer by gedaen werden *nisi post perfectam desiccationem*. Men moet oock voor sich sien datment niet te stercken vier en geve ende de nature int begintsel niet verbrandt en werde, want men moet met het *ignis regimen* voorsichtelick handelen. Daerom seggen de *philosophi*: "*Prudenter ignem rege; appone quantum indiget, coagula quantum oportet; mediocri igne siccando materiam, calcina coutere, revivifica, sic itera mortificando; revivificando, ignem augmentando, donec ipsa terra de nigro colore in album se mutet.*" Aldus moetmen dan hier mede voorts procederen als genoechsaem vooren geleert ende aengedient is.

13. Ic en drage mynder wetenschap van sulx voorseyt is noch roem, noch rauwe, noch leetschap, verhopende op Godt dat het niet te vergeefs geschiet en sy.

Finis scripti Jorgen Echart
sperantem sperata sequuntur
speranti sperata cedunt
Nur was Godt wil J.a.b.

vertaling

Geschrift over de Steen der Wijzen van een zekere Georg Eckhart, Duitser; uit het Hoogduits in het Nederlands vertaald door Joos Balbian, Vlaming, uit Aalst, alchemie-liefhebber, in 1600.

1. Met simpele eenvoud zal hier gepresenteerd worden, hoe vroeger de oude wijzen het proces van *de steen der wijzen* aangepakt en met hulp en steun van God tot een goed einde gebracht hebben; waarbij ze eerst en voor alles *de lichamen van de metalen* terugbrachten *tot hun oerstof, dat is: tot kwikzilver*, wat ze oorspronkelijk ook geweest zijn.

2. Dit gebeurt op een speciale en vakbekwame manier, beetje bij beetje *met zeer scherpe azijn, dat zachtjes warm gehouden wordt totdat alle stof tot vloeistof is opgelost, dat is: tot kwikzilver*. Hierom zeggen de filosofen ook: "*Onze Mercurius is niet de gewone, maar hij wordt op filosofische wijze verkregen*". En dit is de grondslag van de hele kunst en het geheim van alle wijzen, dat zij in hun boeken verborgen gehouden hebben. Iedereen die deze oplossing weet en kent, die heeft ook de gehele kunst; en waar die niet is, daar is ook geen waarheid; want door deze oplossing van ons wordt het vaste beweeglijk, en het harde zacht gemaakt, wordt het onderste als

het bovenste, en *het lichamelijke spiritueel*; en zo worden de naturen verwisseld. Daarom zeggen de filosofen ook: "*Keer de naturen om, en je zult vinden, wat je zoekt.*"

3. Wanneer de *lichamen* nu tot hun *oerstof* zijn teruggebracht, volgt de *volmaakte sublimatie van de filosofen*, waarin geen *scheiding tussen het ene deel en het andere* plaatsvindt (zoals sommige ondeskundigen menen, en ook doen), maar zij worden fijn en bekwaam *door de damp omhoog gevoerd*, en er wordt voor gezorgd dat ze niet vervliegen, zodat het niet-vaste met het vaste verbonden beneden blijven kan. In deze filosofische sublimatie zijn alle andere bewerkingen inbegrepen, zoals *opstijging, neerdaling, destillatie, verrotting, stremming, vastmaking, de kleuring tot wit en rood, in een enkele kookactie.Eén oven, één vat, één rechte weg*, zodat de latere processen uit het eerste zijn voortgevloeid, op de manier waarop de filosofen in vele hoofdstukken elke fase afzonderlijk beschreven hebben, om de ondeskundigen op een dwaalspoor te brengen. In deze sublimatie nu bestaat het hele *meesterschap, zowel voor het groeiproces als voor de witte en rode kleuring.*

4. [Om te weten] hoe men hierin voort moet gaan, moet iedere ware alchemist begrijpen, dat wanneer *de maan* begint op te stijgen *tot in de hals, volgens de sublimatie van de filosofen*, en weer neerdaalt op het onderste residu, dat men het dan op een gelijkmatig vuur moet houden en daarmee door moet gaan totdat er niets meer opstijgt, *maar alles vast blijft op de bodem van het vat met dat residu*, waar een zwarte aarde ontstaat die het ravenhoofd genoemd wordt, en dát is *de volmaakte wortel*, waar al het overige op gegrondvest wordt.

5. Deze zwarte aarde moet men wit maken, waarmee het werk volbracht kan worden; en dat kan niet anders gebeuren dan door *de dikwijls herhaalde sublimatie ervan*, waarin de *zwarte aarde* wel moet verdrogen en calcineren, en door de [juiste] *hoeveelheid van het water dat de stof witmaakt* aan het geheel toe te voegen om het wit te maken, want zodra het witte water eraan toegevoegd wordt, wekt het zichzelf weer tot leven.

6. Daarna wordt doorgegaan *met de gebruikelijke sublimatie der filosofen* totdat ook dit tweede gedeelte van het water vast wordt, zodat het niet opstijgt, en de materie naar behoren verdroogd wordt. En dit moet dusdanig *op de juiste manier en onder voortdurende bevochtiging van de aarde, en wel door stremming van het water, en calcinatie door het vuur* zo dikwijls herhaald worden, totdat deze aarde helemaal wit wordt, ja, witter dan sneeuw. Wanneer het nu door Gods hulp zo ver gebracht is, dan is het *het volmaakte vaste stadium*. Vanaf dat moment kan men het alleszins met *levend wit water* in acht dagen verder ontwikkelen, en weer terugbrengen wanneer men maar wil; en dan zou dit stadium zich *tot in het oneindige* voortzetten.

7. Iedereen die deze zwarte aarde naar behoren wit kan maken, kan daarna niet meer dwalen, want het hele werk berust alleen op *de witmaking van de zwarte aarde*; waartoe bepaalde en bijzondere bewerkingen behoren en *de juiste proportionering van de hoeveelheden*, waardoor men het proces ook kan versnellen. Want alles dat er nadat het *tot volmaakte witheid* gekomen is aan wordt toegevoegd, dat wordt op de bodem in acht dagen opgelost en vast gemaakt, en wordt geheel gelijk aan *de witte aarde*, en heeft dezelfde kracht en hetzelfde vermogen *om het kwikzilver te stremmen* als het eerste.

8. Was en vermenigvuldig alles op deze wijze *tot in het oneindige*, en daarna kan men het met Gods hulp met succes tot de kleuring brengen. Daarom zeggen de filosofen: "*Maak het electrum wit en verscheur de boeken, opdat uw harten niet verscheurd worden.*" En deze aldus gemaakte witte aarde werkt zoals *het desem in het*

brood, en wordt daarom ook desem genoemd, *omdat een kleine hoeveelheid desem een grote hoeveelheid doordesemt en alles in desem verandert dat hetzelfde vermogen heeft als het oorspronkelijke desem dat eraan is toegevoegd.* Zo is het ook in en met deze heilige kunst, want in de verbinding van deze volmaakte witte aarde is een vermogen en kracht over *het kwikzilver*, dat dit ook omzet tot zo'n witte aarde, en in een zuivere natuur, *die droog en dor en zeer dorstig spoedig zijn eigen vochtigheid indrinkt, namelijk het water, tot in het oneindige. En zo groeit er uit een kleine hoeveelheid een zeer grote.* En net zoals er uit een klein vonkje een groot vuur ontstoken kan worden, zo gaat het ook met ons werk, als God het toelaat.

9. *Hierna nu is het makkelijk om, vanuit het bovenvermelde, de manier te vinden tot de rode kleuring*, wanneer ge er enkel nog *goud* bijvoegt *als desem*, en dit is dan de juiste manier om *met de filosofische wateren en de sublimatie van de filosofen* te werk te gaan, zoals al gezegd is. Bovendien moet men nog weten, dat er nooit ofte nimmer een waarachtige tinctuur gemaakt wordt *zonder goud*, want het goud is een *stof die naar de natuur volmaakt is samengesteld, namelijk gelijk in hitte, vochtigheid, koude en droogte*, en het heeft geen enkele smet of gebrek, en ook niets overbodigs, maar zijn natuur is enkelvoudig; en daarom zijn alle wijzen het erover eens *dat het zich absoluut leent tot de vorming van de echte Steen.* De ware alchemist moet ook in deze fase het proces weten aan te pakken *met goud en met de oerstof van het zuiverste goud*; en wanneer het zo opnieuw wordt opgelost, gecalcineerd en, zoals boven gezegd, vast gemaakt, dan wordt het opnieuw een wit poeder, dat gemakkelijk vloeit, doordringt, en dat *koper kleurt tot het ware wit. Deze stof kleurt tot goud, doet de ziel indalen en brengt tincturen voort.*

10. Vervolgens, zoals iedereen kan zien, hoeft er niets anders meer te gebeuren *dan dat de witte poeders die in het proces ontstaan zijn* gedrenkt worden in gelunificeerd kwik, en dan *in de as* gesublimeerd, *totdat het water indroogt en ziel danwel tinctuur wordt. De maan doordringt deze bebladerde aarde, en wordt zo in haar vast gemaakt*; en dat moet verschillende keren herhaald worden. Dan heeft men een wit poeder, dat gemakkelijk vloeit, en dat de mercurius en alle andere metallische *lichamen kleurt tot het ware zilver*, en dat wat daarvóór een *toevoeging tot omzetting* was wordt door het *gelunificeerde water* teruggebracht tot een witte tinctuur, *wat zonder lunafieri niet mogelijk is.* Hierover zeggen de filosofen: "*Zaai uw goud in de witte bebladerde aarde*", want wanneer de zwarte aarde op deze manier voorbereid en wit gemaakt is, dan is hij klaar *om de tinctuur van het goud aan te nemen.*

11. Wanneer men dan wil dat het een rode tinctuur wordt, dan hoeft men alleen nog maar het witte poeder op het vuur te zetten, en dat zo te houden *totdat dit witte elixir door de kracht van het vuur rood wordt als verbrand bloed of saffraan.* Wanneer een bekwame alchemist de hiertoe geëigende overige middelen toepast, dan kleurt *het zilver zich tot het ware goud, dat net als mercurius een onvolprijselijke prijs is*, en dat wordt dan altijd vermeerderd *met gesolificeerd kwikzilver*, zoals hierboven uitgelegd is *over het witte elixir*, en wat dus aanvankelijk een witte tinctuur geweest is, wordt *door de kunst en door het vuur* gebracht tot een rode tinctuur. Daarom zegt een filosoof: "*De witte tinctuur is hetzelfde als de rode, dat wil zeggen: ze komen uit een en hetzelfde beginsel voort.*"

12. Bovendien moet men vooral goed oppassen, dat er niet te veel water bij gedaan wordt, want dan wordt het niet in zo'n korte tijd gefixeerd. Verder moet men *de hoeveelheden aarde en water* goed in de gaten houden, zodat er niet te veel of te weinig van wordt toegevoegd; en men moet er geen water meer aan toevoegen *dan na de volkomen uitdroging.* Men moet ook uitkijken dat men het vuur niet te

heet laat worden en de natuur in het begin niet verbrand wordt, want men moet het vuur met behoedzaamheid bestieren. Daarom zeggen de filosofen: "*Ga voorzichtig met het vuur om; voeg toe wat nodig is, strem zoveel als mogelijk is, de stof drogende op een matig vuur; calcineer voorzichtig, doe herleven wat daarna gedood moet worden; wek tot leven door middel van het vuur, totdat de kleur van de aarde van zwart in wit verandert.*" Aldus moet men hiermee te werk gaan, zoals hiervoor afdoende geleerd en uitgelegd is.

13. Ik wil mij niet op mijn hierboven vermelde kennis beroemen, maar ik heb er evenmin smart of spijt over [dat ik dit geschrift te boek gesteld heb], en ik stel mijn hoop op God dat ik het niet voor niets heb gedaan.

Einde. Geschreven door Jorgen Echart.
Verhoopte zaken volgen degene die hoopt;
Verhoopte zaken vallen ten deel aan degene die hoopt.
Alleen wat God wil J.a B.

Commentaar

Veel van de zinsneden in het Latijn zijn citaten. De meeste, wellicht alle, zijn afkomstig uit het alchemistische florilegium *Rosarium Philosophorum*, dat zelf weer een compilatie is van eerdere verzamelingen uitspraken.[2] Enkele voorbeelden:
'Maak Latona wit, en verscheur de boeken, opdat uw harten niet verscheurd worden': dit citaat komt voor in het *Rosarium Philosophorum* maar komt oorspronkelijk uit Morienus. Het wordt in veel andere alchemistische teksten geciteerd.[3]
'Zaai uw goud in de witte gebladerde aarde': ook dit citaat heeft het *Rosarium Philosophorum* aan een oudere tekst ontleend, waarvoor een *Tractatulus* van pseudo-Aristoteles of de *Clangor Buccinae* in aanmerking komen.[4]

[2] Voor het eerst gedrukt in 1550; ed. Telle 1992. In haar studie naar de bronnen van Maiers *Atalanta fugiens* vermeldt De Jong 1965 parallelle en oudere vindplaatsen van een aantal *Rosarium*-citaten.

[3] Morienus, *De transformatione metallorum*, in *Artis Aurifera* II, p. 43-33 ('corrumpuntur' zal in deze late versie wel een corruptie zijn); *zie* De Jong 1965, p. 74.

[4] De Jong 1965, p. 57.

2. Duistere illuminaties

Nogal vooraan in het handschrift heeft Balbian een merkwaardig, driedelig clustertje tekstelementen opgenomen. Het begint met een dialoog tussen een vader en zijn zoon over de Steen der Wijzen, die Balbian zelf uit het Latijn in het Nederlands heeft vertaald.[1] Deze dialoog bevat in de kantlijn een aantal letters, A tot en met X, die verwijzen naar twintig annotaties die blijkbaar ook in Balbians bron stonden.[2] Tussen de dialoog en de bijbehorende annotaties bevindt zich het vermoedelijk ook uit het Latijn vertaalde stukje tekst, dat hieronder volgt. Deze tekst is oorspronkelijk het bijschrift bij een illustratie, of eigenlijk bij een combinatie van twee illustraties. Niets wijst erop dat de bron van Balbian ook deze bijbehorende illustratie bevatte. Waarschijnlijk was die al in een eerder stadium gesneuveld, onder handhaving van de bijschriften. Wel heeft Balbian veel verder in het handschrift juist die illustratie opgenomen, met de bijschriften in het Latijn.[3] De verschillen met de onderstaande tekst bewijzen, dat hij die aan een andere bron ontleende.

Dit stukje brengt nogal wat nog niet opgeloste tekstuele problemen met zich mee. Mede daardoor is het een mooi voorbeeld van hermetische 'beeldtaal', terwijl het ook een indruk geeft van de vragen en problemen die zich voordoen rond alchemistisch materiaal wat betreft tekst, overlevering, bronnen en illustraties.

Dit naervolgende stont achter, als oock dede
de interpretatie des A.b.c. die ter syden
het boeck staet

Den Berch van Sol den Berch van Luna

Draecken broeder - - - - - - - dats aes philosophorum ofte magnesia Lune
Draecken suster - - - - - - - - - - dats aqua permanens
De swartheyt - - - - - - - - - - - dats de aerde des steens
De cytrynheyt - - - - - - - - - - dats de lucht des steens
De rootheyt - - - - - - - - - - - - dats het vier des steens

Dit is de warachtighe doncker figure der wysen, in de welcke rust der philosophen diepe vruchtbaerheyt, dye veel sotten door haer doncker reden bedriecht; wyens moeder maecht is, ende wyens vader niet geheylict en is

[1] Citaat boven, p. 36-37. De tekst komt overeen met maar is uitvoeriger dan de passage 'ex quadam cartula lacerata' in het *Rosarium Philosophorum*, ed. Telle, p. 82-84. De bron is wellicht de dialoog *Lilium intelligentiae* (onder uiteenlopende namen en titels in omloop); zie *ThK* 559, 668 en 1355.

[2] Door besnoeiing van het handschrift is een deel van deze letters geheel of gedeeltelijk weggesneden. De annotaties zijn deels vertaald, en deels in het Latijn overgeschreven.

[3] Misschien zat zij eerst wel direct na het alfabet. Daar ontbreekt nl. een blad (niet in de moderne, wel in de oorspronkelijke telling). De illustratie staat op een kleiner blad, dat eerst op het huidige f. 155 was geplakt, en nu op het huidige f. 154 zit. Blijkens de oude foliëring zijn dit blad en enkele van de belendende bladen hier later ingeschoven.

geweest; nochtans tsamen en by een gevoecht wesende voortbrenghen door swarticheyt een rancke,
ende dye genereerende eenen arent voortbrencht ampholeam.
Desen draec word geboren met synen steert, niet wetende van waer; in neghen sterren ende vier schoon roosen. De drie syn wit en d'eene root. Soo wordet ix, xir, ixir, elixir; met de dry deelen maect wit, ende met de sesse deelen maect elixir.
Dander maken gebreck ende doen missen dant eynde, ter wylen dat Sol en Luna syn een vergaderinghe; ende een dinck, om welcke men sal sorchvuldich weesen om de merckelicke behulpicheyt der Goddelicker gratie; want sonder Godt niemant en dencke te prospereren, principalick in de conste der Alchimien.
Den draeck en sterft niet dan met syn broeder ofte suster; niet door sich alleene, maer met eenich van beyden vergadert. Dan soo voedet hy hem selven, ende baert in synen dach. Hy doot hem selven ende verryst sich selven; hy dissolveert ende congeleert hem selven; albificeert ende rubificeert hem selven.

Direct aansluitend hierop volgt de reeks annotaties bij de voorafgaande dialoog, beginnend met: 'A Nota quod terra...'.

Vertaling

Wat nu volgt stond eronder, net als de betekenis van [de letters van] het alfabet die naast de tekst staan.

De berg van de zon/ het goud De berg van de maan/ het zilver

De broer van de draak-	dat is het koper der wijzen ofwel zilvermagnesium
De zuster van de draak-	dat is eeuwig water
De zwartheid-	dat is de aarde van de steen
De geelheid-	dat is de lucht van de steen
De roodheid-	dat is het vuur van de steen

Dit is het ware donkere beeld van de wijzen, waarin de diepe vruchtbaarheid van de filosofen is ingebed, [en] die veel dwazen door haar obscure taal misleidt;
van wie de moeder maagd is, en van wie de vader niet gehuwd is geweest; en toch brengen zij, samengevoegd, een rank voort, en die brengt dan een arend voort en een ampholea.

Deze draak wordt geboren met staart en al, zonder te weten waarvandaan, in negen sterren en vier mooie rozen. Drie daarvan zijn wit, en een is rood. Zo wordt het ix, xir, ixir, elixir; met de drie delen wordt het wit, en met de zes delen wordt het elixir.
De overige veroorzaken fouten en verhinderen zo het doel, wanneer de zon en de maan zich verenigen; en dat is een reden waarom men zich zeer dient te bekommeren

om de bijzondere steun van de goddelijke genade; want zonder God hoeft niemand voorspoed te verwachten, met name in de kunst der alchemie.

De draak sterft niet dan met zijn broer of zuster; niet op eigen kracht, maar met een van hen beiden verenigd. Daarna voedt hij zichzelf, en baart te bestemder tijd. Hij doodt zichzelf en doet zichzelf herleven; hij maakt zichzelf eerst vloeibaar en daarna weer vast, maakt zichzelf wit en rood.

commentaar

De tekst is door corruptie extra duister geworden. Hij is niet compleet: van de vier elementen en hun kleuren ontbreken de kleur wit en het element water.
'Desen draec word geboren met synen steert, niet wetende van waer': dit is blijkbaar vertaald naar een Latijnse versie die hier 'nescitur' heeft in plaats van 'vescitur' ('terwijl hij zijn staart opeet'; dit laatste is correct).
Balbian heeft de tekst, die eerst nog bedorvener was, achteraf gecorrigeerd. Oorspronkelijk ontbrak de zinsnede over de rode roos. Ik geef hem hier met de correcties superscript:

> vier schoon roosen/ de drie syn wit/ $^{\text{en d'eene root}}$/ soo wordet ix/ xir/ ixir elixir/ met de dry ^{deelen} wit ^{maect} ende met ^{de} sesse deelen maect elixir.

Waarschijnlijk gaat het om een bijschrift bij een combinatie van twee afbeeldingen:

a. De hermafrodiet tussen de bomen of bergen van zon en maan komt in verschillende series voor.[4] Op al deze afbeeldingen houdt hij/zij iets in beide handen. Die bergen met de bomen van zon en maan, en de draak met de stroom horen erbij, evenals een deel van de bijschriften. Het eerste (lijstje) en laatste deel (Den draeck en sterft niet..) van het tekstje van Balbian hoort bij deze afbeelding; het stuk ertussen bij de tweede.
b. De onderste afbeelding, het door sterren en rozen geflankeerde, gekroonde vat met ourobouros etc. (die soms de vorm aanneemt van een heraldisch schild), wordt als 'figura sapientiae' aangeduid in Putscher.[5] In vergelijking met andere exemplaren ontbreekt bij Balbian een vogel.
De negen sterren betekenen vermoederlijk negen imbibities (vgl. de negen jonkvrouwen die door de draak verslonden worden — eerst drie, dan de rest- in de *Visio* van Dastin).
De zinsnede 'met eenich van beyden' had moeten luiden: 'niet met een van de twee, maar uitsluitend met beiden tesamen' (zie de bijschriften op de afbeeldingen 82 en 89 in Bachmann en Hofmeier 1999 en in Reussners Pandora, embleem 18.[6]).
De broer en zuster van de draak worden vaak vermeld:

> Le DRAGON gardien du jardin des Hespérides, répresente la terre, cette masse informe & indigeste qui cache dans son sein la semence de l'or, qui doit

[4] *Aurora Consurgens, Liber Sanctae Trinitatis, Rosarium Philosophorum, Donum Dei, Pandora* en *Splendor solis.* Zie voor afbeeldingen Roob 1997, pp. 452, 456 en 462; Bachmann & Hofmeier 1999, p. 120.
[5] Putscher in Meinel 1986, p. 164.
[6] Zie de Alchemy Website and Virtual Library, http://www.alchemywebsite.com.

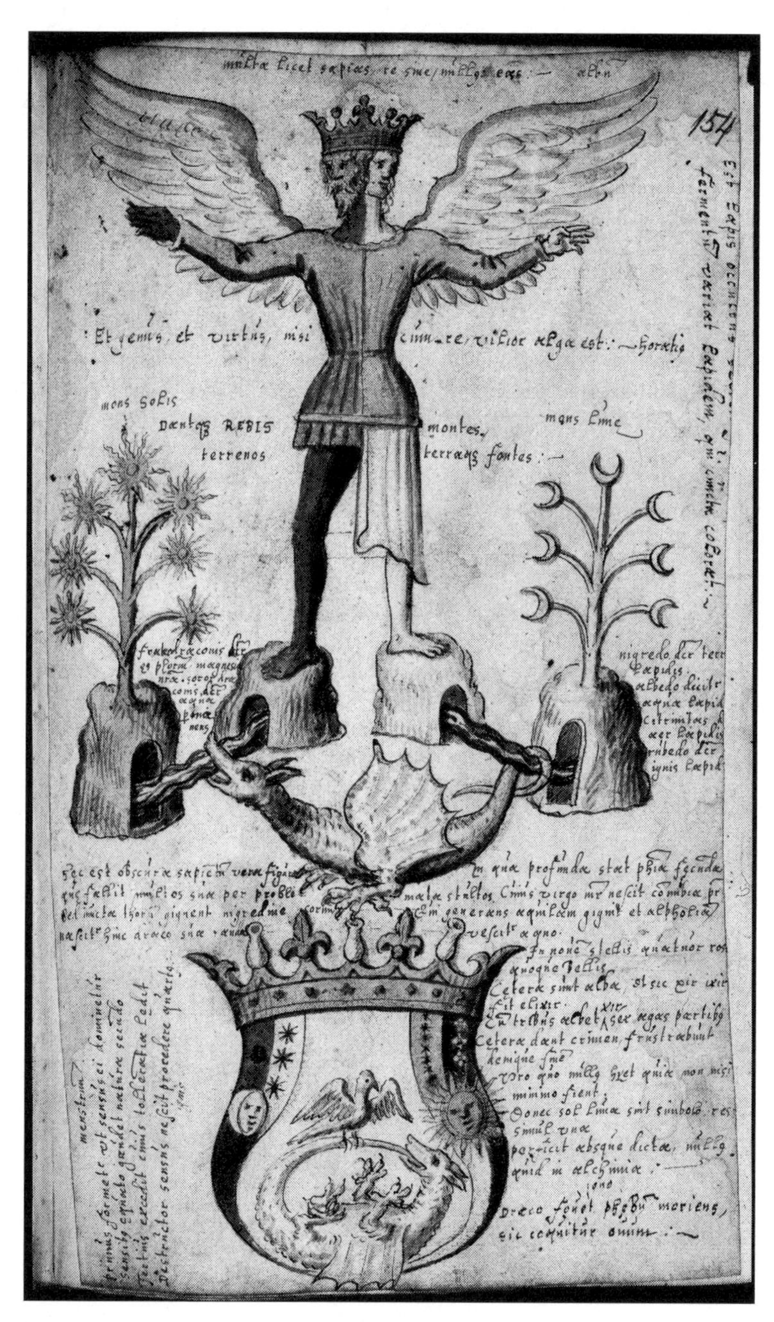

De bijschriften in het Latijn op deze illustratie komen vrijwel volledig overeen met de Nederlandse tekst die begint met 'Den Berch van Sol- Den Berch van Luna'. BL Sloane 1255, f. 154r.

fructifier par les opérations de l'Alchymie représentée par le jardin des Hespérides. C'est ce *dragon* représenté si souvent dans les figures symboliques de la Philosophie Spagirique, qui ne peut mourir qu'avec son frere & sa soeur, c'est-a-dire, s'il n'est mêlé dans le vase philosophique avec le soufre son frere, & l'humeur radicale innée, ou eau mercurielle, qui est sa soeur, qui par sa volatilité le rend volatil, le sublime, lui fait changer de nature, le putréfie, & ne fait plus ensuite qu'un corps avec lui (Pernety 1758, p. 118).

3. Wat een alchemist in huis moet hebben

De langste tekst in Balbians handschrift is een Nederlandstalig prozatractaat, *Het boeck Lumen Luminum dat is het licht der lichten*, dat blijkens het opschrift is geschreven door een zekere Jan van der Donck. Ook in de tekst zelf noemt hij zijn naam nog een paar keer.[1] Over deze Jan heb ik tot nu toe niets kunnen achterhalen; de druk van 1600 (zie p. 63) moet nog onderzocht worden. De titel was wel voor verschillende andere alchemistische teksten in gebruik, waaronder een *Lumen Luminum (perfecti magisterii)*, op naam van Aristoteles en Razes.[2]

Jan beroept zich op 'de griexsche meesters als Hermes, Arisleus, Pythagoras en Isyndrius', waarmee hij verwijst naar de *Turba*.[3] Verder noemt hij Aristoteles, Morienus, Geber en Avicenna. Misschien citeert hij hen indirect, via de *Semita recta* van pseudo-Albertus Magnus, waarschijnlijk zijn belangrijkste bron. Daarnaast zijn passages ontleend aan pseudo-Gebers *Summa perfectionis* en aan Razes' (pseudo-Aristoteles') *De perfecto magisterio*. Jan heeft zich dus goed gedocumenteerd, al is het natuurlijk niet uit te sluiten dat hij een tekst vertaalde die deze bronnen al combineerde. In elk geval gebruikt Jan, of zijn bron, alleen teksten die al in de veertiende eeuw in omloop waren.

In de tekst wordt herhaaldelijk verwezen naar eerdere en latere 'capittelen', maar er is geen zichtbare onderverdeling. Wel richt Jan zich bij een recapitulatie of bij het aansnijden van een volgend onderwerp frequent tot zijn lezers, die hij bij voorkeur aanspreekt als 'Ghi lieve kinderen der wysheyt'.

De tekst moet oorspronkelijk nog veel omslachtiger zijn geweest dan hij nu is; Balbian vermeldt in een naschrift dat hij niet alleen veel fouten hersteld heeft, maar dat hij ook ook een aantal overbodigheden heeft geschrapt en de formulering hier en daar duidelijker heeft gemaakt. Daarbij heeft hij ook andere afschriften van dezelfde tekst gebruikt.

Jan begint zijn tekst met uitspraken over de edelheid van de alchemie, de noodzaak van deugdzaamheid en een vroom leven, de hoge moeilijkheidsgraad van het werk en het belang van grondige studie en kennis van de natuur. Hij wijst er op dat veel alchemisten misleid zijn door de verhullende manier van uitdrukken die in alchemistische geschriften gangbaar is; hij zal een heldere en volledige uiteenzetting van de hele kunst geven [72r-73r]. Op al deze punten komt hij meer of minder uitvoerig terug, zoals blijkt uit het volgende fragment.

1. [73r, 6] Ghy kinderen der wysheyt, mercket ende verstaet nu myne woorden. Ic sal u nu seggen de dingen de welcke u letten moghen in u werck, ende syn dese, te weten: syt ghy kranck ofte siec, sotachtich ofte ongestadich van sinnen, ofte rau ende grof van gepeinse, soo dat ghy niet subtylick en merket de dingen daer van de nature begint te wercken, ende waer van sy haer werck maect, ende in wat plecken sy de metalen doet

[1] Op 72r: 'ick Johannes van der Donck' en 'ick Johannes'; op 86r 'ick Jan van der Donct'.

[2] Volgens Bachmann en Hofmeier 1999, p. 210 is Razes de ware auteur van het *De perfecto magisterio* van pseudo-Aristoteles.

[3] De *Turba Philosophorum* is een mogelijk al rond 900 ontstane tekst, waarin Griekse filosofen discussiëren over de alchemie; zie Fraeters 1999, p. 21-22 en 59-65 en de ed.-Ruska 1931.

wassen, ende welcke der naturen uyterste begeerte is ende wat sy geerne by brincht, soo verre sy niet verhindert en word.

2. Boven al moet ghy mercken waer in dat ghy de nature volgen moet ende met wat werck, ende oock waer men haer niet en sal volgen. Dit rade ic u t'ondersoecken met scherpen sinne, ofte ghy en sult tot het edel einde des wercks niet geraecken, noch hetselve niet vinden.

3. Weet oock, dat men veel menschen vint die wanckelbaer syn in hare saecken, ende niet en blyven met gestadicheden op onse warachtige leeringe, maer soecken als nu dit, als nu dat, ende wanent te versubtylen; ende en duersoecken ons werck niet, ende niet werckende naer het behooren onser conste, maer dwalen als schapen van d'een in d'ander, ende en volbringen geenderande dinck.

4. Om dat sy dan niet gestadelick en blyven ende neerstich in de leere onses wercks, ende dat sy den aerbeyt ende cost niet doen en willen, soo vallen sy in de valsche recepten, als in dealbatien ende rubificatien dye logenachtich ende valsch syn ende enckel bedroch, van de welcke de quade bedriegers schryven in hare boecken om het volck te bedriegen; de welcke oock niet en syn verkoren tot ons geselschap, noch gerekent in onse vroetschap.

5. Ghy sult oock weten waer by dat menich man tot deser konste niet en can gecomen. Dat is, om dat hy syn goet soo sottelick verteert in het beghin, als hy [73v] begint te beminnen ende te gevoelen de waerheyt van dese edele conste; ende als dan syn goet soo sottelic verteert ende over brenct, ende als hy nu hem selven daer mede behelpen soude ende syn werck soude voleinden ende volmaecken, soo en heeft hy niet meer waer mede hy hem behelpen mochte; ende moet hem tot ander dingen keeren, daer hem de boose viant toe trect ende dwinget. Want de viant en mach niet gedoogen datmen dese edele conste volbrenge, hy en belettet waer hy can ende mach, ende trectse tot sware sonden, waer door sy Godt vertoornen.

6. Dese conste en heeft Godt vorwaer voor niemant bereyt, noch en sal die niemant geven, dan den eenvaudigen onnooselen persoonen, die suyver ende ootmoedich syn ende die Godt vreesen ende trauwelick dienen. Wat meenen die quade menschen die vol haets ende nyt syn, vol ghierichede ende oncuyscheyt ende met andere sonden ommegaen? Wanen de sulcke tot deser conste te comen, levende contrarie het gebot hares Godts? Neen sy, vorwaer; sy en sullender nemmermeer toe comen alsoo lange als Godt sal Godt blyven ende Heere in Syn wesen.

7. Nu soo syn daer eenige sotten die daer seggen: "Waer om en soude mi Godt niet alsoo wel de conste geven als desen ofte dyen, als anders de conste warachtich ware, ende dat ic die verstonde? Saude dan Godt om mynder sonden wille de nature haren loop benemen?"

8. Och Heere, hoe sottelic is ditte gesproken! Hadden sy gevoelt de plagen, die Godt om der sonden wille heeft laten geschieden over den

menschen ende over haer goet, sy en souden soo dwaselic niet spreken. Soo en sal dan niemant vermetelic spreken, maer hy sal Godt de Heere neerstich bidden om syn gratie, ende dat hy hem wille geweerdigen de conste te verleenen ende te geven; ende datte tot Godes heere ende synder salicheyt, ende poogen hem te leven Christenlick, want anders en can daer niemant toe comen.

9. Nu wil ic u in dit cappittel besluyten veele leeringen voor den gonen, die werckman wil syn in dese edele conste. Hy moet nature vroet syn in allen dingen, ende verre aller dingen nature weten ende oock haerlier wesen kennen, emmers van alle die tot desen wercke behooren. Hy moet dan met scherpen sinne [74r] onse wercken ondersoecken, ende de redenen waerom dat hy can missen ofte dolen in syn werck, ende hoemen dat beteren mach ende waer mede. Want ist sake datmen de dingen wel kennet die tot desen wercke hooren, soo mach men het werck wel helpen.

10. Ende vorwaer, hy moet gestadelick wercken op syn werck, soo dat hy niet nu ditte nu datte en proeve; want ongetwyfelt, ons werck en wilt niet van vele dingen gemaect syn. Ende weet vorwaer, dat het is één steen ende één medicyne, in welcken steen alle dat werck is volcomentlick te vinden; den welcken steen wy geen vremde dingen by en voegen, noch af doen, dan alleene dat wy hem suyveren, ende daer af doen datter te vele is.

11. Ende waert alsoo datmen hem eenige vreemde dingen by voegde, pulver ofte eenichgerande dinck, wat dat het ware (als van souten, aluynen, sulfuren, atramenten ofte vitriolen), het ware al te samen verloren. Dit is te verstane van het beginsel des insettens totter tyt toe, datmen heeft een fixe smeltende eerde, die suyver sy ende onbevlect. Want in syner kokinge en bereydinge en mach daer niet by syn dan syns gelycte, van het beginsel tot den einde; want het is daer mede genoech, dat onse geesten d'een den anderen suyveren. Sy en behouven dan geen hulpe van vreemde dingen, want sy suyveren elcanderen tot in den grond.

12. Ende weet oock dat hy met gestadicheden moet wercken, ende en mach niet verhaest syn, noch door noot, noch door gebreck, noch om eenige saecke die ter werelt mach wesen, want die meester verlore dan alle synen tyt. Ic segge u vorwaer, dat dit werck en compt geenen aermen man toe; want soo wye daer in wil wercken, dye moet alle syn behoefte hebben eenen langen tyt, ja, ten minsten voor onderhalf jaer.

13. Dye vroede Alchymisten dye soecken een stadt van vrede, haer daer versiende van een huys met drye soo vier cameren daer in sy haer werck doen mogen, ende setten mogen uyt den gesichte der menschen. Ende dan syn sy oock schuldich inne te leggen soo veele lyftochts en bernynge, vaten ende materien, dat sy genoech [74v] mogen hebben om al haer werck daer mede te volenden; ja, al waert oock dat hen het werck mislucte, datse dan materie genoech hebben om daer mede hun werck te verbeteren ende te voldoene in meerder quantiteyt. Want met luttel matery en mach men dit

werck niet volbringen met cleinder cost, soo, dat daer yemant grootelix daer mede conde geholpen wesen. Maer een cleyn preuve volbrinct men wel sonder grooten cost, daermen de waerheyt door weten mach.

14. Seker, dese conste en can geenen aermen mans vrient syn, maer veel heer syn viant; want een aerm man en can niet gebeyden den tyt tot dat het volbracht ware dat edel werck, over mits de lancheyt des tyts, ende den grooten cost die daer toe gaet. Ende dan syn alle syn gepeynsen, hoe hy gecrygen mochte een werck der sophisticacie, daer mede hy gelt winnen mochte. Ende dus verquist hy den tyt in groote verwerrentheyt des gemoets, soo dat hem de conste tot viant blyft.

15. Vorwaer, hy mach wel seggen, dat hy de rampsalichste mensche is die leeft: soo wie dat godt ons secreet laet ende gund te verstane, ende oock onse leeringe, ende dat hy wel kent waer af ende met wat wercken datmen dese edele conste volbringen mach, ende dat hy als dan beslets ende behangen is met wyf ende met kinderen ofte oock met aermoede, ende dat hy alsoo moet blyven tot der doot toe in dat jammerlic ende rampsalich leven, bedruct, sonder die edele volmaectheyt des werx te hebben; welcker conste gewin alle rauwe druck ende onsalige sonden verjaecht.

16. Hier om soo studeert seere, soo wanneer ghy int werck syt, op alle de teeckenen ende verwen die sich openbaren in elcke kokinge, ende poocht u de redenen te ondersoecken waerom dattet alsoo sy, ende segelt die vaste in u herte.

17. Men vint vele menschen dye seer blameeren de gone die met de conste omme gaen, ende de conste seer lasteren ende versmaden, seggende, dat sy quaet ende valsch sy; ende ooc hier beneven, datse quaet ende valsch syn die met deser conste ommegaen. Ic segge u vorwaer, dat aen haerlier spreken niet [75r] vele gelegen en is; want sy en kennen die selver niet. Daerom soo en weten sy oock niet wat sy seggen. Waer by dat ick u segge: "De conste en heeft geenen viant dan diese niet en weet noch en verstaet."

18. Nu sal ick u een leeringe geven ende precepten de welcke ghy houden ende volgen sult.

19. Dat eerste precept dat ghy houden sult is dit: dat de meester van deser conste sal wesen heymelick, swygende ende bedect; ende en sal dese conste niemant openbaren, niet hebbende als eenen trauwen geselle, dye oock swygende ende bedect sy.

20. Ende sal heben een huys met drye soo viere cameren, als vorseyt is, uyt de gesichte der menschen.

21. Hy sal voorsien synen tyt ende jaren in de welcke hy wercken sal om te sublimeeren; want die destillatien ende solutien en moet men niet doen in den winter, want dan bevriest alle dinck, ende dat selve is hinderlic tot deser conste. Sublimatien en calcinatien dye mach men doen tot allen tyden.

22. De meester deser conste sal seer neerstich syn op syn wercken, ende geen verdriet daer in hebben, maer volherden tot den einde. Want waert dat hy als nu eenen tyt aerbeyde, ende als dan eenen tyt niet, soo en soude hy nemmermeer tot der conste comen.

23. Soo sal dan ieder meester wercken naer de leeringe deses boecks: Ten eersten sal hy syn medecyne wel mengen ende vereenigen; ten tweeden, dat hy sal wel sublimeeren; het derde, dat hy sal wel fixeeren; ten vierden, dat hy sal wel calcineeren; ten vyfden, dat hy sal wel solveeren, ende ten sesten, dat hy sal wel destilleeren; ende dat sovenste, dat hy sal wel coaguleeren.

24. Ist dat nu iemant wil wercken sonder sublimeeren, solveeren ende coaguleeren, ofte sonder destilleeren, dye sal syn pulveren verliesen, als hy dye werpt op de lichchamen: sy en sullen daer op niet blyven, maer sullen alle wech vliegen. Ende soo wie met fixen pulveren verwen wil die niet te voren gesolveert ofte gedestilleert en syn, die en sullen niet in gaen, noch sich mengen met den lichchamen.

25. Alle uwe vaten sullen wel verglaest syn, [75v] daer mede ghy wercken wilt; ende daer mede ghy destilleeren wilt, sullen wesen van glas. Ist sake dat ghy u medecyne doet in coperen vaten, soo sol sy groen worden; oft ist ghy tselfde doet in yseren ofte looden vaten, soo sullen u medecynen swart worden. Ende ist dat u vaten niet wel vergelaest en syn in den hoven, soo sal u medecyne daer door vliegen, oft de vaten sullen breken.

26. Een ieder meester sal hem boven alles wachten te wercken met princen, vorsten ofte machtige groote heeren; want sy hem altyts sullen vragen: “Wanneer sal de conste geluck in brengen, ende wanneer sullen wy en wat goets sien?” Ende en sullen niet willen beyden tot den einde des wercks, maer sullen seggen: “Het is al niet! Het is al bedroch!” Ende aldus sult ghy groot verdriet int herte lyden. En soo ghy het niet en volbrengt, soo sult ghy eeuwelic van huerlier versmaet syn; ende ist dat ghy het volbrengt, soo sullen sy u eeuwelic willen behouden, ende en sullen u niet laten wech gaen. Ende aldus soo word ghy geschent door u eygen werck ende woorden.

27. Myn laatste precept is dat hem niemant en sal onderwinden te wercken in dese conste, die niet volcomelick en heeft alles wat hem daer toe van noode is, ende daer toe synen cost voor onderhalf iaer lanck; anders en mach daer niemant toe comen.

vertaling

1. Gij kinderen der wijsheid, let op en begrijp mijn woorden. Ik zal u nu vertellen welke zaken u kunnen belemmeren in uw werk, namelijk: als u zwak of ziek bent, dwaas of onstandvastig van gemoed, of ruw en plomp van geest, zodat u niet fijnzinnig opmerkt waarmee en hoe de natuur begint te werken, en wat haar grondstoffen zijn, en op wat voor plaatsen ze de metalen doet groeien, en wat het uiteindelijke streven van de natuur is en wat zij tot stand wil brengen, voorzover ze niet gehinderd wordt.

2. Voor alles moet u begrijpen in welke opzichten u de natuur moet volgen en op wat voor wijze, en ook waarin men haar niet dient te volgen. Ik raad u aan om dit met scherpzinnigheid te onderzoeken, want anders zult u het edele doel van het werk nooit bereiken.

3. Weet ook, dat er veel mensen zijn die wisselvallig zijn in hun aanpak, en die niet standvastig aan onze ware leer vasthouden, maar ze proberen nu dit, nu dat, en ze denken dat ze het vernuftiger maken; en ze onderzoeken ons werk niet en gaan niet tewerk zoals de kunst dat vereist, maar ze dolen als schapen van het ene in het andere, en brengen niets tot stand.

4. Omdat ze dan niet standvastig en ijverig in de leer van ons werk volharden, en omdat ze de moeite en de kosten er niet voor over hebben, belanden ze in de valse recepten, zoals wit- en roodkleuringen die onecht en namaak zijn en alleen maar bedrog, waarover de slechte bedriegers boeken schrijven om de mensen te bedriegen; maar zulke mensen zijn niet tot onze gemeenschap uitverkoren, en worden niet tot ons genootschap gerekend.

5. U moet ook weten waarom menig mens niet tot deze kunst kan komen. Dat komt doordat hij zijn geld zo onbezonnen verspilt in het begin, als hij de waarheid van deze edele kunst begint te beminnen en te beseffen; en dan gooit hij zijn middelen ondoordacht over de balk, en als hij ze nodig heeft om het werk te voltooien en tot een goed einde te brengen, dan heeft hij niets meer om dat mee te kunnen financieren, en moet hij zich met andere dingen gaan bezighouden, waartoe de boosaardige duivel hem dwingt. Want de duivel kan niet verdragen dat men deze edele kunst voltooit, maar hij belet dat waar hij maar kan, en verleidt hen tot erge zonden, waarmee ze God vertoornen.

6. God heeft deze kunst voorzeker voor niemand bestemd, en zal haar ook niemand geven, dan aan degenen die simpel en onschuldig, zuiver en ootmoedig zijn, en die God vrezen en getrouw dienen. Wat denken de slechte mensen wel, die vol zijn van haat en nijd, vol gierigheid en onkuisheid, en die allerlei andere zonden begaan? Verbeelden zij zich tot deze kunst te kunnen komen, terwijl hun leven in strijd is met het gebod van hun God? Nee, welzeker; zij zullen daar nooit toe komen zolang God werkelijk God en Heer zal blijven.

7. Nu zijn er sommige dwazen die zeggen: "Waarom zou God mij niet net zo goed de kunst schenken als die of die, als de kunst tenminste echt is, en ik haar begreep? Zou God dan vanwege mijn zonden de natuur in haar loop belemmeren?"

8. Och Heer, wat is dit een dwaze taal! Als zij de plagen aan den lijve hadden ondervonden, die God wegens de zonden over de mensen en hun bezittingen heeft laten komen, dan zouden ze niet zo dwaas spreken. Daarom zal niemand overmoedig spreken, maar hij zal God de Heer ijverig bidden om Zijn genade, en en dat Hij de goedheid zal willen hebben om hem de kunst toe te staan en te schenken, omwille van de eer van God en zijn zieleheil, en zich inspannen om Christelijk te leven, want anders kan niemand dat bereiken.

9. Nu zal ik voor u in dit hoofdstuk veel instructies opnemen voor degene, die deze edele kunst wil beoefenen. Hij moet in alle opzichten verstand van de natuur hebben, en de natuur en het wezen van alle dingen diepgaand kennen, in elk geval met betrekking tot alle zaken die met dit werk te maken hebben. Hij moet verder met scherpzinnigheid onze bezigheden onderzoeken, en de redenen waarom hij kan mislukken of dwalen in zijn werk, en hoe en waarmee men dat kan verbeteren.

Want als men maar goed de zaken kent die dit werk aangaan, dan kan men het werk wel vooruit helpen.

10. En zeker, hij moet standvastig met zijn werk bezig zijn, zodat hij niet nu eens dit en dan weer dat probeert, want ons werk moet beslist niet van veel dingen gemaakt worden. En u moet beslist weten dat er één steen is, en één medicijn, waarin al het werk volledig te vinden is, en aan die steen mogen we geen vreemde dingen toevoegen, noch ervan afnemen, behalve dan dat we hem reinigen en het overbodige verwijderen.

11. En als men er toch enigerlei vreemde dingen aan zou toevoegen, poeder of wat dan ook (zoals zouten, aluinen, zwavels, atramenten of vitriolen), dan zou alles bedorven zijn. Dit geldt van het begin van het werk tot aan het moment dat men een vaste smeltende aarde heeft, die rein en onbevlekt is. Want in het verwarmen en toebereiden mag er niets bij komen dan zijns gelijke, van het begin tot het einde; want het is toereikend, dat onze geesten elkaar zuiveren. Ze hebben daar geen hulp van vreemde dingen voor nodig, want ze reinigen elkaar tot in de wortel.

12. En weet ook dat hij met volharding tewerk moet gaan, en niet gehaast moet zijn, noch door gebrek of armoede, noch om wat voor andere reden dan ook, want in dat geval zou de alchemist al zijn tijd verspild hebben. Ik kan u verzekeren dat dit werk een arm man niet past, want wie zich daarmee wil bezighouden, die moet voor een tijdlang alles hebben wat hij nodig heeft, wel voor tenminste anderhalf jaar.

13. De verstandige alchemisten zoeken een rustige plaats, en voorzien zich van een huis met daarin drie of vier kamers waarin zij hun werk kunnen doen, buiten het gezichtsveld van de mensen. En dan dienen ze ook zoveel proviand en brandstof, vaten en grondstoffen in huis te halen, dat ze genoeg hebben om hun werk te kunnen voltooien, en zelfs zoveel dat, als het werk hun zou mislukken, ze genoeg materiaal hebben om het nog te verbeteren en te voltooien in een grotere hoeveelheid. Want met weinig grondstoffen en kleine onkosten kan men dit werk niet zodanig voltooien, dat iemand er veel profijt van zou hebben. Maar een kleine proef, waar men de waarheid door kan ontdekken, kan men wel zonder grote onkosten volbrengen.

14. Deze kunst kan zeker niet de vriend zijn van een arme man, maar eerder zijn vijand, want een arme man kan niet de tijd afwachten totdat het edele werk voltooid zou zijn, omdat dat zo lang duurt, en er veel kosten bij komen kijken. En dan denkt hij er alleen nog maar aan, hoe hij een namaak-werk kan maken, waarmee hij geld kan verdienen. En zo verspilt hij zijn tijd in grote mentale verwarring, zodat de kunst hem tot vijand wordt.

15. Zeker, diegene kan zichzelf wel de rampzaligste mens op de wereld noemen, die God vergund heeft dat hij ons geheim en onze leer kent en begrijpt, en dat hij wel weet hoe en waarmee men deze edele kunst voltooien kan, en die dan in beslag genomen en verstrikt wordt door een vrouw en kinderen of ook door armoede, en hij tot zijn dood in zo'n ellendig en rampzalig leven moet blijven, zonder de edele volmaaktheid van het werk te hebben, terwijl het slagen van de kunst alle verdriet, zorgen en onzalige zonden verdrijft.

16. Let vooral zeer zorgvuldig, als u met het werk bezig bent, op alle verschijnselen en kleuren die zich vertonen bij elke koking, en probeer de oorzaken te onderzoeken waarom dat het zo gebeurt, en prent die vast in uw geheugen.

17. Er zijn veel mensen die kwaad spreken over de beoefenaars van de kunst, en die de kunst zeer belasteren en geringschatten, en die zeggen dat ze slecht en

bedrieglijk is; en bovendien zeggen ze, dat zij die zich met deze kunst bezig houden ook slecht en bedrieglijk zijn. Ik kan u verzekeren dat wat ze zeggen nauwelijks van belang is, want ze weten er niets van. Daarom weten ze ook niet wat ze zeggen. En daarom zeg ik u: "De kunst heeft geen vijand, behalve degene die haar niet kent of begrijpt."

18. Nu zal ik u een instructie geven en voorschriften waar u zich aan moet houden.

19. Het eerste voorschrift waaraan u zich moet houden is dit: de beoefenaar van de alchemie moet discreet zijn, zwijgzaam en teruggetrokken, en hij mag deze kunst aan niemand openbaren, en mag maar een trouwe medewerker hebben, die ook zwijgzaam en terughoudend moet zijn.

20. En hij moet een huis met drie of vier kamers hebben, zoals al gezegd is, buiten het blikveld van de mensen.

21. Hij moet vooraf bedenken in welk jaargetijde hij gaat sublimeren, want de destillaties en oplossingen moet men niet 's winters doen, want dan bevriest alles, en dat belemmert het proces. Sublimaties en calcinaties kan men in elke tijd van het jaar doen.

22. De alchemist moet zich zeer inzetten voor zijn werk, en zich niet uit het veld laten slaan, maar volhouden tot het einde. Want als hij nu eens een tijd bezig zou zijn, en dan weer een tijd niet, dan zou hij nooit tot de kunst komen.

23. Iedere alchemist dient naar de leer van dit boek als volgt te werk te gaan: Ten eerste moet hij zijn ingrediënten goed mengen en verenigen; ten tweede moet hij goed sublimeren; ten derde moet hij goed fixeren; ten vierde moet hij goed calcineren; ten vijfde moet hij goed solveren; ten zesde moet hij goed destilleren, en ten zevende moet hij goed coaguleren.

24. Als iemand nu te werk zou willen gaan zonder sublimeren, solveren en coaguleren, of zonder destilleren, die zal zijn materialen verspillen, als hij ze op de lichamen gooit: ze zullen daar niet blijven, maar ze zullen allemaal vervliegen. En mocht iemand met vaste poeders willen kleuren die niet eerst gesolveerd of gedestilleerd zijn: die zullen niet ingaan, en zich evenmin mengen met de lichamen.

25. Alle vaten die u wilt gebruiken moeten goed geglazuurd zijn, en die waar u mee destilleren wilt moeten van glas zijn. Als u uw stof in koperen vaten zou doen, dan zou ze groen worden; en als u ze in ijzeren of loden vaten doet, dan zou ze zwart worden. En als uw vaten niet goed geglazuurd zijn in de oven, dan zal uw stof erdoorheen vervliegen, of de vaten zullen breken.

26. Iedere alchemist moet zich er verder bovenal voor hoeden om te werken voor prinsen, vorsten of machtige grote heren; want ze zullen hem altijd vragen: "Wanneer zal de kunst succes hebben, en wanneer zullen we eens een mooi resultaat zien?" En ze zullen niet willen afwachten tot de voltooiing van het werk, maar ze zullen zeggen: "Het is waardeloos! Het is allemaal bedrog!" En daardoor zult u veel verdriet in uw hart ondervinden. En als u het niet voltooit, dan zult u altijd door hen geminacht worden; en als u het wel voltooit, dan zullen ze u altijd willen vasthouden, en zullen ze u niet meer laten weggaan. En zo wordt u benadeeld door uw eigen werk en woorden.

27. Mijn laatste voorschrift is, dat niemand zich met deze kunst zal inlaten die niet volledig over alles beschikt wat hij daarvoor nodig heeft, en daarbij zijn levensonderhoud voor anderhalf jaar; anders kan niemand het voor elkaar krijgen.

Commentaar

Een gedetailleerde vergelijking met de vermoedelijke bronnen valt buiten het bestek van dit boekje: deze bronnen zijn erg met elkaar verweven en sommige citaten komen in verschillende van de teksten voor. De volgende verwijzingen zijn voorlopig; nader onderzoek en complete teksteditie zijn gewenst.
1 tm 17 De hoofdbron hiervan is pseudo-Gebers *Summa Perfectionis*, 3-6 (in de editie van Newman p. 254-267), over de belemmeringen van de kunst die kunnen voortvloeien uit de persoon en de omstandigheden van de alchemist. Jan heeft de volgorde wat gewijzigd, en is hier en daar wat uitvoeriger in zijn toelichting. Jan walst wat sneller heen over de noodzaak van een fysiek gezond gestel (1), maar hij besteedt meer aandacht aan de noodzaak van een vroom en deugdzaam leven (6-8).
5 Pseudo-Geber maakt geen melding van de duivel. Hij zegt dat God iemand de kunst kan onthouden en hem kan laten dolen als straf voor zijn sofistische werk (266, 19-21).
6 Hier is enig accentverschil: Jan associeert het begrip zonde met de bekende Grote Drie, onkuisheid, gierigheid en nijd, die pseudo-Geber niet noemt, evenmin als de Wrake Gods (7-8).
10 Hier staat het beroemdste pseudo-Geber-citaat, dat ook elders in het Balbian-handschrift vaak voorkomt: 'Est lapis unus, medicina una... cui non addimus rem aliquam extraneam'.
13 Jan loopt hier vooruit op het tweede (20) en het op laatste (27) van de acht voorschriften van pseudo-Albertus Magnus, die hij in 18-27 beknopter en tekstgetrouwer weergeeft. Blijkbaar vindt hij juist deze twee precepten belangrijk genoeg om er uitvoeriger op in te gaan. Hij gooit er voor de werkruimte een schepje bovenop: pseudo-Albertus vermeldt twee of drie kamers. Verder zegt pseudo-Albertus wel, dat de alchemist over voldoende fondsen moet beschikken, maar de werktermijn van anderhalf jaar noemt hij daarbij niet. Jan laat verder onvermeld, dat pseudo-Geber zijn eisen omtrent de vereiste fondsen wat verzacht met de observatie, dat de bekwame alchemist met een gering bedrag kan slagen (265).
15 Bij pseudo-Geber is sprake van mislukking door geldgebrek, dan wel door afleiding door wereldse beslommeringen (260, 42-261, 4); Jan denkt hierbij blijkbaar spontaan aan een gezin.
17 De laatste zin, blijkbaar een spreekwoord of citaat, komt ook voor in Andriessen 1600 in de vorm *Niemandt en haet die Konst, dan die onwetende* (Ferguson I, 35). Balbian schrijft hier 'drukletters'.
18-27 vrijwel letterlijk pseudo-Albertus Magnus. De tekst was in omloop als *Semita recta*,[4] als *Libellus de alchymia*, en kortweg als *De Alchemia*. ThK 1002, inc. Omnis sapientia a domino Deo est. De tekst is gedrukt in onder meer Gratarolo 1561 en *Theatrum Chemicum* 2, 423-456. Heines 1958 geeft een vertaling in het Engels naar de editie-Borgnet van Albertus Magnus, *Opera Omnia* vol. 37, pp. 545-573.
Precept 1. Alleen Jan maakt melding van de medewerker. Grant tekent bij dit precept aan: 'The emphasis on secrecy bordens on the paranoic in alchemical treatises' (Grant 590).

[4] Niet te verwarren met de *Semita semitae* van pseudo-Arnaldus de Villa Nova, waarvan een Nederlandse vertaling voorkomt in Londen, Wellcome Institute ms. 233, 44v-46v.

20 Precept 2. Jan noemt een kamer meer dan pseudo-Albertus, maar zegt er niet bij dat deze kamers bedoeld zijn voor sublimeren, resp. solveren en destilleren.
21 Precept 3. Pseudo-Albertus zegt wel dat de winter niet geschikt is voor sublimaties, maar het argument dat het dan vriest vermeldt hij niet.
22 Precept 4. Woordelijk.
23 en 24 Precept 5. Eerste punt bij pseudo-Albertus: de alchemist moet zich van de nodige stoffen voorzien. Na punt zeven staat bij pseudo-Albertus: 'en zo verder, in de juiste volgorde'.
25 Precept 6. Pseudo-Albertus is specifieker: hij zegt dat zuren verkleuren in metalen vaten.
26 Precept 7. Woordelijk.
27. Precept 8. Jan is hierover veel uitvoeriger, zowel hier als in 13-17. Pseudo-Albertus zegt alleen 'The eighth precept is that no one should begin operations without plenty of funds, so that he can obtain everything necessary and useful for this art: for if he should undertake them and lack funds for expenses then he will lose the material and everything.' (Heines 1958, p. 14).

4. Een beeld van een transformatie

Een van de intrigerendste afbeeldingen in het handschrift (145r) stelt blijkens de voorafgaande tekst een afbeelding van de god Mars voor. Waarschijnlijk heeft Balbian het idee van het plaatje alsmede de tekst overgenomen uit de *Ritterkrieg*-druk van 1595: de beide Duitstalige gedichten die in de *Ritterkrieg* aan dit plaatje met bijschrift voorafgaand staan ook in het Balbian-handschrift. Maar hoewel de voorafgaande tekst vrijwel letterlijk met die uit de *Ritterkrieg* overeenkomt, lijkt het plaatje van Balbian helemaal niet op de houtsnede uit de *Ritterkrieg*. Hij heeft het mogelijk ofwel aan een andere bron ontleend, ofwel naar eigen smaak drastisch geretoucheerd.

Mars wodt hier uitgesproken vrouwelijk, als een koningin, voorgesteld. Een onmiskenbaar verwante illustratie bij de *Splendor Solis* beeldt hem af als een krijgshaftige ridder in harnas, staande op een dubbelfontein. Zijn borstharnas vertoont ook daar de vier vermelde kleuren, en hij heeft een aureool van zeven sterren.[1]

De magica quadam imagine

Prope Florentiam, in coenobio Sancti Benedicti, habetur talis figura Martis, sub specie reginae cuiusdam depicta, quae diadema in capite septem stellis insignitum gestat. Pectus habet quatuor colorum, nigri videlicet, albi, flavi et rubei. Sub pedibus ipsius duo fontes scaturiunt, alter argento fluens, alter auro. Manibus continet epitaphium deauratis literis descriptum, dextra quidem **De duabus aquis facite unam**, sinistra vero **solvite corpora in aquis**, quotquot, inquam, Solem et Lunam quaeritis: porrigite inde inimico vestro ut bibat, et continuo mortuum videbitis. Tum adjicite ipsi sepulturam eius, idque in ore assati leonis, et tandem aqua in terram convertatur. Sic quidem lapis preparatur. Si quis vero meum sensum perceperit, omnes mundi divitias sibi subjectas habebit.

145r: tekening gekroond figuur op fontein, met de aangegeven tekstbordjes in de handen.
Erboven staat:

Vobis omnibus dico primum — qui quaeritis Solem et Lunam

De duabus aquis
facite unam

Solvite corpora
in aquas

[1] In BL Harley 3469 (1582) draagt hij een schild met de tekst: *Ex duabus aquis unam facite, qui quaeritis Solem et Lunam facere Et date bibere inimico vestro. Et videbitis eum mortuum. Deinde de aqua terram facite Et lapidem multiplica[bi?]tis.* De illustratie in Mellon ms. 50 (een holograaf van Grasseus, 1620) komt veel meer overeen met die uit de *Ritterkrieg* (zie L.C. Witten & R. Pachela 1977, vol. 2, p. 331).

BL Sloane 1255, f. 145r.

(86)

Dann es offentlich wird genandt/
Und allen Weisen wohl bekant/
Damit seyst u auch vergnügt/
GOtt Verstand / Zeit/ Maßt / Ordnung fügt.

JESUS summa Sapientia.

De Magica quadam Imagine.

PRope Florentiam in Cœnobio S. Benedicti habetur talis figura Martis: Sub specie reginæ depictus non quæ Diadema in capite septem stellis insignitum gestet, pectus habet quatuor colorum, nigri videlicet, albi, flavi & rubei: Sub pedibus illius duo fontes Scaturiunt, alter argento fluens, alter auro: Manibus ostendit Epitaphium deauratis literis descriptum, Dextra quidem:

DE DUABUS AQUIS FACITE UNAM. Sinistra verò: SOLVITE CORPORA IN AQUIS. Quotquot enim inquam Solem & Lunam quæritis: Porrigite inde inimico vestro ut bibat, & continuò mortuum videbitis: Tum adjicite ipsi Sepulturam ejus, idque in ore assati Leonis,

(87)

onis, & tandem aqua in terram convertetur.

Sic quidem LAPIS præparatur. Siquis vero meum Sensum percipit, omnes mundi Divitias sibi subjectas habet.

G 4 Re-

Deze houtsnede van de *Imago Martis* uit de *Uhr-alte Ritterkrieg* van 1680 (exemplaar: Amsterdam, Bibliotheca Philosophica Hermetica) is vrijwel identiek met die uit de *Ritterkrieg* van 1595. Laatstgenoemde zou de directe bron van Balbian kunnen zijn. In dat geval is hij wel bijzonder zelfstandig tewerk gegaan. Een in vergelijking met de Ritterkrieg iets zwieriger afbeelding uit een handschrift van ca. 1620, een holograaf van Johann Grasshof, is gereproduceerd in Witten en Pachella 1977, III, p. 331.

en als bijschrift:

Deinde date inimico vestro bibere; videbitis eum mortuum. Postea date ei sepulchrum suum; hoc facite in ore Leonis antiqui. Postremo de aqua terram facite et Lapidem sic multiplicabitis. Qui ergo intellexerit verba mea, omne regnu*m* mundi sub pedibus eius.

Vertaling

Over een zeker magisch beeld. Bij Florence, in het Benedictijnerklooster, is een afbeelding van Mars die er zo uitziet, voorgesteld in de vorm van een koningin die een kroon met zeven sterren op zijn hoofd draagt. Hij heeft vier kleuren op zijn borst, te weten zwart, wit, geel en rood. Onder zijn voeten ontspringen twee bronnen; uit de ene stroomt zilver, uit de andere goud. In zijn handen houdt hij een bordje, waarop met vergulde letters geschreven is; rechts staat: **Maak van twee wateren één**, links: **Los de lichamen op in de wateren**, jullie allen, zeg ik, die goud en zilver willen maken: biedt het daarna uw vijand te drinken aan, en jullie zullen hem meteen dood zien. Geeft hem vervolgens nog een graf, en wel in de mond van de geroosterde leeuw, en tenslotte zij het water in aarde veranderd. En aldus wordt de steen gemaakt. Indien je nu mijn bedoeling zult begrijpen, zul je over alle rijkdommen van de wereld beschikken.

U allen zeg ik, die goud en zilver zoekt:
ten eerste

Maak van twee wateren een Los de lichamen op in de wateren

Geeft het daarna aan uw vijand te drinken; en jullie zullen hem dood zien. Geef hem daarna zijn graf; doet dat in de mond van de oude leeuw. Maakt daarna aarde van water, en zo zullen jullie de steen vermenigvuldigen. Wie nu mijn woorden zal begrijpen, heeft alle macht van de wereld onder zijn voeten.

Commentaar:

De teksten op de bordjes zijn twee bekende citaten, die ook elders voorkomen.[2] De tekst die voorafgaat aan het plaatje en het bijschrift zijn weliswaar ongeveer parallel, maar de bewoordingen verschillen vrij sterk. Een sonnet in het Italiaans, dat wel wordt toegeschreven aan Frater Elias of aan Arnaldus de Villanova, komt frappant overeen met de teksten bij deze tekening; het komt al in 15e-eeuwse handschriften voor.[3]

[2] Onder meer in Senior en de *Turba*, en via deze teksten in het *Rosarium Philosophorum*; zie ed. Telle 1992, pp. 49, 74 en 183.

[3] 'Solvete i corpi in acqua a tutti dico/ Voi che cercate di far Sole e Luna'; uitgegeven in Perifano 1995, daarvoor in Mazzoni 1955; de laatste geeft ook het gedicht *Spiritum volantem capite* onder toeschrijving aan frater Elias, en op naam van Cecco d'Ascoli het Italiaanse sonnet waarvan een vertaling in het Latijn is opgenomen als laatste van de gedichten in *Jodoci Greveri Secretum, et Dicta Alani.* Dit begint met ' Chi solvere non sa, né assottigliare/ corpo non tocchi ...'.

5. Een fragment uit de *Zodiacus vitae*[1]

De meeste Latijnse gedichten in Balbians handschrift zijn anoniem. Dat geldt voor alle gedichten die hij in zijn editie van *Greveri Secretum et Alani Dicta* liet opnemen. Bij twee van de Latijnse gedichten in het handschrift wordt de auteur wèl vermeld: een gedicht waar Balbian 'Cesarius' boven zet, en de hier volgende tekst van Marcellus Palingenius.

Deze dichter, afkomstig uit La Stellata, een dorp bij Ferrara, heette in werkelijkheid Pier Angelo Manzolli; 'Marzello Palingenio' is daarvan een anagram. Over zijn leven is weinig bekend. Zijn *Zodiacus Vitae* ('De dierenriem van het leven'), een lang episch-filosofisch dichtwerk, werd vóór 1538 voor het eerst gedrukt. De beginletters vormen het acrostichon MARCELLVS PALINGENIVS STELLATVS.

Het gedicht is verdeeld in twaalf boeken, die vernoemd zijn naar de tekens van de Dierenriem. De ondertitel luidt *De hominis vita, studio, ac moribus optime instituendis* ('Over de beste inrichting van het leven, de studie en de zeden van de mens'). Palingenius beschouwt het streven naar gelijktijdige intellectuele en morele ontwikkeling als het hoogste levensideaal. Zijn visies in dezen waren niet altijd orthodox, en het werk werd in 1559 door paus Paulus IV op de index geplaatst. Dit droeg zeer bij tot de populariteit ervan in protestantse gebieden, waar het frequent herdrukt werd.

De relatie met de Dierenriem is niet zo duidelijk. Inhoudelijk zijn er nauwelijk verbanden tussen de tekens en de naar hen vernoemde boeken. Verder wees Julius Caesar Scaliger er al in 1561 op, dat er ook geen chronologische relatie is met de stadia van het menselijk leven. Daarom is er wel geopperd dat de namen van de tekens alleen een decoratieve rol spelen. Toch lijkt het werk mij wel degelijk een aanwijsbare astrologische structuur te hebben, die niet correspondeert met de Dierenriem op zichzelf, maar wel met de (daarmee enigszins verbonden) levensgebieden die vallen onder de twaalf hemelhuizen.[2]

De hier volgende tekst is een fragment uit het tiende boek, Capricornus, en beslaat daar de verzen 213-238.[3] Deze passage heeft blijkbaar een zelfstandig bestaan geleid, los van de context van de *Zodiacus Vitae*. Blijkens de titel beschouwde Balbian het als een op zichzelf staand gedicht.Twee andere alchemistische auteurs citeren juist een gedeelte van deze passage: Gaston Duclo en, mogelijk naar hem, Michael Maier.[4] Ook elders komt hij zelfstandig voor.[5]

[1] Ik dank dr. Zweder von Martels (RU Groningen) voor zijn waardevolle suggesties ter verbetering van de teksteditie en vooral voor zijn zeer substantiële aandeel in de vertaling van de tekst.

[2] Dit zijn de zones waarin de hemel vanaf de oostelijke horizon (de ascendent) tegen de klok in verdeeld wordt. Zie over de verschillende methodes en typen diagrammen North 1988.

[3] Ed. Chomarat 1996, p. 392-393.

[4] Duclo (Claveus) in zijn *Apologia chrysopoeia* (1590), ook in Theatrum Chemicum II, p. 6-81; zie Secret 1995, p. 437. Maier, *Symbola aureae mensae* (1617), p. 386. Beide citeren vs. 18-26, en Maier ook nog vs. 2-3.

[5] In Mellon- ms. 70 (1692) als Marcellus Palingenius, 'Alchemical invocation in Latin verses' (Witten en Pachela 1977); Leiden Voss. Chym F3 (1579-1585) f. 314v-316r bevat een Tjechische versie met de titel 'Marcelli Palingenii aenigmata de lapide philosophorum', Boeren 1975, p. 11.

Wat voorafgaat in het gedicht (maar de kans lijkt groot, dat Balbian dat niet wist): de oude filosofen, op zoek naar de Steen der Wijzen, vragen Mercurius, de zon en de maan met offers, klachten en gebeden om hulp. Phoebus, de zon (die tegelijkertijd de god, het hemellichaam en het metaal goud vertegenwoordigt), reageert welwillend.

Carmen Marcelli Palingenii
de Lapide philosopico

Phoebus loquitur:
1 "Audite, atque animis mea dicta recondite vestris:
Hunc iuvenem Arcadium, infidum, nimiumque fugarem,
Prendite, et immersum Stygiis occidite lymphis.
4 Post Hyales gremio impositum Deus excipiat, quam
Lemnia terra colit, sublatumque in cruce figat;
Tunc sepelite utero in calido, et dissolvite putrem;
Cuius stillantes artus de corpore nostro
8 Spiritus egrediens penetrabit, et ordine miro
Paulatim extinctum nigris revocabit ab umbris,
Aurata indutum chlamide argentove nitente.
Projicite hunc demum in prunas, renovabitur, alter
12 Ut phoenix; et quae tanget, perfecta relinquet
Corpora, naturae leges et foedera vincens;
Mutabit species, paupertatemque fugabit."
Phoebus ab his tacuit; dictis Cyllenius ales
16 Annuit, atque eadem presens Diana probavit.
Mox abiere omnes, caeli ad convexa volantes.
Tunc mentis Divinae homines oracula caeca
Volventes animo ancipiti, vix tempore longo
20 Experti multa, et non parvis sumptibus, illam
Invenere artem, qua non ars dignior ulla est,
Fingendi lapidem aethereum, quem scire profanis
Haudquaquam licet, et frustra plebs improba quaerit.
24 Quem qui habet, ille potest ubi vult habitare decenter,
Nec fortunae iram metuit, nec brachia furum;
Sed paucos tanto dignantur munere Divi.

Aantekeningen

r. 25 is (blijkbaar achteraf, en slecht leesbaar) tussen 24 en 26 gekriebeld
r. 23 het handschrift heeft 'Hautquam'; de emendatie 'Haudquaquam' is voorgesteld door Zweder von Martels op grond van de eisen van het metrum.

Vertaling

Gedicht van Marcellus Palingenius over de Steen der Wijzen.

Phoebus spreekt:

1	"Luistert, en bewaart mijn woorden in jullie geest:
2-3	Grijpt deze trouweloze en ongrijpbare jongeling uit Arcadië, en doodt hem door hem in de wateren van de Styx te gooien.
4-5	Laat de god die men in het land van Lemnos vereert, hem opnemen nadat hij geplaatst is in de schoot van Hyale, en laat hij hem opgeheven hechten aan het kruis.
6	Begraaft hem dan in een warme baarmoeder, en |ontbindt| hem totdat hij in een staat van ontbinding is;
7-8a	De geest tredend uit ons lichaam zal zijn druipende ledematen binnendringen, en diezelfde geest zal in een wonderbaarlijke volgorde het langzaam-uitgedoofde lichaam van zijn schaduwen terugroepen, nadat het is bekleed met een gouden mantel, of met stralend zilver.
11-12a	Werpt hem tenslotte op gloeiende kolen, en hij zal herboren worden als een tweede Phoenix,
12b-13	en alle lichamen die hij zal aanraken zal hij vervolmaken, terwijl hij de wetten en banden van de natuur overwint.
14	Hij zal hun uiterlijk veranderen en de armoede verjagen."
15-16	Hierna zweeg Phoebus. De gevleugelde Cylleniër stemde met zijn woorden in, en ook de aanwezige Diana keurde ze goed.
17	Spoedig gingen allen weg, vliegende naar de hemelsferen.
18-19a	Toen overdachten de mensen met besluiteloze geest de duistere orakels van het goddelijk verstand,
19b-20a	deden ze met moeite lange tijd proeven, en tegen hoge kosten,
20b-21	totdat ze die kunst bij uitstek uitvonden, de waardigste van alle,
22a	namelijk de kunst van het maken van de hemelse steen,
22b-23	die goddelozen geenszins mogen kennen en waarnaar het verdorven volk vergeefs zoekt.
24-25	Wie haar bezit, kan waar hij maar wil passend verblijven, zonder vrees voor de toorn van het lot of voor dievenhanden.
26	Maar de goden achten maar weinigen zó'n geschenk waardig.

commentaar

2 de 'trouweloze en ongrijpbare jongeling uit Arcadië' is de god Mercurius; in deze context ook: kwikzilver.
3 'de wateren van de Styx': hier ook *aqua fortis*, salpeterzuur.
4 Hyale is een nimf; met 'de schoot van Hyale' wordt hier ook een glazen destilleerkolf bedoeld.
4-5 'de god die in Lemnos vereerd wordt' is Vulcanus; hier ook: het vuur.
15 'de gevleugelde Cylleniër' is Mercurius.

De instructie van Phoebus komt, ontdaan van de beeldspraak, neer op het volgende: je moet kwikzilver oplossen in zuur, verwarmen, destilleren en laten verrotten, waardoor het zwart wordt. Voeg goud toe als ferment, en projecteer het product op gloeiende kolen. Dan heb je de lapis, de hemelse steen, waarmee je onedele metalen in goud kunt veranderen.

De beeldspraak is, zoals in de alchemie gebruikelijk, nogal gewelddadig. Mercurius, die oorspronkelijk enkele negatieve eigenschappen heeft, moet door een soort marteldood gelouterd worden. De parallellie met de dood en verrijzenis van Jezus Christus, die sterk wordt gesuggereerd door de genoemde kruisiging, komt ook in oudere alchemistische teksten voor. Pernety vermeldt afkeurend dat Johannes de Rupescissa en (pseudo-)Arnaldus de Villa Nova 'disent dans leurs ouvrages sur la composition de la pierre des Philosophes: *il faut que le Fils de l'Homme soit élevé sur la croix avant que d'être glorifié*; pour désigner la volatilisation de la partie fixe & ignée de la matiere'.[6]

[6] Pernety 1758, p. 98-99; vgl. voor Arnaldus *HMES* III, p. 77.

6. Est quaedam ars nobilis

Van de tien gedichten in het Latijn, die Balbian in zijn handschrift opnam, heeft hij er vijf ook in zijn eerste gedrukte boekje opgenomen. Deze gedichten, die hij waarschijnlijk aan handgeschreven bronnen ontleende, houdt hij voor zeer oud, en hij beveelt ze in zijn voorwoord bij de druk uitdrukkelijk aan om hun inhoudelijke, en niet zozeer om hun literaire kwaliteiten.

Het gedicht sluit aan bij een van de grondgedachten die ook elders in het handschrift uitvoerig voor het voetlicht komt: de *mercurio-solo*-theorie. Een van de Nederlandstalige gedichten, nl. *Een edel conste* (zie onder, p. 111) drukt vergelijkbare denkbeelden uit en bevat verschillende frappant overeenkomstige formuleringen, hoewel het drie maal zo lang is als *Est quaedam ars nobilis*.

Aliud non minus vetustatem redolens

1 Est quaedam ars nobilis, dicta Alchimia,
Quam non quaerat mobilis, vel stans in fantasia.
Petit enim clericum valde industriosum;
4 Raro vero laicum, nisi summe ingeniosum.
Sinite corruptibilia, sales et atramenta,
Et quamplura alia, quae corrumpuntur per caementa:
Est firma tinctura in mercurio latens,
8 In igne permansura, ut Sol vel Luna nitens;
Non tamen vulgari, sed crescente ut herba.
Oportet speculari sapientem hec verba:
Anima extrahitur, spiritu mediante
12 Et mundificabitur igne cooperante.
Haec estque Lunaria, arbores et folia,
Nomina habens varia, vitrea scandens dolia.
Quae cum sublimatur clara atque munda
16 Ex ea destillatur permanens sic unda.
Cum qua et sic tingitur particula nostri aeris,
Mercurius restringitur, et semper dives eris.[1]
Estque vilis pretii, in quo latet totum.
20 Plures sunt huius inscii; philosophis est notum.
Lapis trinus est et unus, spiritus, corpus et anima;
Deificum est quoque munus bene sapere haec nomina
Hec est vera comparatio ipsius Trinitatis,
24 Et nulla est deviatio respectu unitatis.
Finis

[1] Dit vers, vereist door het rijm, ontbreekt bij Balbian zowel in het hs. als in de druk; het is aangevuld naar Leiden UB Cod. Voss. Chym. Q54, 131v, id. O5, 70r en id. O8, 6v.

Aantekeningen

De gedrukte versie, die geen abbreviaturen en wel interpunctie bevat, komt verder op minieme variaties in spelling na volledig overeen met de versie in het handschrift. Het opschrift in de druk luidt 'Ignoti', 'Door een onbekende'.

Vertaling

Een ander (gedicht) dat niet minder oud is

1 Er is een zekere edele kunst, die Alchemie heet,
Die een wisselvallig of verward persoon niet hoeft te zoeken,
Want zij vereist een een zeer ijverige geleerde;
4 Zelden een leek, tenzij hij hoogbegaafd is.
Zie af van vergankelijke zaken, (zoals) zouten en atramenten,
En allerlei andere, die vergaan/bederven door kalk.[2]
De vaste (echte) tinctuur is verborgen in het kwikzilver,
8 Ze is bestendig in het vuur, schitterend als zon (goud) en maan (zilver),
(Maar) niet in het gewone (kwikzilver), maar in (het soort) dat groeit als kruiden.
De wijze dient over de (volgende) woorden na te denken:
De ziel wordt door middel van de geest uit (het lichaam) getrokken,
12 En wordt met behulp van het vuur gelouterd.
En dit is Lunaria, bomen en bladeren,
Die allerlei namen heeft, en die opstijgt in glazen vaten,
En als ze helder en rein gesublimeerd wordt
16 Wordt uit haar aldus eeuwig water gedestilleerd.
Als (daar) dan een deeltje van 'ons koper' wordt ingedompeld
Wordt de mercurius vast gemaakt, en je zult altijd rijk zijn.
En datgene waar dit alles in schuilt is gering van prijs;
20 De meesten hebben daar geen weet van, maar aan de wijzen is het bekend.
De steen is drievoudig en één, geest, lichaam en ziel,
Het is ook een Goddelijke opdracht om de volgende woorden goed te doorgronden:
Dit is het ware beeld van de Drievuldigheid zelf,
24 Dat in geen enkel opzicht afwijkt van de eenheid.

Commentaar

Opschrift: dit verwijst terug naar het voorafgaande gedicht, *Ad bonam pastam* [51], dat als 'zeer oud' wordt aangeduid.
2 De eis dat een alchemist doelbewust en volhardend moet zijn, gaat terug op pseudo-Geber; zie hierover uitvoeriger Jan van der Donck (no. 3 in deze bloemlezing, vooral alinea 2). Het begrip *fantasia (phantasia)* is doorgaans sterk negatief

[2] Buntz 1968 p. 196 i.v. Zement (v. Lat. caementum): Beize zum Scheiden oder Reinigen der Metalle.

geconnoteerd; het heeft meer met onbeheerste wanen en gedachtespinsels dan met creatieve verbeelding te maken.
5-6 Een (atypisch korte) verwijzing naar de misleide alchemisten, die de lapis zoeken in allerlei stoffen waarin die niet te vinden is. Daarbij behoren de niet-metallische 'kleine minerale stoffen', die onder meer de hier genoemde 'zouten en atramenten' omvatten. Ook dit komt in alle toonaarden in een aantal teksten in Balbians handschrift voor; zie Bloemlezing 6, 9 en 11.
7 Zie inleiding p. 31-32.
9 'Onze' mercurius is niet de gewone, maar hij wordt volgens de regels van de kunst bereid uit gewone mercurius die daardoor onder meer de 'vegetatieve' kracht verkrijgt om te groeien en zich voort te planten.
13 Lunaria is de naam van een plant, die als 'geheime naam' voor 'onze mercurius' wordt gebruikt, evenals bijvoorbeeld Moly (zie 10) en Chelidonia (zie 8).
14 Verwijst naar de destillatie, waarbij de vloeistof een aantal malen in een gesloten vat opstijgt en weer neerslaat.
16 unda: gebruikt als dichterlijk synoniem voor aqua, water; ook elders zo gebruikt, evenals rivier of fontaine. Aqua permanens is de mercurius der wijzen.
11-18 In het oudste handschrift dat ik van dit gedicht gezien heb, Leiden UB Voss. Chym. O5 (tussen 1450 en 1490; zie Boeren 1975, p. 254), luidt de titel *Carmen abbreviatoris artii*, een gedicht waarin de hele alchemistische kunst in een notendop wordt weergegeven. Op grond van deze titel is er wat voor te zeggen om de verzen 11-14 op te vatten als een verwijzing naar het zwarte en witte werk, en 16-18 als aanduiding van het rode werk.
17 'Aes nostrum', 'ons koper', betekent goud; de toevoeging van goud als desem brengt het transformatieproces op gang. Hiervoor volstaat één enkel 'particula', kleinste deeltje.
19-20 De bescheiden prijs van de grondstof van de lapis wordt in een groot aantal teksten vermeld; zie ook de beide direct volgende gedichten in deze bloemlezing.

7. Een gedicht van Lorenzo Ventura over de pantheora

De Venetiaanse arts-alchemist Lorenzo (Laurentius) Ventura schreef een prozaverhandeling over de Steen der Wijzen (1556-1557), *De ratione conficiendi Lapidis philosopici liber*, die hij opdroeg aan de paltsgraaf en keurvorst Otto Heinrich van Beieren.[1] In de Bazelse druk van 1571 staat het volgende gedicht direct na de tekst van het tractaat. Balbian kan dit gedicht uit deze druk hebben overgenomen.

Aenigma della pietra phisica
di Lorenza Ventura

1 Nell' India, parte piú calda dal mondo,
Nasce pietra talhor ch'en se rinchiude
Virtu infinite che vengon dal cielo
4 Dett'è pantheora; benche in vista vile,
Tenuta sia da molti vana et sciocca
Soglion li eletti, et quei che de natura
Sanno l'alti secreti extrarne il sangue [aant.JaB: corporum scilicet]
8 Per artificio a nullo altro secondo. [aant.JaB: sublimationis scilicet]
Et perche en essa v'é mercurio et solfo,
Oro et argento (non gia quei del volgo
Ma humor celeste, caldo, untuoso)
12 Col suo terreno sottile, freddo et secco
Legati in sieme con mirabil modo
Anima, spirto et corpo, quattro et uno,
Qui con il don di Dio, bonta et pacienza,
16 Fatica industria, fuoco et tempo longo
Fa la sustanza sin alsa, dal gia preso
Immondo corpo, [et fa] chiara et lucente.
L'arte di nov'oscura et r'asserena
20 Quelli piu fiate fin che ben uniti
Leggier et grave stiano el raro et denso
Al gran martirio esposti di vulcano.
Qu'est' Elixir si chiama et medicina
24 Ch'ogni leproso sana et imperfetto
Metallo et corpo humano a maraviglia.
Questa fa ricco l'huom, lo fa felice,
Contento et lieto, in se stesso et tranquillo,
28 Di virtu colmo é accesa chiaritade
Fin a l'ultimo di de gli anni suoi.

[1] Duveen 1949, p. 601; Ferguson 1906, I p. 420; II, p. 505; de opdracht dateert uit 1557.

Onde debbiam per sempre al gran Monarca,
Prima causa et motor de la natura,
32 De suoi doni divini, et di quest' amico
Con vero affetto et purita di cuore
Render gratie immortal, gloria et honore.
Finis

Varianten ten opzichte van de druk van 1571:
Structureel: zoals ook elders, in de druk veel &-tekens, in het handschrift nooit. In de druk wat meer interpunctie, gewone komma's; in het handschrift 'Duitse' komma's. De druk heeft meer hoofdletters binnen de verzen, meer accenten en meer contracties. Verder zijn er geringe varianten in spelling.

Vertaling

Cryptisch gedicht over de natuurlijke steen van Lorenzo Ventura

(1-4a) In India, het warmste deel van de wereld, ontstaat een steen die zodanig is dat hij oneindige krachten in zich besluit die uit de hemel komen, en die pantheora heet;
(4b-8) en hoewel hij er lelijk uitziet en door velen voor waardeloos en stom gehouden wordt, plegen de uitverkorenen, en zij die de grote geheimen van de natuur kennen, het bloed eruit te halen [aantekening JB: namelijk van de lichamen] door een kunst die voor geen andere onderdoet [aantekening JB: namelijk door sublimatie].
(9-13) En aangezien er mercurius en zwavel in zit — goud en zilver, maar niet de gewone,
maar hemels vocht, warm en visceus — met zijn subtiele aardse [substantie] koud en droog,[2]
waarin op een wonderlijke manier ziel, geest en lichaam samengevoegd zijn; vier en een,
(15-18) die met de gave van God, goedheid en geduld, moeite en ijver, vuur en lange tijd
de substantie maakt tot zij uit het besmette lichaam helder en lichtend opstijgt.
(19-22) De kunst maakt opnieuw donker en maakt het meerdere malen helder totdat licht en zwaar, fijn en grof tenslotte goed verenigd zijn [door/na te zijn] blootgesteld aan de grote marteling van de vulkaan/Vulcanus [=vuur, hitte].
(23-25) Dit noemt men elixir, en het is een medicijn dat iedere lepra [=ziekte, gebrek], van het onvolmaakte metaal [zowel als van] het menselijk lichaam wonderbaarlijk geneest.
(26-29) Dit maakt de mens rijk, gelukkig, tevreden en blij van binnen en rustig, beladen met deugden en ontstoken in caritas, tot het einde van zijn [levens]jaren.
(30-34) Hierom dienen wij altijd dank te geven aan de grote Koning [=God], de eerste oorzaak en beweger van de natuur, voor zijn goddelijke gaven en voor deze

[2] Iets dergelijks moet de strekking van de tekst zijn, hoewel 'terreo' (mogelijk te lezen als 'terreno'?) problematisch blijft.

vriend (het elixir), met een oprechte genegenheid en reinheid van hart, en oneindige glorie en eer.

Commentaar:

Titel: het woord 'aenigma' impliceert versluierde betekenis, mysterie, raadsel; hier mogelijk iets dat in bedekte of allegorische vorm onthuld wordt. Zie ook het Duits gedicht met de titel *Aenigmata de tinctura*. Hier lijkt de titel erop te wijzen, dat het gedicht alleen op het eerste gezicht over een bepaalde steen uit India gaat, maar dat de tekst als geheel als een metafoor voor de Steen der Wijzen moet worden begrepen.
Het onderscheid tussen de *lapis physica* en de *lapis philosophica* komt ook elders voor; het valt samen met het verschil tussen een natuurlijk en een kunstmatig ding.
1. India: suggestie van een al veel ouder beeld van India als paradijselijk wonderrijk met een overvloed aan kostbare edelgesteenten.
4. Steen Pantheora:

> PANTORÉE ou PANTAURE. Nom que les Brachmanes donnoient à la matière du grand oeuvre. Comme si l'on disoit *toute or*. Appollonius de Thyame rapporte beaucoup de choses que les Brachmanes lui avoient appris de cette prétendue pierre, qu'ils disoient avoir la vertu de l'aimant. (Pernety p. 365)

Thomas van Cantimpré maakt al melding van een steen genaamd panthera, genoemd naar de bontgekleurde panter, die uit India afkomstig zou zijn en die velerlei kleuren en krachten zou hebben.[3]
Uitvoeriger informatie bij Michael Maier, in *Symbolum Aureae Mensae* (1617) en in *Silentium post Clamores* (1617).[4] In Maiers *Symbolum* komt de steen, die hij Pantaura of Pantaurea noemt, toevallig ter sprake in de passage over het *Secretum* van Jodocus Greverus, maar dan als een van de twee belangrijke secreten die Greverus níet vermeldt (nummer twee is dat van het goudwater, dat ook al in India, en elders, wordt gevonden). Deze steen komt uit India, heeft de kracht van een magneet en is waarschijnlijk dezelfde als de holle 'rammelsteen' aquila. Deze stenen hebben een goudgenererend vermogen in zich.[5] Eerder had Maier de vraag gesteld

[3] *De lapidibus* LIV. 'De panthera. Panthera lapis est dictus a bestia, que panthera dicitur; lapis multorum colorem et hoc fere omnium.[..] De India mittitur. Tot virtutes habere dicitur quot colores.' Ed. Boese, p. 367.

[4] Met dank aan Hereward Tilton, University of Queensland, voor zijn afschrift van delen van deze tekst.

[5] Primum videtùr esse lapis quidam Indicus, magnetinae virtutis, qui alium lapidem ad se trahit, diciturque Pantaura, cuius mentionem fecimus lib. I. sub Brachmanis philosophis: Hic lapis etsi non nomine, re tamen idem est aut certè, effectu, cum lapide Aquilae, qui alium lapillum in suo ventre continet: Hunc lapidem à multis vendi exiguo precio, non genuinum, sed verum à paucissimis agnosci constat: At quid lapis, inquies, ad aurificium? Respondeo; Annon aurum ex durissimis lapidibus enascitur, vt patet in pyrite, Cadmia, granatis & lapide Lazuli: Quid durius his singulis, nihilominus auri sunt feraces: Sic vera Pantaura auri virtutem seminalem in se habet, quae est pater operis, verusque sol philosophicus: Hunc si quis inquirat lapidem, non opus est vt in Indiam proficiseatur, ibique montana scrutetur, cum volatilia, vt loquuntur philosophi, eum ad nos deferant; per volatilia autem hic non minutas aues, sed maiores quasque intelligunt, forte etiam veliuolas naues. [*SAM* VI, p. 270]

waarom de steen pantaurea heet, wat 'totus aurus' ('geheel goud') betekent, hoewel hij geen goud maar goudtinctuur bevat.[6]

[6] Lapis magneticae virtutis, PANTAVREA dictus an non est totus aureus, seu *Tinctura aurea*? Sic quid per *Phoenicem* intelligi debeat, nempe nihil aliud quam *Tinctura philosophica*, superius demonstaruimus. (*SAM* Lib. 1)

8. De steen die geen steen is

Het volgende gedicht is het eerste in een reeks van zeven Nederlandstalige rijmteksten. Het is een ingekorte vertaling van een gedicht in het Hoogduits, *Vom Stein der Weisen*, dat Balbian ook heeft afgeschreven. Het aanmerkelijk langere, Duitse gedicht staat vooraan in het handschrift en is onderverdeeld in hoofdstukjes met eigen tussenkopjes.[1] *Vom Stein der Weisen*, geschreven rond of kort na het midden van de zestiende eeuw, is in ruim dertig handschriften en drukken overgeleverd. Verschillende opvattingen in dit gedicht zijn paracelsistisch geïnspireerd; ook de terminologie duidt op invloed van Paracelsus, 'der teure mann/ Theophrastus' (vs. 118; Balbian f. 23v), die een paar keer genoemd wordt.

De Nederlandse bewerking gaat op een andere redactie terug dan de Duitse tekst in Balbians handschrift;[2] gezien de toeschrijving aan een onbekende is Balbian zeker niet zelf de vertaler of bewerker geweest. De vrome bespiegelingen uit de Duitse tekst zijn in de Nederlandse bewerking vrijwel geheel geschrapt, wat een aanzienlijke bekorting opleverde. Ruim twee derde van de Nederlandse verzen is vrijwel woordelijk in de Duitse tekst terug te vinden. Een groot deel van de oorspronkelijke rijmwoorden is daarbij min of meer gehandhaafd, waardoor de tekst nogal wat germanismen bevat. De van de bewerker afkomstige verzen trachten deels de oorspronkelijke tekst samen te vatten, maar ze vervangen ook enige gegevens uit de bron door andere.[3]

Balbian heeft in deze tekst achteraf een aantal veranderingen aangebracht, waarbij hij gebruik maakte van het Duitse gedicht in de door hem afgeschreven vorm. Enkele daarvan zijn duidelijk verbeteringen, bijvoorbeeld de correctie van 'nieuwen dronck' in 'negenden dronck' in vers 84. In vers 81 heeft hij op grond van de Duitse tekst een 'swerte swaen' in een 'witte' veranderd. In dit geval is dat waarschijnlijk geen verbetering.

Een onbekent autheur

1 Het is een steen en gheenen steen 166v
Daer onse konst in leyt alleen,
Die nature hevet soo gelaten
4 Dit saet met const te commen ter baten
Om te werden *mercurius philosophorum*,
Alst syn eerste eerde en flegma heeft verloren.

[1] In de editie Telle 1994 telt *Vom Stein der Weisen* 340 verzen, maar die is door verdubbeling van enkele passages in sommige hss. langer dan het oorspronkelijke gedicht. Balbian heeft een ook in andere hss. en drukken voorkomende redactie van 336 verzen, inclusief een slotpassage van 36 verzen die ook als afzonderlijk gedicht, *Von der edlen Alchemie*, in omloop was; zie Telle 1994, p. 192-193.

[2] Blijkens het variantenapparaat bij de editie-Telle; geen van de door hem verwerkte teksten komt echter volledig met een van de beide teksten uit het Balbian-handschrift overeen. Wellicht heeft Balbian *Vom Stein* uit een druk overgeschreven. Het is niet vast te stellen of de bewerking voor, tijdens of na de vertaling in het nederlands tot stand kwam.

[3] De 'nieuwe' tekst bevindt zich voornamelijk aan het begin (vs. 5-16) en aan het slot (vs. 114-138).

In de lucht doet dan wassen den donst:
8 Daer vergaren de geesten tot der const.
Het flegma word allenxkens verslonden
Tot droocheyt; dan salment telcken stonden
Allenxkens mercuriael water te drincken geven,
12 Soo comen de geesten tot den leven;
Voorts tot *mercurium philosophorum*,
Diemen d'eerste materie laet noemen.
Op desen tsalich werck begint,
16 Soo hebdy vreucht dye ghy bemint.
Ic meyn dat ghy nu syt gewis
Van der *materia lapidis*.
Nu suldy voorts den wysen vragen 167r
20 Hoemen dyen donst van d'eerde sal jagen.
Te recht solveert onsen steen
Nochtans met vremde water geen:
Mercuriael waterken hel en claer
24 Dat doetter boven op vorwaer,
Daer in is *solutio* gelegen,
En in andere gheene wegen.
Van sich selfs desen steen verheet,
28 Voor anxt hy van sich selfs sweet.
Nooyt philosoof heeft dit gemelt
Noch dese solutie vertelt.
Den levende water doet hem goet,
32 Haut dese reden int gemoet.
Swerte; de solutie volcht met der tyt
Die u sal gants maken verblyt.
Als ghy eenen swerten nevel siet staen
36 Sich neder settende int water saen,
Die set sich neder te gronde balt
En sal aennemen een waters gestalt.
Dye reynicht rasch ende behend:
40 Daer in scheyden sich de vier element.
Purum ab impuro moet werden gebracht,
Als dan soo hevet groote macht
Wonder te doene en te volbringen
44 Daer van de wyse liedekens singen.
T'is *quinta essentia Solis* en *primum ens*,
Die rechte *tinctura permanens*.
Het neempt aen sich een nieu figur:
48 T'is *mercurius philosophorum* edel en dur.
Dit *primum ens* heeft sulcken macht
Dattet *tcorpus Solis* schaft
In lauter *primum ens*; maer in de twee

52 *Sulphure et Sale* en is niet ree
Alsulcken virtus ofte baten, 167v
Want sie die in den *mercurio* laten,
Welck, als hy is gesepareert
56 En in syn essents geextraheert,
Soo heeft die essents sulcken duecht
Datse den auden maect jonge jeugt;
Want dat te voren syn vader waer
60 Verkeert hem in syn wesen gaer.
Hier endet onse solutie,
Door der naturen putrefactie;
Oock is geschiet de sublimatie,
64 Met der elementen separatie.
Nu volcht de compositie,
Waer naer corts volcht dealbatie.
Voorder sullen wy procedeeren,
68 Ende den steen leeren componeeren.
Den *mercurius philisophorum* werd gebracht
In *mercurium vivum*, neempt dit acht,
Welcke in syn eerde was te vooren
72 Daer uyt hy eerst was geboren.
Dan sal het water het saet solveren,
En d'eerde het saet coaguleren;
Soo werd weder uyt beyden een,
76 Dit merct, en wilt doch scheyden geen.
Nu stelt den auden in syn bat,
Soo werd hy crachteloos en mat
En laet den ouden opwaert vliegen
80 Tot dat hy lestelick blyft liggen.
Daer uyt soo werd een witte swaen
Sulx noyt geweest en is op de baen.
Syn eyghen bloet dat maect hem jonck
84 Als hy sal doen den negenden dronck.
Na elcken den dronck soo doet hem vliegen;
Soo blyft hy lest snee wit liggen.
Doet hem verschynen hel en claer; 168r
88 Neempt dit wit sulphur in goet bewaer:
T'is gewis het ware sulphur gemeynt
Datter op vliegt in de hoogde behent.
T'is sonder twyfel warelick
92 Het rechte vier ende aerderick,
Verhoochtet tot den uytersten endt.
Dan gebreken hem noch twee element.
Wildy syns vroelick genieten,
96 Soo moetty hem syn siel ingieten

Daer mede hy leve ende mach opstaen
Ende tot synen erfst en einde gaen.
Dus is het recht gecomponeert,
100 Gewaschen en gedealbeert.
Als nu de eerde is bereyt
Om t'ontfangen haer waterheyt
En haer gebreken *anima* en *spiritus*
104 Twee elementen, lucht en water, juyst.
Maer wat is een eerde sonder saet?
Het is een lichaem sonder baet.
Daerom int lyf die *animam* brengt
108 Solveertse en tgout daer in vermengt.
Hier maect de *anima* het lyf gesont.
Sy maken tsamen een vasten bont,
Dat huer voortaen niemant can scheyden.
112 Na tfix wilt tfluchtich sich inleyden:
Het vluchtich werd weder gebonden
Naer tfix wert het weder ontronnen.
Hoe dicwelder ghy dit repeteert,
116 Hoe dicwelder de vrucht multipliceert
In de projectie, want dit ferment
Machmen multipliceren sonder eyndt.
Dit multipliceert wel door solutie
120 Ende gerepeteerde coagulatie.
Maer telcken het met het gout ferment
Word gesolveert en gecoaguleert jent, 168v
Soo multipliceret oneyndelick
124 *In infinitum* dats sekerlick.
Hebt ghy *Solem* gesaeyt, maect dat ghy smelt
Thien deelen *Solis*, ende stelt
Daer op een deel van uwen steen
128 In was tpulver vermengt al cleen.
Daer naer op slecht metael als loot
Gesmolten 100 deelen groot
Werpt een deel van den edelen steen.
132 Voort op duysent werpt maer een,
Dan op thien duysent een deel stelt,
Dan op hondert duyst vermeert u gelt.
Het is oock alles medecyne
136 Voor alle siecten en fenyne.
Danct Godt en helpt den aermen al
Syn rycke u Godt vergunnen sal.

Finis

Aantekeningen

Boven 'Een onbekent autheur' staat 'Deus summa sapientia'; Braekman 1985 en Jansen-Sieben 1989 hebben dit als opschrift bij dit gedicht opgevat. Het is echter een onderschrift bij het voorafgaande, Duitstalige gedicht. In de druk waaruit Joos dat gedicht vermoedelijk afschreef luidt het echter 'Jesus summa sapientia'.

Joos heeft deze tekst op een aantal plaatsen gecorrigeerd. 81 *witte*: verbeterd uit *swerte* 84 *negenden*: uit *nieuwen* 85 *elcken*: uit *den* 126 *Thien*: uit *Vier* 132 *duysent*: ervoor *thien* weggekrabd 133 *thien*: uit *hondert* 134 *hondert*: verbeterd uit *duysent*.

Vertaling

(1-6) Het is een steen en geen steen, waarin heel onze kunst schuilt, die de natuur tot een stadium gebracht heeft waarin het zaad ervan met kunst gesteund moet worden om het kwikzilver der wijzen te worden, nadat het zijn eerste aarde en water verloren heeft. (7-8) Laat de damp dan in de lucht toenemen: daarin verzamelen zich de voor de kunst benodigde geesten. (9-14) Het vocht wordt geleidelijk in droogheid omgezet; dan moet men het voortdurend en geleidelijk mercuriaal water te drinken geven, zodat de geesten levend worden en in het kwikzilver der wijzen veranderen, die de oerstof [van de steen] genoemd wordt. (15-16) Begin hiermee het heilzame werk, dan vindt u de vreugde die u bemint.

(17-18) Ik denk dat u nu zeker weet wat de oerstof van de steen is. (19-20) Hierna moet u bij de wijzen te rade gaan hoe men de damp uit de aarde moet verdrijven. (21-26) Maar met een vreemd water kan men onze steen niet behoorlijk oplossen: doe er helder mercuriaal water op, daar komt de oplossing door tot stand, en op geen enkele andere manier. (27-28) De steen wordt uit zichzelf steeds heter, en zweet uit zichzelf van angst. (29-30) Geen filosoof heeft dit ooit meegedeeld, noch deze solutie verteld. (31-32) Het levende water [zie aant.] doet hem goed, onthoud dit woord goed. (33-34) Zwart; de oplossing volgt op zijn tijd, die u helemaal verblijden zal. (35-39) Als u een zwarte nevel ziet staan, die spoedig neerdaalt op het water daalt deze snel naar de bodem en neemt de vorm van een vloeistof aan. (39-40) Reinig die snel en bekwaam: daarin scheiden zich de vier elementen. (41-44) Het reine moet van het onreine gescheiden worden, dan heeft het een groot vermogen om het wonderbaarlijke tot stand te brengen, waarover de wijzen liedjes zingen. (45-46) Het is de kwintessens van het goud en het Eerste Wezen, de ware Bestendige Tinctuur. (47-48) Het neemt een nieuwe gedaante aan, en is dan het edele en kostbare kwikzilver der wijzen. (49-54) Dit Eerste Wezen heeft een zodanige macht, dat het materieel goud tot stand brengt in zuiver Eerste Wezen; maar in de twee [andere oermateries, namelijk] zwavel en zout is een dergelijke kracht niet voorhanden, want die staan zij af aan het kwik; (55-58) als dat afgescheiden is en de essentie ervan eruit getrokken is, dan heeft die essentie de kracht om de oude te verjongen; (59-60) want datgene wat eerst zijn vader was verandert helemaal in zijn wezen.

(61-64) Hiermee eindigt onze solutie, door de natuurlijke ontbinding; ook is de sublimatie gebeurd, met de scheiding van de elementen. (65-66) Nu volgt de samenstelling, waarna al spoedig de witmaking komt. (67-68) We zullen verder gaan [met onze instructie/ met het proces?], en de steen leren samenstellen. (69-72) Het kwikzilver der wijzen wordt omgezet in levend kwikzilver, let daar op, dat van te voren in zijn aarde was waaruit hij eerst geboren was. (73-74) Dan zal het water

het zaad oplossen, en de aarde het zaad vast maken; (75-76) dan wordt het weer één uit deze twee [nl. water en aarde], merk dit, en dan wil [dit ene] geenszins scheiden. (77-80) Zet nu de oude in zijn bad, waardoor hij krachteloos en slap wordt, en laat hem dan omhoog vliegen, tot hij tenslotte blijft liggen. (81-82) Daaruit ontstaat een witte zwaan, zoals er nog nooit een op de wereld geweest is. (83-84) Zijn eigen bloed maakt hem jong, als hij de negende dronk zal nemen. (85-86) Laat hem na iedere dronk vliegen, dan blijft hij tenslotte sneeuwwit liggen, en ziet hij er blinkend helder uit. (88-90) Bewaar deze witte zwavel goed: het is beslist de ware zwavel.
(91-93) Het is ongetwijfeld en echt het ware vuur en de ware aarde, in hun hoogst mogelijke vorm [?]. (94) Dan ontbreken er nog twee elementen aan. (95-98) Als u vreugde aan hem beleven wilt, dan moet u hem zijn ziel ingieten, opdat hij tot leven komt en kan verrijzen, en tot zijn herfst en einde kan komen. (99-100) Zo is het dan goed samengevoegd, gereinigd en wit gemaakt. (101-104) Op dit moment is de aarde klaar om haar water te ontvangen [zie aant.], en ontbreken haar nog de ziel en de geest, namelijk de twee elementen lucht en water. (105-106) Maar wat is een aarde zonder zaad? Het is een lichaam dat niets opbrengt. (107-108) Breng daarom de ziel in het lichaam, los haar op, en meng het goud erdoor. (109-111) Dan maakt de ziel het lichaam gezond: ze maken samen een hechte verbintenis, zodat vanaf dat moment niemand hen kan scheiden. (112-114) Met het vaste wil het vluchtige zich verbinden: het vluchtige wordt weer vast gemaakt en vervolgens weer vloeibaar gemaakt. (116-118) Hoe vaker u dit herhaalt, hoe vaker de vrucht zich vermenigvuldigt, want dit desem kan men eindeloos vermenigvuldigen. (119-124) Dit vermenigvuldigt zich door de oplossing en de herhaalde vastwording, maar iedere keer dat het met het gouddesem opgelost en vast gemaakt wordt vermenigvuldigt het zich eindeloos, tot in het oneindige, dat is echt zo. (125-128) Als u goud gezaaid hebt, zorg dan dat u tien delen goud smelt tot was, en doe daar één deel van uw steen op. (129-131)[4] Werp daarna één deel van de edele steen op honderd delen van een gesmolten onedel metaal, zoals lood. (132-134) Werp er vervolgens maar één deel van op duizend, dan op tienduizend, en vermeerder uw [goud] dan op honderd duizend. (135-136) Het is ook een volledig medicijn tegen alle ziekten en gif. (137-138) Dank God en help de armen, dan zal God u zijn rijk vergunnen. Einde.

Commentaar

Globale vergelijking met *Vom Stein der Weisen*:
Vom Stein is onderverdeeld in vijf capittels met de ondertitels *De materia prima, De solutione, De compositione, De augmentatione* en *De projectione*. Het gedicht opent met 'Eine getrewe lehr wil ich dir geben', waarmee een inleiding van 16 verzen begint, die in de Nederlandse bewerking is geschrapt. De bewerker heeft het eerste capittel verkort; hij legt andere accenten en zijn bewoordingen verschillen nogal (vs. 1-16). Het tweede capittel is vrijwel integraal vertaald; alleen een paar meer algemene opmerkingen zijn geschrapt.[5] De capittels 3 en 4 zijn wat

[4] Vers 128 lijkt bij het voorafgaande vers te horen, maar de aansluiting is niet duidelijk. De Duitse tekst biedt geen uitkomst, omdat deze slotpassage daar niet in voorkomt;

[5] Vs. 17-66; *Vom Stein* 37-140 (in de editie-Telle zijn enkele interpolaties opgenomen, die waarschijnlijk niet in de bron van de bewerker voorkwamen).

sterker bekort.[6] Van het vijfde capittel, over de projectie, zijn maar een paar verzen in de bron terug te vinden.[7] De ongeveer negentig verzen tellende christelijke slotbeschouwing van *Vom Stein* is geschrapt.

Sommige onregelmatigheden en moeilijk te begrijpen passages uit het Nederlandse gedicht zijn op te helderen met varianten uit de Duitse tekst.
Algemeen: gebruik van vormen van 'doen' als hulpwerkwoord; soms verwarrend (vs. 7, 85, 87; de vertaler heeft het blijkbaar als imperatief tot de lezer opgevat- 'hem' in Duitse tekst onderwerp in 85 en 87 had 'hij' moeten zijn.
31 Den levenden water: 'Eyn lindes feur', 'een zacht vuur', is zeker beter (editie-Telle vs. 59; variant, uit één bron -druk van 1606-: 'aqua' voor 'feur').
87-90 In de Duitste tekst is in deze passage geen sprake van zwavel; de overeenkomstige verzen luiden

172 Er thut erscheinen hell undd klar,
173 Mitt grossem fleis dies gut bewahr.
180 Denn es ist gewiess das recht fermentt,
181 Welchs auffleucht ihn die höe behendt.

De varianten bieden geen uitkomst. In 173/88 kan 'fleiss' als 'weiss' verlezen zijn; te zoeken: een synoniem voor 'grossem' of 'hohen' dat op 'sulphur' lijkt. Een tussenstap met '[symbool] *sol*(is) *fer*ment' is denkbaar voor 180/ 89.

102 waterheyt: oorspronkelijk 'stettigkeit' (Balbian-handschrifts: fixikeyt); de variant 'feuchtigkeit' komt voor in enkele handschriften.

[6] Vs. 67-100; *Vom Stein* 141-194; vs. 101-118; *Vom Stein* 195-232.
[7] Vs. 119-138; *Vom Stein* 233-250.

9. Een edel conste

Dit gedicht is het tweede in een aaneengesloten reeks van zeven Nederlandstalige gedichten. Het voorafgaande, *Het is een steen en gheenen steen* [60], is waarschijnlijk in zijn geheel uit het Duits vertaald. Ook dit gedicht bevat oostelijk aandoende elementen, bijvoorbeeld de woorden 'gants' en 'geschir', maar in dit geval zou het om losse ontleningen kunnen gaan: een aantal verzen komt sterk overeen met het Latijnse gedicht *Est quaedam ars nobilis* (Bloemlezing 6). Gezien de opschriften boven *Het is een steen* en *Een edel conste*, te weten 'Een onbekent autheur' en 'Een ander', lijkt het onwaarschijnlijk dat Balbian ze zelf vertaalde of schreef.[1] Het is het enige uit de reeks van zeven Nederlandstalige gedichten, dat niet in simpele rijmparen, maar in gekruist rijm (abab) is geschreven, en dat bovendien in strofen is onderverdeeld.

Een ander 169r

1

1 Een edel conste heeft Godt gelaten
Allen den ghenen die hem belyen
Ende dien de ongerechtheyt haten
4 En Godt beminnen van herten reyn;
Die swerelts wellust niet en soucken
Oft te vermeeren ryckdom en staet,
Maer om te troosten in allen hoecken
8 Vrome aermen diet qualick gaet.

2

Wildy dese conste te wercke stellen,
Soo wilt my neerstelick verstaen:
Soect niet in mist oft eyer schalen
12 Noch in eenich corruptybel saem;
Laet varen souten en atramenten,
Oft wat toe gaet met cymenten swaer:
Het is in mercurio niet om verjenten
16 Al wat ghy soect, ic segt u claer.

3

Maer niet in mercurio der luyden
- Dat ghy myn reden wel verstaet -
Maer dye daer wast als groene cruyden
20 En als silver haut een claer gelaet;

[1] Daar komt bij, dat in beide gedichten de spelling 'lichaem' voorkomt; in de prozatekst [12], die Balbian zelf in het Nederlands vertaalde, spelt hij consequent 'lichchaem' (22 x).

In claer water eender fonteyne,
Van groote cracht ende virtuyt.
Het maect tlichaem en metalen reyne,
24 Naer der philosophen besluyt.

4

D'onwyse werpen dit goet opt strate
Als slyck dat nergens toe en dient;
De wyse bewarent tharer bate,
28 Die syn cracht weten excellent.
Dese conste laet haer willich maken
Als men volstandich sonder verdriet
In gestadicheyt dye aen wilt raecken
32 In dese materie, maer anders niet.

5

De aerme hebbent soo wel als rycke, 169v
Daer desen schat wert af gemaect.
Men nuttet oock, maer soberlicke,
36 In spys en dranck, daert wel af smaect.
In salven en oock in medecyne
Werd dit somtyds gebesicht wel.
Die meesters achtent in haer doctryne[2]
40 Voor vrauwen werck en kinder spel.

6

Lunaria sy dit noemen en chelidonia vorwaer,
Sy noement oock een blom der blommen
Om syn virtuyt en grote cracht eenpaer,
44 [*nb hier, of -minder ws.- na 40, ontbreekt 1 vs. op -ommen*]
Want alst bereyt is, soo ick wane,
Vermengt met reyn metaels substans,
Het licht gelyck de sterren en de mane
48 Ter voller tyt, alst werck is gants.

7

Men siet het van op hooge bergen
In allen steden, als ic acht;
Daerom en derftment niemant vergen,
52 Want selfs te crygen heeft men macht.
Het is in blommen en oock in planten,
In gedierten en in myneren reyn,

[2] hs. droctryne

Oock somptyds aen de water canten,
56 En werd genaempt: steyn sonder steyn. [aant.: sal sapietum]

8

Dese conste en heeft niet sonderlinge
Vele ovens van noode ofte vaten claer;
In een geschir men canse volbringen
60 In veertich weecken oft corts daer naer.
Condy dit liedeken wel doorgronden,
Soo hebdy Godt tot uwen vrient.
Wilt u tot Godts lof inclineren;
64 Maect dat ghy hem getraulick dient.

9

Merct op dit dinck, ghy Alchymisten
Die sonder const dese const aenveert:
Volcht mynen raet, en schout de twisten 170r
68 Die daer uyt spruyten, grof en verkeert.
Soect het middel van desen ronden cloot:
Daer in licht het merch verborgen certeyn.
Men macht volbrengen met dry pondt groot,
72 Al dat twerck cost, tsy groot oft cleyn.

Finis

Opmerking
Dit gedicht bevat de volgende onzuivere rijmen 2-4 belyen: reyn 9-11 stellen: eyer schalen (schellen?) 12-14 verstaen: saem 26-28 dient: excellent 45-47 substans: gants 60-62 doorgronden (gronderen?): inclineren

Vertaling (nummering per strofe)

1. Een edele kunst heeft God geschonken aan allen die in hem geloven, en die de ongerechtigheid haten, en God liefhebben met een zuiver hart; die geen wereldse genoegens, of het vergroten van hun bezit of status najagen, maar die overal steun willen geven aan brave armen met wie het slecht gesteld is.
2. Als je deze kunst wilt beoefenen moet je je best doen om me goed te begrijpen: zoek het niet in mest of eierschalen, of in welke andere vergankelijke grondstof dan ook; zie af van zouten en atramenten, of wat er ook te maken heeft met/vergaat door zware oplosmiddelen: alles wat u zoekt is alleen in de alleredelste mercurius, dat zeg ik u duidelijk.
3. Maar niet in de gewone mercurius, want u moet mijn woorden goed begrijpen, maar (alleen in de mercurius) die groeit zoals groene kruiden, en die er zo helder als zilver uitziet in helder bronwater, groot van kracht en vermogen; dat zuivert het lichaam en de metalen, zoals de wijzen hebben vastgesteld.

4. De dwazen gooien dit goed op straat, als slijk dat nergens goed voor is; de wijzen, die de voortreffelijkheid van zijn kracht kennen, bewaren het tot hun voordeel. Deze kunst laat zich bereidwillig volbrengen door ieder die zich standvastig en zonder zich te laten ontmoedigen in dit onderwerp wil verdiepen, maar anders niet.
5. De armen bezitten evenzeer als de rijken datgene waarmee deze kunst beoefend wordt. Men nuttigt het ook, maar met mate, in eten en drinken, dat er goed door smaakt. Ook in zalven en geneesmiddelen wordt het wel gebruikt. De meesters beschouwen het in hun onderricht als vrouwenwerk en kinderspel.
6. Ze noemen het Lunaria en Chelidonia, en ook wel een bloem der bloemen, vanwege zijn grote en blijvende kracht en vermogen, [*lacune van 1 vers*], want als het is toebereid en vermengd met zuivere metallische substantie dan licht het als de sterren en de maan als de tijd daar is, als het werk voltooid is.
7. Men ziet het vanaf hoge bergen op alle plekken, naar ik meen. Daarom hoeft men het van niemand te vragen, want men kan er zelf aan komen. Het is in bloemen en ook in planten, in dieren en in zuivere mineralen, en soms ook aan de oevers van het water, en het wordt 'steen zonder steen' genoemd.
8. Deze kunst vereist helemaal niet bijzonder veel verschillende ovens of vaten; men kan haar voltooien in één vat, in veertig weken of daaromtrent. Als u dit vers goed kunt begrijpen, dan is God u goed gezind. Loof God, en zorg dat u hem getrouwelijk dient.
9. Pas hier goed op, gij alchemisten, die zonder kennis van de kunst de kunst wilt aanpakken. Volg mijn advies, en houd u verre van de grove fouten en misverstanden die daaruit (nl. uit onkunde) voortkomen. Zoek het middelpunt van deze ronde bol, want daarin ligt de kern zeker verborgen. Men kan het hele werk voltooien met een investering van drie pond groten.

Commentaar

De in dit gedicht vervatte denkbeelden zijn conventioneel: ze komen alle ook in andere teksten, in het handschrift en elders, voor. Wel is de tekst als geheel wat meer medisch geörienteerd, en lijken er vrij heterogene denkbeelden op een hoop te zijn geschoven: de alleen-mercurius-theorie (strofe 2-3) vermengd met de drièrlei lapides (str. 7) en wellicht ook nog de quinta essentia (vs. 35-36). De tekst bevat veel citaten, die ik niet allemaal in mijn commentaar vermeld.
1-8 De ware alchemist is vroom en onbaatzuchtig; vergelijk [60] vs. 137: 'Danct Godt en helpt den aermen al'. Ook Jan van der Donck spoort aan het einde van zijn tekst de alchemist-in-spe aan om bij succes God te loven en de armen te bedenken.
11-14 Wederom kritiek op de de *trufa*, in dit geval: animalia en de kleine mineralen. Zie supra, p. 40-41.
17 'niet in mercurio der luyden': vgl [52] vs. 9 'Non tamen vulgi, sed crescente ut herba'; [53] vs. 14 [Mercurius] 'Non vulgi, sed auri portans flori'; [56] vs. 10 'non gia quei del volgo'.
23 De mercurius der wijzen wordt hier voorgesteld als een universeel geneesmiddel tegen alle onvolkomenheden van zowel de mensen als van de metalen.
35-36 Vermoedelijk verwijst dit naar de *quinta essentia* als universeel en preventief geneesmiddel.

40 'vrouwen werk en kinderspel': *Opus mulierum et ludus puerorum* is ook de titel van een alchemistisch tractaat (Nederlandse vertaling in WI 233). De omschrijving drukt de simpelheid van het proces uit. Het 'vrouwenwerk' wordt in Maiers *Atalanta fugiens* concreet opgevat als 'koken'.
41 De plantennamen *lunaria* en *chelidonia* zijn deknamen voor de grondstof van de Steen, net als *moly* in *Aelia aux enfants de l'art* (zie onder).
52-53 wringt op het eerste gezicht met het voorafgaande, waar wordt gesteld dat de lapis uitsluitend te vinden is in de mercurius der wijzen en zeker niet in de vegetabilia. Net als strofe 5 past de voorstelling van zaken beter bij de destillatie van *quinta essentia* dan bij het maken van de Grote Steen.
55 Hiermee wordt wellicht 'lapis non lapis' bedoeld: de steen die tegelijkertijd geen steen is..
58 'Est lapis unus...': 'Een steen, een vat, een rechte weg'; zie boven, p. 31.
68 'het middel van desen ronden cloot': mogelijk verwijst dit naar het middelpunt van de aardbol, waar de metalen hun oorsprong hebben.
70-71 zie voor de bescheiden prijs ook 6 vs. 19 en [54], *Si felicitari desideras*, vs. 11: 'Parvo emitur pretio: libra habetur uno solido' ('Het wordt gekocht voor een geringe prijs: een enkel pond volstaat').

10. Aelia: het raadsel van de parthenogenese

Balbian bediende zich graag van het Frans als hij zelf iets op papier te zetten had: in navolging van zijn vader stelde hij zijn familieaantekeningen in die taal te boek, evenals de persoonlijke *Memoire* achterin het handschrift. Bovendien nam hij nogal wat Franse teksten in zijn handschrift op. Behalve de prozatractaten op f. 39-65 en enkele recepten bevat het handschrift een clustertje van vier Franse rijmteksten. Twee daarvan komen ook voor in het bundeltje *La transformation métallique*;[1] de beide overige zijn mij niet van elders bekend. Een daarvan is de volgende merkwaardige allegorie, waarin een zekere Aelia aan het woord is.

Aelia aux enfans de l'art

1 J'ay faict une maison dans laquelle suis née.
Vierge ay esté tousjours des le commencement,
Et vierge je demeure apres l'enfantement
4 Qu'en douse heures je fais, sans estre violée.

Je m'engrossy moy mesme, et toute ma portée
Certainement elle est semblable a l'or brillant.
Je n'avorte un seul coup dens le ventre du vent,
8 Ny de mon poidz au feu ne suis diminuée.

Lourde et poisante suis, comme or fin en poudriere.
Le centre de la terre est mon giste et repaire,
Et tous les jours sur l'eau nageant je me pourmaine.
12 Je suis humide et seiche, et le seul feu me lie.

Apres m'avoir tuée bien tost me rend la vie,
Car je suis le phoenix, le roy et la fontaine
?o herbe souvereine.
16 Moly l'ont appellée tous les Dieux immortels,
Difficile a extraire par les hommes mortels.
Ses elements sont tels:
La racine en est noire; la fleur semblable a laict.
20 En elle est par essence tout ce qui la perfaict;
Et voicy tout le faict:
Dissoudre et congeler; c'est l'operation.
Que peu de medicins ont de Dieu ce beau don!

[1] Ed. J. Gohory, gedrukt Parijs in 1561 en 1589, en Lyon 1590 en 1618. Deze beide gedichten zijn uitgegeven in Méon 1814 IV, 243-244 en 289-290; één in Wilkins 1993, p. 101-102. *Aelia* is ook uitgegeven in Van Gijsen en Stuip 2004.

Behalve de dubbele caduceus, een symbool van Mercurius, staan op deze afbeelding de alchemistische koningin en koning, de pelikaan en de fenix. De twee vogels staan hier voor de Steen der Wijzen, maar tegelijkertijd speelt hun gebruikelijke betekenis als Christussymbolen een duidelijke rol. BL Sloane 1255, f. 107r.

Emendatie: vs. 7 hs. heeft 'anorte'

Vertaling

Aelia tot de kinderen van de kunst
1-4 Ik heb een huis gemaakt waarin ik ben geboren. Van het begin af aan ben ik altijd maagd geweest, en ik blijf maagd na de bevalling, die ik in twaalf uur volbreng zonder geschonden te worden.
5-8 Ik bezwanger mezelf, en geheel mijn dracht (vrucht)/alles wat ik draag is zeker gelijkend op schitterend goud. Ik stoot geen enkele keer iets uit in de buik van de wind, noch word ik door het vuur in mijn gewicht verminderd.
9-12 Ik ben zwaar en gewichtig, als fijn goud in een poederdoos. Het centrum van de aarde is mijn leger en verblijfplaats, en alle dagen vliet ik op het water. Ik ben zowel vochtig als droog, en alleen het vuur bindt mij.
13-14 Na mij gedood te hebben geeft het (vuur) mij spoedig mijn leven terug, want ik ben de phoenix, de koning en de bron,
15 [het] sublieme kruid.
16 Alle onsterfelijke goden hebben het Moly genoemd,
17 Moeilijk uit te trekken door de stervelingen.
18-19 De elementen ervan zijn aldus: de wortel ervan is zwart; de bloem gelijkend op melk.
20 In haar is in essentie alles wat haar vervolmaakt;
21 En dit is alles:
22 Oplossen en vastmaken, dat is de bewerking.
23 Hoe weinig artsen hebben deze schone gave van God!

Commentaar

De titel wordt na het commentaar op het gedicht besproken.
1 Beeld van het huis en de geboorte: De mercurius die zichzelf terugbrengt (of door opgelost te worden tot een water, wordt teruggebracht) tot zijn oerstof, daarbij sterft door zijn geest te doen ontwijken uit het lichaam, en vervolgens weer daarin terugkeert om herboren te worden.
2-3 Het beeld van de blijvende maagdelijkheid en voortplanting door parthenogenese verwijst, in combinatie met een aantal andere gegevens uit de tekst, naar de alleen-mercurius-opvatting in de alchemie; zie boven, p. 30-31.
4 twaalf uur: Deze termijn wordt wel genoemd als het tijdsbeslag van de *dissolutio*. Arnaldus de Villanova's frase' 'Bibat, bibat, bibat quantum bibere potest per duodecim horas [...]' vat Rupescissa als volgt op: '... quia Mercurius dissolutus est in aqua vitrioli, hoc est de sulphure invisibili, quam habet: & haec dissolutio fit in duodecim horis' (*De confectione ver. lap.*, *Theatrum Chemicum* III, p. 190-191).
7 'le ventre du vent': toespeling op de *Tabula Smaragdina*. In het commentaar van Hortolanus op de *Tabula Smaragdina* wordt de zinsnede 'portavit illud ventus in ventre suo', 'de wind heeft het in zijn buik gedragen', als volgt geduid: 'Het is duidelijk dat wind lucht is, en lucht is leven, en leven is ziel. En ik heb hierboven al gesproken over de ziel, die de hele steen levend maakt. En zo klopt het dat de wind de hele steen draagt, en overbrengt, en het werk voortbrengt.'[2]

[2] Planum est quod ventus est aer, et aer est vita, et vita est anima. Et ego iam superius locutus sum de anima, quae totum lapidem vivificat. Et sic oportet quod ventus portet totum lapidem, et reportet, et pariat magisterium [hs., f. 251 v]

10 relatie met onstaan van de metalen in de diepten van de aarde? De mercurius heeft alle elementen in zich, maar vaak worden er maar twee van de vier vermeld (maar dat is dan meestal vuur en water of lucht en aarde)
11 Op alchemistische emblemen komen nogal eens bootjes en vissen voor, die verwijzen naar *aqua permanens*, het vloeibare stadium van 'onze mercurius'. Combinatie van 11 en 12: de lapis is overal. Vergelijk ook de *Tabula Smaragdina.*
12 begin: relatie met de paradoxen het is een steen en geen steen, het is een water en geen water.
le seul feu: relatie met de mercurio-solo-theorie en met 'Ignis et azoth tibi sufficient'.
14 phoenix: vaak voorkomend symbool voor de lapis die ook uit de eigen as herrijst
14 le roy: in de mercurius-sulpur-theorie komt de lapis voort uit een koning en een koningin. In dit geval vallen ze samen: Aelia is [ook] de koning (is dus hermafrodiet)
15 Probleem: het eerste woord (van 2 letters) is slecht leesbaar.
16, 17, 19 Moly: dit kruid komt voor in Homerus' *Odyssea*, Boek X, en in Ovidius' *Metamorfoses*, Boek XIV. Het is een magisch kruid dat Hermes/ Mercurius aan Odysseus geeft als bescherming tegen de toverkunsten van Circe. In de Homerus-vertaling van Jean de Sponde (Johannes Spondanus, 1557-1595) luiden de betreffende verzen

> Sic certè loquutus praebuit remedium Mercurius
> Ex terra evulsum, et mihi naturam eius commonstravit.
> *Radix quidem nigra erat, lacti quidem similis flora*
> *Moly autem ipsum vocant dii: difficile autem effossu*
> *Viris utique mortalibus*, dii autem omnia possunt.[3]

De verzen 17 en 19 lijken vrij letterlijk terug te gaan op de hier gecursiveerde zinsnede. Jean de Sponde citeert in zijn commentaar op deze verzen Ovidius, en gaat verder vooral in op de vraag, welk het bedoelde kruid kan zijn.[4]
19 De keuze van dit kruid is ws. ingegeven door deze kleuren, die overeenkomen met de eerste twee stadia van het Grote Werk: het zwarte en het witte. De voltooiing, het rode werk, is in de voorafgaande stadia besloten en gaat vanzelf.
20 Wederom mercurio-solo: de volmaaktheid is in de grondstof reeds aanwezig en heeft geen toevoegingen van buitenaf nodig
21 'dissoudre et congeler': zie boven, p. 32-33.

Het gedicht beschrijft een alchemistisch proces en doet dat in de (gebruikelijke) versluierde vorm van een reeks beelden en paradoxen. Aelia, de spreekster, is een personificatie van het filosofisch kwikzilver, de *prima materia* van de steen der wijzen. Ze beschrijft de stadia van het proces waarmee de lapis (alias het elixir, de tinctuur of het panacee) uit haarzelf voortkomt.

[3] p. 140 in druk van 1606, UBU. 'Na deze woorden gaf Hermes me het kruid, dat hij uit de aarde had getrokken, en toonde het me. *De wortel ervan was zwart, de bloem als melk. De goden noemen het moly, en het is voor stervelingen moeilijk uit te trekken*; maar de goden kunnen alles.'

[4] Zie hierover ook Jung 1989 p. 133 n. 200.

De titel

De 'enfants de l'art' tot wie Aelia zich richt zijn gezien de context alchemisten, maar wie is Aelia? Vermoedelijk verwijst naar naam naar het zogenaamde 'enigma van Bologna', een tekst die daar als inscriptie op een marmeren grafsteen zou zijn aangetroffen. In de zestiende en zeventiende eeuw werd deze inscriptie, *Aelia laelia crispis*, voor authentiek-antiek aangezien.[5] Hij heeft een massa interpretaties voortgebracht: Jung vermeldt 48 pogingen van 1548 tot 1683. Nicolas Barnaud is de eerste die Aelia heeft opgevat als een personificatie van de Steen der Wijzen. Zijn *Commentariolum*, voor het eerst gedrukt in 1597, vond veel bijval bij latere auteurs.

In de editie van Barnaud luidt de tekst als volgt:

1. Aelia Laelia Crispis, nec vir, nec mulier, nec androgyna, nec puella, nec juvenis, nec anus, nec meretrix, nec pudica, sed omnia.
2. Sublata neque fame, nec ferro, neque veneno, sed omnibus.
3. Nec coelo, nec aquis, nec terris, sed ubique jacet.
4. Lucius Agatho Priscius, nec maritus, nec amator, nec necessarius, neque moerens, neque gaudens, neque flens, hanc neque molem, nec pyramidem, nec sepulchrum, sed omnia.
5. Scit, et nescit quid cui posuerit.
6. Hoc est sepulcrum, intus cadaver non habens;
Hoc est cadaver sepulcrum extra non habens;
Sed cadaver idem est et sepulcrum sibi.

1. Aelia Laelia Crispis, noch man, noch vrouw, noch androgyn, noch een meisje, noch een jongen, noch een oude vrouw, noch een hoer, noch kuis, maar allemaal,
2. Weggenomen noch door honger, noch door het zwaard, noch door vergif, maar door allemaal,
3. Rust noch in de hemel, noch in de wateren, noch in de aarde, maar overal.
4. Lucius Agatho Priscius, noch echtgenoot, noch minnaar, noch verwant, noch rouwend, noch zich verblijdend, noch wenend [heeft] voor haar noch een grafheuvel, noch een pyramide, noch een tombe [opgericht], maar allemaal.
5. Hij weet, en weet niet wat hij heeft opgericht, en voor wie.
6. Dit is de tombe dat geen lijk in zich heeft;
Dit is het lijk dat geen tombe om zich heeft;
Maar het lijk is hetzelfde als zijn eigen tombe.

Barnaud woonde in 1600-1602 in Gouda en publiceerde alchemistische teksten bij de Leidse drukkers Thomas Basson en Christoffel van Rafelingen. Balbian kan Barnaud heel goed persoonlijk gekend hebben. Als de titel oorspronkelijk bij het gedicht hoort, moet het heel recent geweest zijn toen Balbian het afschreef.

[5] Lawrence M. Principe vermeldt ten onrechte dat dit raadsel reeds bij Olympiodorus en Stephanos van Alexandrië zou voorkomen (i.v. Wedel, in Priesner & Figala 1998, p. 369); vermoedelijk verwart hij het met het zgn. raadsel van Agathodaimon (zie p. 25).

11. Sofisten in het morgenlicht

Onder de weinig zeggende titel *Een ander cleyn tractaat van den Lapis philosophorum* heeft Balbian, zonder een auteur, jaartal of bron te vermelden, een Nederlandstalige prozatekst van een veertiental bladzijden in zijn handschrift opgenomen. Deze tekst bestaat uit vertaalde excerpten uit de *Aurora Thesaurusque Philosophorum Theophrasti Paracelsi* ('Het morgenrood en de schatkamer der wijzen van Theophrastus Paracelsus'). De *Aurora* is in 1577 voor het eerst gepubliceerd door de paracelsist Gerhard Dorn[1], die veel werken van Paracelsus in het Latijn uitgegeven heeft. Uit onderzoek van Kahn blijkt, dat de *Aurora* teruggaat op een Duits pseudo-paracelsistisch tractaat, geschreven na 1564.[2]

De *Aurora* beslaat twintig hoofdstukken. De zes eerste behandelen de oorsprong en geschiedenis van de alchemie vanaf Adam, de aartsvaders, Moses en de Egyptenaren. De Grieken worden nogal negatief voorgesteld. Het vervolg gaat nogal uitvoerig in op de dwalingen en mislukkingen van onbekwame alchemisten, die de verhulde beschrijvingen van de wijzen ten onrechte letterlijk hebben opgevat. Er wordt bovendien ongezouten kritiek geleverd op een aantal van de meest gerenommeerde deskundigen op het gebied van de alchemie.

De bewerking in het Balbian-handschrift begint met een korte inleiding, die niet in de *Aurora* zelf voorkomt en waarin Paracelsus met instemming geciteerd wordt. Deze wordt gevolgd door de vrijwel woordelijke tekst van acht van de twintig hoofdstukken.[3] De eerste helft van de tekst in het Balbian-handschrift komt overeen met de hoofdstukken 7 tot en met 10 van de *Aurora*. Dan motiveert een 'ik' dat hij enkele onderwerpen, die hij al eerder of elders had behandelt, hier niet nader bespreekt. Het vervolg van de tekst in het handschrift komt overeen met de vier laatste hoofstukken van de *Aurora*.

Hier volgt het begin van het tractaat, dat (op de twee inleidende paragrafen na) overeenkomt met de hoofstukken 7, 8 en 9 van de *Aurora*.

[206r] Een ander cleyn tractaet
van den *Lapis philosophorum*

1. Dit is om te maecken den *lapis philosophorum* ofte den steen der wysen, om dye metalen daermede te doen veranderen, alsoo dat een slecht metael gemaect mach worden tot een goet, beter ende fix metael; te weten: om yser, ten, coper ende silver tot een oprecht gout te maecken. Hier toe hebben dye Alchemisten veel moeyte ende aerbeyts gesocht, ende veel preparatien

[1] Mechelen, ca. 1530- na 1584. Partington 1961, p. 159; volgens Waite 1894 in 1575.

[2] Kahn 1994, p. 116; de datering na 1564 is gebaseerd op invloeden van Dee's *Monas hieroglyphica*, die in dat jaar verscheeen. Grote delen van de tekst komen woordelijk overeen met passages uit Gerhard Dorns *Congeries Paracelsice chemiae* (1^{e} druk: 1581; ook in *Theatrum Chemicum* I).

[3] Enkele details (de 'stelliones'en de 'trutas' in par. 9 en 10) bewijzen dat het tractaatje zeker op een Latijnse tekst teruggaat; die tekst was niet geheel identiek met de gedrukte tekst van 1577: de 'putaticii philosophi', 'vermeende filosofen', uit cap. 18 (Kahn 1994 p. 114) zijn bij Balbian 'peripatetici'.

daer toe gedaen. Want dye phylosophen dye hebbent geschreven door parabolische ende metaphorische woorden; ende veel wonderbaerelycke namen hebbent sy gegeven. Daerom hebbender dye Alchemisten in gedoolt, ende hebbent gesocht daert niet in en was; hoe wel dat nochtans in elck dinck eenen lapis steect, maer en dyent niet tot der transmutatie der metaelen, maer dient wel tot der transmutatie der crancheden, naer syn virtuten ende crachten dye in hem syn. Eenen anderen lapis steect in de cruyderen, eenen anderen in de gesteenten, eenen anderen in de mineraelen, eenen anderen in de metaelen, eenen anderen in de peerlen, eenen anderen in de marcasiten ende eenen anderen in de gedierten; en alsoo heeft elck synen lapis bysonder, elck naer syn macht dye in hem is.

2. Maer ghy moet verstaen, dat den rechten grooten lapis dye wy soecken gemaect wort door dye metaelen, in die metalen ende van de metalen, want Paracelsus dye secht in syn *Groote Chyrurgye*: "Laet dat gout ende den Anathar dye eerde syn." Ende den meester dye moet dye wassende cracht geven, want dat gout dat wert den lapis philosophorum genaempt. Daerom secht Paracelsus: "Soo wye daer rogghe saeyt, dye en sal gheen terwe maeyen." Daerom moet men alsulcken saet saeyen als men maeyen wilt. Ende dye ditte doen wilt, dye moeter met toe gaen gelyck als den lantsman met syn lant doet, heer hy vruchten daer van can gecrijgen. Te weten, dat dye eerde open gedaen moet worden, ende dat lant moet gebroken worden ende van het oncruyt gesuyvert ende gereynicht, heer hy vruchten daer in gewinnen can; ofte anders en soude het saet oock niet voorts commen. Alsoo moeten oock die metalen ende mineralen gebroken ende open gedaen worden, ende verandert van huerer metaelsch wesen, alsoo datse de gesteltenisse crygen van eenen vitriolum, flores ofte turbith ofte lootwit ofte menie, ofte tot tincturen, ofte tot aluyn; ende dan door de seven graden huerlier leden gebroken, als door calcineeren, sublimeeren, [206v] solveeren, putrificeeren, distilleeren, coaguleeren ende tingeeren ofte coleuren, ghelyc ghy hyer naer noch meer sult hooren daer van.

3. Nu is te weten waer in dat de sophisten den lapis gesocht hebben, ende van huerlier dolinghe; ende van sommighe Alchimisten, dye den lapis gesocht hebben in sommighe gecoleurde sapen ofte vochticheden van cruyderen.[4] Want sommighe Alchimisten dye hebben het sap van chelidonie uyt geperst, ende hebbent in de sonne geset, op dat het soude moghen verkeeren per se tot een herte ende drooghe materie; welcke herte masse sy daer naer hebben gestooten tot een subtyl pulver, weesende seer bruyn van coleure; ende hebben dan daer naer dat pulver geworpen op den mercurium, meynende dat den mercurius daer door soude veranderen in gout; het welcke alsoo niet gevallen en is, want het daer toe oock niet en dient.

[4] Hier begint Aurora hoofstuk 7: 'Over de dwaling van hen die de lapis in *vegetabilia* gezocht hebben'.

4. Sommighe Alchymisten dye hebben onder dit pulver vermenghelt sal armoniack. Dye andere hebbender onder vermenghelt den colchotar van den vitriolum, meynende door dye middelen te commen tot den rechten lapis philosophorum. Dye sommighen nemen in stede van het voorseyde pulver het sap van persicaria, bufonia, dracunculus, tytymalus, cataputia, flammula ende dyergelycke noch veel meer; ende hebben alsoo dan het sap gedaen in een gelas wel toe gestopt, ende dan eenen tyt lanck alsoo geset in werm asschen, mits eerst daer by gedaen hebbende mercurium; ende is gebuert, dat den mercurius daeraf verkeerde tot asschen; ende is oock alte male te vergeefs geschiet.

5. Veel Alchemisten hebben uyt dye *vegetabilia* getrocken huerlier olien, salien ende sulphuren, ende dat door sommighe hantgrepen; maer oock al te vergheefs. Want uyt die sauten, sulphuren ende olien van dye selve cruyderen en can den mercurius niet gecoaguleert worden, nochte daer en can gheen projectie noch tincture af gecommen die warachtich ende bestandich sy. Daerom segghen sy dat het is een materie vegetabilis, want even gelyck als dye naturelycke boomen in huerlier behoorlycken tyt veel diveersche coleuren van blommen voort brenghen, alsoo doet oock dye materie van den lapis philosophorum: dye brencht oock voorts veel schoone coleuren, ende dat in de productie van syn coleuren. Want uyt dye philosoofsche eerde daer spruyt uyt een materie [207r] enen leems als een spongiachtighe materie, ende sy segghen, dat de vrucht van synen boom torneert, respondeert ende toe behoort totten hemel, want den steen dye hout in hem syn siele, syn lichaem ende syne geest ofte *spiritus*.

Dit is van den genen die den lapis gesocht hebben in leevende dinghen ofte in de gedierten ende beesten

6. Sommighe dye segghen duer een gelyckenisse, dat syn materie is *lac virginis*, ende het coleur van den roosen syn gebenedyt bloet; welck nochtans alleene den propheten ende den Sone Gots toe compt. Daer uyt hebben dye sophisten genomen, datmen deese philosoofsche materie soude soecken int bloet van de gedierten ofte in het smenschen bloet, ende datte door dye boven geschreven oorsaecken: om datse gevoet worden door dye vegetabilien, ende gemaect van de veen ofte beesten. Dye anderen hebbent gesocht int haer, dye anderen in *sal urynae*, dye andere in hinnen eyeren, dye andere in melck, dye andere in calck van eyer schalen, met de welcke alle sy meynden den mercurium te fixeeren. Sommighe hebben getrocken het sout uyt oude stelle pisse, ja, wel stinckende; meynende dat het is dye materie van den *lapis philosophorum*.

7. Ende sommighe schicken het witte van de eyeren het silver toe, ende den doyer van de eyeren schickense het gout toe; maer sy dedender by tartarum ende dit deden sy al te samen in een gesloten gelas, ende hebbent laten putrificeeren in balneo marie; ende hebbent daer in soo langhe laten

staen, tot dat de witte verwe ofte coleur verkeert is geweest tot een seer buyter maten roode verwe, soo root als bloet. Ende lietent soo langhe staen, tot dat het seer stonck, ende als dan hebbent sy overgedestilleert; maer niet bequaem tot ons werck ofte conste.

8. Die anderen dye hebben het wit ende doyer van de eyren geputrifieert in peerdemest, ende is dan daer uyt gecommen ende gegenereert een *basiliscus.* Den welcken sy daer naer gebrant hebben tot een seer buyter maten root pulver; ende daer mede meynden sy te tingeeren de metalen. Waer af dat den autheur geweest is Gilbertus Cardinalis in syn tractaet. Veel die daer syn dye nemen de ossen gallen, ofte oock van ander dyeren, ende daer onder vermenghelt gemeen sout; ende hebbent alsoo tot een liquor gedestilleert, waer met datse dan vermenghelden de cementeerpulvers om dan voorts dye metalen daermede te tingieren en coleuren, [207v] ende om dan voorts daer af te maecken *pars cum parte*; maer daer en is niet af gecommen tot perfectie.

9. Die sommighe hebben genomen tutia met syn additien, ende ander sanguinis draconis, ende alsoo noch veel meer anderen; ende meynden daermede het coper ofte het electrum te permuteeren ende te veranderen in gout. Dye andere hebben oock genomen thien ofte twintich *stelliones*, dat syn van dye licht wormen dyemen tsomerdaechs op den wech vint;[5] dye namen sy, ende slotense in eenen pot ende lietense daer in sonder eeten, alsoo datse dul worden ende dan d'een den andere op at, soo datter maer een af levende en bleef. Den welcken sy daer naer op voeden met het vylsel van coper, ofte van eenich electrum; meynende, dat dat geslachte van gedierte dat minerael soude verkeeren tot fyn gout. Ende ten lesten hebben sy dye beeste gebrant tot een seer roode materye ofte pulver, welck pulver sy meynden dat gout was; maer sy syn oock daer door bedroghen.

10. Andere hebben oock den lapis gesocht in de visschen dyemen heet *trutas*, in welcke visschen sy somtyts gout gevonden hebben; ende datte door anders gheen oorsaecke dan om dat dit geslachte van visschen in de ryvieren ende wateren somtyts gout vinden ende dat dan op eeten, want syer naer raesen. Maer sulcken visschen en vintmen niet veele; maer seer wel alsulcken bedrieghers ende bedroch vintmen noch veele in de paleysen ende salen van groote princen ende graven. Maer vorwaer, den *lapis philosophorum* en dient niet gesocht in eenighe gedierten ofte beesten. Ick woude wel dat dit selvighe hem een yeder aentrock.

11. Nu, wel aen, gheen dinghen soo groot nochte soo slecht en isser, dat niet en sal worden in den laetsten tyt int openbaer ende licht commen; want Godt heeft dye leprosen ende melaetsche door menschen geholpen met de metalen, ende maectese van alle gebreken ende vuylicheden vry. Waerom datse niet te vergeefs en segghen, dat haerlieder lapis es een

[5] Blijkbaar is hier verwarring over de beestjes, 'stelliones' zijn een soort hagedissen, 'stellae' zijn glimwormen, althans bij Maerlant. Deze toevoeging is vermoedelijk van de vertaler.

gedierte ende beeste. Dit magisterium is alleen toe gelaten ende gegeven den propheten, den Gotsheileghen ende den Gotsalighen. Waer door dat het gebuert, dat desen lapis een gedierte geheeten wort. Want int bloet van desen steen is verborghen syn siele; ende het wort oock gemaect van het *corpus* ofte lichchaem, van den *spiritus* ende siele. Door dye selvighe reden soo heetent sy eenen [208r] *mycrocosmus*, de welcke de gedaente van alle dinghen ter werelt ende gelyckenisse heeft; ende daerom soo segghen sy wederom, dat het een beeste is; gelyck als Plato secht, dat dye beeste de grote werelt is.

Dit is van de ghone die den *lapis* gesocht hebben in dinghen dye leven in hebben[6]

12. Die sophisten dye syn in dolinghe gecommen, meynende dat den lapis sy dryvaudich, ende van dry distincte geslachten; als te weten: *vegetabilis, mineralis et animalis*. Daerom soo hebben sy hem gesocht in de mineralen. Ende dese intentie is verre verscheen van de meyninghe der philosophen. Maer dit moet ghy gade slaen: als dat syn nature is een mineraelsch sperma, ende gedistribueert ofte gedeylt in veelderande ende vremde geslachten, te weten in sulphuren, salien, boras, sal nitrum, sal armoniacum, aluyn, arsenicum, atrament, vitriolum, lapis hemathites, auripigmentum, realgar, magnesia, cinober, anthimonie, talcus, cachina ende in marcasiten, ende alsoo voorts noch veel meer.

13. In dese alle noch elck besondere en is de nature nocht ooc de materie van onsen lapis niet te soecken, hoe wel dat in de sommighe voorgeseide stucken sommighe coleuren ende tincturen syn, maer niet dienende tot onsen transmutatie ofte den lapis philosophorum ende om van de onperfecte metalen een perfect metael te maecken. Want door sommighe experimentien ende door het laboreren int vier soo betooghen sylier seer veel diveersche permutatien, ende datte in de materien van den metalen; waer uyt dat de sophisten een oorsaecke genomen hebben den Mercurium aen te gaen met veelderly tormenten oft quellinghen, als door sublimeeren, coaguleeren, precipiteeren, ende met sterck waters ende met dyer gelycke dinghen noch veele meer. Welck dolinghe men altemale moet vlien ende laten varen; ende oock alle andere sophistische preparaten der metalen met de mineralien der purgeeringhen ende dye gefixeerde spiritussen van den metalen. Soo ghy oock schouwen ende laten varen moet alle dye gemeene preparaten van den lapis gelyck als van Geber, Albertus Magnus ende dergelycke sophistighe preparaten noch veel meer, te weten: huerlier sublimatien, destillatien, rectificatien, circulatien, putrifactien, conjunctien ende incerationes (dat syn vermengelinghen); ende oock dat reverbereeren,

[6] Deze titel klopt niet; wat volgt is *Aurora* hoofdstuk 9, 'Over hen die de lapis in de mineralia gezocht hebben'.

reverbereerhovens, liquefactien, *fimus equinus*, asschen, sant ende dergelycks [208v] noch meer; als cucurbyten, pellicanen, retorten, violen, fixatorien ende meer andere.

14. Alsoo ist oock te verstane met dye sublimatien van den mercurius ende duer dye mineraelschen spiritus tot een witte ende roode tincture, gelyck als door vitriolum, salpeter, aluyn, crocus marti; van de welcke al Johannes de Rupescissa valschelycken af leert in syn tractaeten van synen *lapis philosophorum* tot eenen rooden ende witten steen. Ende ghy moet oock laten varen dye particulare stucken van den sophist Geber, gelyck als daer syn seven sublimatien ofte mortificatien ende revificatien van den mercurius met syn preparatien door het saut van pisse, welcke alle valsche luegenen syn; want ick hebbe gesien datse den mercurium gebrocht hebben door dye alchimistische conste tot een lichchamelick metael, wesende goet ende fix in alle preuven; maer het was valsche op den teste, soo dat het nerghens toe en dochte.

Vertaling

Nog een klein tractaat over de Steen der Wijzen

1. Dit gaat over het maken van de *lapis philosophorum* ofwel de steen der wijzen, om de metalen daarmee te doen veranderen, zodanig dat een slecht metaal tot een goed, beter en sterk metaal gemaakt kan worden, te weten: om ijzer, tin, koper en zilver tot echt goud te maken. Hiertoe hebben de Alchemisten veel moeite en inspanning gedaan, en veel bewerkingen uitgevoerd. Want de wijzen hebben het geschreven in gelijkenissen en beeldspraak, en ze hebben er veel wonderlijke namen aan gegeven. Daarom hebben de alchemisten zich erin vergist, en hebben ze het ergens in gezocht waar het niet in was, hoewel ieder ding een *lapis* in zich heeft, maar die deugt niet voor de verandering van de metalen, maar wel tot die van de ziektes, alnaargelang de krachten die het in zich heeft. Een zeker ander soort steen zit in de kruiden, een ander in de stenen, nog een ander in de mineralen, weer een ander in de metalen, een ander soort in de parels, in de markasieten, en weer een ander in de dieren; en zo heeft elk daarvan zijn eigen speciale *lapis*, ieder in overeenkomst met de kracht die in hem is.

2. Maar u moet begrijpen, dat de ware, grote *lapis* die wij zoeken gemaakt wordt door de metalen, in de metalen en van de metalen, want Paracelsus zegt in zijn *Grote Chirurgie*: "Laat het goud en de anathar de aarde zijn." En de alchemist moet de groeikracht leveren, want het goud wordt de *lapis philosophorum* genoemd. Daarom zegt Paracelsus: "Wie rogge zaait, zal geen tarwe maaien". Daarom moet men zaad zaaien dat overeenkomt met wat men maaien wil. En wie dit doen wil, die moet te werk gaan zoals de boer met zijn land doet, voor hij daar vruchten [graan] van kan oogsten. De aarde moet namelijk open gemaakt worden, en het land moet geploegd worden en van onkruid gezuiverd en gereinigd, voor hij daar vruchten [graan] uit verkrijgen kan, want anders zou het zaad ook niet opschieten. Evenzeer moeten de metalen en mineralen gebroken en opengemaakt worden, en moet hun metallisch wezen veranderd worden [i.e. door een ander vervangen/ voor een ander verwisseld worden], zodat ze de vorm krijgen van een vitriool, bloem,

turbith of loodwit of menie, of van tincturen, of van aluin, en dan moeten hun ledematen in zeven stadia gebroken worden, namelijk door calcineren, sublimeren, oplossen, verrotten, distilleren, stremmen en tingeren of kleuren, zoals u hierna nog nader zult vernemen.

3. Nu moet men weten waarin de sofisten de lapis gezocht hebben, en van hun vergissingen, en over sommige alchemisten die de lapis gezocht hebben in zekere gekleurde sappen of vloeistoffen van kruiden. Want sommige alchemisten hebben het sap uit celidonia geperst, en hebben dat in de zon gezet, om het vanzelf in een harde en droge stof te laten veranderen; en die harde massa hebben ze vervolgens tot een fijn poeder gestampt, dat diepbruin van kleur was, en daarna hebben ze dat poeder op het kwikzilver gegooid, want ze dachten dat het kwikzilver daardoor in goud zou veranderen, maar dat gebeurde niet, want daar deugt het ook niet voor.

4. Sommige alchemisten hebben dit poeder vermengd met ammoniakzout. Anderen hebben het gemengd met colchatar van vitriool, want ze dachten op die manier de ware lapis philosophorum te krijgen. Sommigen nemen in plaats van het genoemde poeder het sap van perzikkruid, bufonia, dracunculus, titimalus, cataputia, flammula en nog veel meer dergelijke kruiden, en dan deden ze dat sap in een goed afgesloten glas, en dat zetten ze dan een tijdlang in warme as, nadat ze er kwikzilver bij gedaan hadden, en dat kwik is daar wel eens door in as veranderd, en dat was allemaal verspilde moeite.

5. Veel alchemisten hebben door bepaalde bewerkingen de oliën, zouten en zwavels uit plantaardige ingrediënten getrokken, maar dat was ook allemaal voor niets. Want met de zouten, zwavels en oliën van deze kruiden kan het kwikzilver niet gestremd worden, en het kan evenmin een projectie of tinctuur opleveren die echt en blijvend is. Daarom zeggen zij dat het een plantaardige materie is, want net zoals bomen in de natuur op hun gepaste tijd bloemen in allerlei kleuren voortbrengen, zo ook de materie van de steen der wijzen: die brengt ook veel mooie kleuren voort, en wel in de productie van zijn kleuren. Want uit de aarde der wijzen komt een lemige stof als een sponsachtige materie voort, en ze zeggen dat de vrucht van de boom zich draait, reageert op [of weerspiegelt] en hoort bij de hemel, want de steen heeft in zich zijn ziel, zijn lichaam en zijn geest of *spiritus*.

Dit gaat over degenen die de lapis gezocht hebben in levende dingen ofwel in dieren en beesten.

6. Sommigen zeggen bij wijze van spreken, dat de grondstof (van de steen) maagdenmelk is, en de (rode) kleur van de rozen zijn gezegend bloed, maar dat is alleen gepast voor de profeten en de Zoon Gods. Daar uit hebben de sofisten opgemaakt, dat men deze grondstof der wijzen moest zoeken in het bloed van dieren of mensen, en wel om de eerder vermelde redenen: omdat ze gevoed worden door de planten, en gemaakt zijn van de beesten. Anderen hebben het gezocht in haar, weer anderen in urine, eieren van kippen, melk, of kalk van eierschalen, waarmee ze allemaal dachten het kwikzilver vast te kunnen maken. Sommigen hebben het zout uit oude verschaalde pis, die flink stonk, getrokken, in de mening dat dát de grondstof voor de steen der wijzen is.

7. En sommigen stellen het wit van een ei gelijk aan zilver, en de dooier aan goud; en dan deden ze er tartraat bij, en dit deden ze samen in een gesloten glas, en dan lieten ze het rotten au-bain-marie, en ze lieten het daar zo lang in staan

totdat de witte kleur veranderd was in een uitermate rode kleur, zo rood als bloed. En ze lieten het zo lang staat tot het erg stonk, en toen hebben ze het gedestilleerd, maar het was niet geschikt voor onze kunst.

8. Weer anderen hebben het wit en de dooiers van de eieren laten rotten in paardenmest, en dan is daar een basilisk uit voortgekomen. Die hebben ze daarna verbrand tot een extreem rood poeder, en ze dachten dat ze daar de metalen mee konden kleuren. Dat heeft Gilbertus de kardinaal in zijn tractaat uitgevonden. Er zijn er ook veel die ossegal of gal van andere dieren nemen, gemengd met gewoon zout, en dat hebben ze tot een vloeistof gedestilleerd, waarmee ze dan cementeerpoeders vermengden, om er daarna de metalen mee te kleuren en om er vervolgens *pars cum parte* van te maken, maar niets daarvan heeft tot het einddoel geleid.

9. Sommigen hebben tutia met zijn toevoegingen genomen, en anderen drakenbloed, en nog allerlei andere dingen, en ze dachten dat ze daarmee het koper of messing in goud konden veranderen. Weer anderen hebben tien of twintig stelliones genomen, dat zijn van die glimwormen die men 's zomers buiten vindt, en die sloten ze op in een pot en die lieten ze daar in zonder eten, zodat ze wild werden en elkaar opaten, zodat er maar een in leven bleef. En die voerden ze daarna met kopervijlsel, of met vijlsel van messing, want ze dachten dat dat soort dieren het minerale [hier: metaal?] in fijn goud zouden veranderen. En tenslotte hebben ze het beest verbrand tot een zeer rode stof of poeder, waarvan ze dachten dat het goud was, maar dat hadden ze helemaal mis.

10. Anderen hebben de lapis ook gezocht in de vissen die men *trutas* (forellen) noemt, en in zulke vissen hebben ze wel eens goud gevonden; maar dat komt alleen maar doordat dit soort vissen in de rivieren en wateren wel eens goud vinden en dat dan opeten, want ze zijn daar stapelgek op. Zulke vissen vindt men niet zo veel, maar zulke bedriegers en bedrog des te meer, in de paleizen en zalen van grote vorsten en graven. Maar heus, de steen der wijzen behoort niet in wat voor dieren dan ook gezocht te worden. Ik zou wel willen dat iedereen dit ter harte nam.

11. Nu, kortom, er is niets, hoe groot of klein ook, dat niet bij het einde der tijden geopenbaard zal worden, want God heeft de melaatsen door mensen geholpen met de metalen, en hen van alle gebreken en vuiligheden bevrijd. En om deze reden zeggen ze niet ten onrechte, dat hun lapis een dier is. Dit meesterschap is alleen de profeten, de heiligen en de zaligen toegestaan en gegeven. Hier komt het door, dat deze lapis een dier genoemd wordt. Want in het bloed van deze steen is zijn ziel verborgen, en het wordt ook gemaakt van het lichaam, de spiritus en de ziel. Om dezelfde reden noemen zij het een microkosmos, die de gestalte en het beeld van alle dingen in de wereld heeft, en ook hierom zeggen ze dat het een dier is; net zoals Plato zegt, dat het dier de grote wereld is.[7]

Dit gaat over degenen die de lapis gezocht hebben in dingen die [mineraal] zijn

12. De sofisten zijn op dwaalwegen gekomen, omdat ze dachten dat de lapis drievoudig zou zijn, namelijk plantaardig, mineraal en dierlijk. Daarom hebben zij hem gezocht in de mineralen. En deze aanpak staat ver af van de opvatting van de filosofen. Maar dit moet u in aanmerking nemen: zijn natuur (het wezen [van de

[7] Een verkeerd begrepen weergave van de gedachte dat de makrokosmos een levend wezen is.

mineralen]) is een mineraal sperma, en dat is verdeeld over velerlei en vreemde families, en wel in zwavels, zouten, borax, salpeter, salmiak, aluin, arseen, atrament, vitriool, hematietsteen, auripigment, realgar, magnesia, cinober, antimoon, talk, cachina en marcasieten, en ga zo maar door, nog veel meer.

13. Noch in al deze, noch in elk ervan afzonderlijk is de natuur of de materie van onze lapis te zoeken, hoewel er in sommige van de opgesomde groepen bepaalde kleuren en tincturen zijn, maar die zijn niet bruikbaar voor onze transmutatie ofwel de steen der wijzen, om van de onvolmaakte metalen een volmaakt metaal te maken. Maar door sommige experimenten en door het bewerken met het vuur vertonen zij allerlei uiteenlopende veranderingen, en wel in de materie van de metalen [moet zijn: mineralen], waar de sofisten een reden in gezien hebben om het kwikzilver te lijf te gaan met velerlei martelingen of kwellingen, en wel door sublimeren, stremmen, precipiteren, en met zuren en nog veel meer van dergelijke dingen. Dit is een dwaling die men geheel en al moet ontvluchten en nalaten, en ook alle andere sofistische bewerkingen van de metalen met de mineralen voor de zuivering en de vastgemaakte geesten van de metalen. Evenzeer moet u afzien en u onthouden van alle gebruikelijke bereidingen van de lapis, zoals die van Geber, Albertus Magnus en nog veel meer van dat soort sofistische bereidingswijzen, te weten: hun sublimaties, destillaties, rectificaties, circulaties, verrottingen, samenvoegingen en inceraties (dat zijn vermengingen); en ook het reverbereren, reverbereer-ovens, vloeibaarmakingen, paardenmest, as, zand en veel meer dergelijks, zoals cucurbiten, pelikanen, retorten, fiolen, fixeervaten enzovoort.

14. Dit moet ook worden betrokken op de sublimaties van het kwikzilver en door de minerale geest tot een witte en rode tinctuur, zoals door vitriool, salpeter, aluin, ijzeroxide; over al deze, waarover Johannes de Rupescissa foutieve informatie gegeven heeft in zijn tractaten over [de bereiding van?] zijn steen der wijzen tot een rode en witte steen. En u moet u ook onthouden van de afzonderlijke werken van de sofist Geber, zoals [het idee dat] er zeven sublimaties of dodingen en herlevingen van het kwikzilver zijn met zijn bereidingen door het zout uit urine, wat allemaal valse leugens zijn; want ik heb gezien dat ze het kwikzilver door de alchemistische kunst tot een vast metaal gemaakt hebben, dat goed en vast was in alle proeven, maar het bleek vals in de [uiteindelijke?] test, zodat het nergens goed voor was.

Aantekeningen:

Bij Balbian ontbreekt af en toe een stuk zin, een hele zin, en soms wel een paar.[8] Maar dat kan hij gewoon uit zijn bron hebben. Nader onderzoek kan dit wellicht ophelderen. In elk geval zijn enkele passages, vooral paragraaf 11, zeer slecht weergegeven. Oorspronkelijk stond daar onder meer dat het bloed van de *lapis* de metalen van hun lepra heeft bevrijd; er ontbreken zinsneden, waardoor het resterende bijna onbegrijpelijk is geworden. Er is in de tekst van het handschrift ook iets mis met de titels.

De tekst spreekt zich opvallend kritisch uit over een aantal gerenommeerde autoriteiten. Paracelsus wordt, in de toegevoegde proloog, met instemming geciteerd.

[8] Voor de vergelijking met de *Aurora* heb ik gebruik gemaakt van de Engelse vertaling in Waite 1894, die ook te vinden is op de Alchemy Website.

Gilbertus de kardinaal komt er nog vrij genadig af, al is het duidelijk dat de auteur zijn methode afkeurt (par. 8) De methoden van Geber en Albertus Magnus worden 'sophistisch' genoemd (par. 13), en in par. 14 is zelfs sprake van 'den sophist Geber'. In laatstgenoemde paragraaf (en op 210v) krijgt ook Johannes de Rupescissa de wind van voren. Elders in het tractaat (buiten het hier uitgegeven fragment) wordt Thomas van Aquino aan de schandpaal genageld:

> De sommighe hebbent versocht in bernende waters, gelyck als Thomas de Aquino daer valschelyck af schryft ende spreect, segghende dat Godt ende syn engelen niet en connen gedoen nochte geduren sy en moeten dit vier hebben, ende dat syt alle daghe besighen moeten; het welcke een gruwelicke blasphemie ende lasteringhe is ende oock een valsche ende openbare luegene (211v).[9]

Ook Lullius (210r, 210v), Richardus Anglicus (210r), (pseudo-)Aristoteles (210v) en Arnaldus de Villanova (211v) moeten het ontgelden. De enigen die positief vermeld en geciteerd worden zijn Anaxagoras (210v), Almadir (211v) en Hermes (212r).

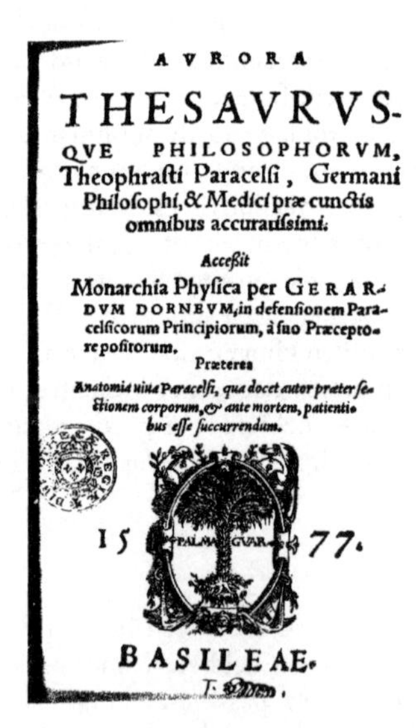
AVRORA

THESAVRVSQVE PHILOSOPHORVM,
Theophraſti Paracelſi, Germani
Philoſophi, & Medici præ cunctis
omnibus accuratiſsimi.

Acceſsit
Monarchia Phyſica per GERARDVM DORNEVM, in defenſionem Paracelſicorum Principiorum, à ſuo Præceptore poſitorum.

Præterea
Anatomia uiua Paracelſi, qua docet autor præter ſectionem corporum, & ante mortem, patientibus eſſe ſuccurrendum.

PALMA GVAR

1577.

BASILEAE.

In 1577 gaf Gerhard Dorn uit Mechelen de pseudo-paracelsistische *Aurora Thesaurusque Philosophorum* uit; hij droeg het boek met de gebruikelijke strijkages op aan François van Valois, hier beter bekend als Anjou, over wie Anthonie Balbian zich aanmerkelijk kritischer uitlaat (zie p. 12). (Exemplaar: Bibliothèque nationale de France, Parijs). Een deel van de *Aurora* werd vertaald als *Een ander cleyn tractaet van de lapis.*

[9] Zoiets heeft Thomas natuurlijk niet gezegd; mogelijk in enigerlei pseudo-Thomas-tekst. Het zou om een verkeerd begrepen denkbeeld uit Rupescissa's *De consideratione quintae essentiae* kunnen gaan.

12. De Azoth

De volgende korte prozatekst maakt deel uit van een mercurius-verzameltekst,[1] die bestaat uit een elftal min of meer afzonderlijke tractaatjes met eigen opschriften. Gezien het gemeenschappelijke onderwerp en de eenheid in schrift en opmaak is de reeks wel als een samenhangend geheel opgevat. Mogelijk is hij als geheel uit dezelfde bron overgenomen. Twee van de onderdelen worden expliciet aan Paracelsus toegeschreven; de reeks in deze samenstelling dateert vermoedelijk uit de tweede helft of het laatste kwart van de zestiende eeuw.[2]

Van den azoth

1. Azoth en is niet den gemeynen mercurius, dye daer uyt dye mineren der aerden getrocken wordt, maer het is den mercurius dye daer van dye opgeloste corpora der metalen duer synen eygenen mercurium uyt getrocken wordt. Ende vorwaer, den Azoth wort hier geseyt een Elixir, dat is een coleuringhe ofte verwe. Daerom en is dat Elixir niet anders dan alleen een opgelost corpus in een mercuriaelsch water, naer welcke oplossinghe den Azoth, dat is den lyvelycken ende corporaelschen geest, uyt hem getrocken wort, de welcke dan ons water is. Want waerom het heeft de cracht dat het oplost alle dye corpora der metalen ende oock huerlier calck.
2. Het heeft dan veelderande namen, als uryne, kinderpisse, scherpen azyn, een heylich, een eeuwich, ende een blyvende water, ende oock een beghinsel alder metalen, ende is een middel om dye verwen te samen te voeghen. Ons water genereert oock alle dinghen ende dyeshalven hevet veele ende ontalbaer namen, ende dat om dat het dye ongeleerde niet verstaen en souden.
3. Dat water wert aldus gemaect. Neempt onder half pont gesublymeerden mercurium, ende gelycke veele sal armoniack dye daer suyver sy. Dese twee tsamen wel gevreven synde sult ghy met elckanderen sublimeeren tot drye ofte vier mael toe, ja, soo langhe tot dat den mercurius ende den sal armoniack niet meer en sublimeeren ofte opvlieghen, maer datse te samen op den bodem van het gelas gesmolten blyven, ende tot dat dan daer uyt een herte materie wort.
4. Dese materie sult ghy dan vryven op eenen steen, tot dat het wort tot een subtyl ende ontastelick pulver. Daer naer soo vryvet met water van sal armoniack ende laeter dat dan in drincken ende latet drooghe worden. Legget dan op eenen steen in eenen kelder soo langhe tot dat het tot een water resolveert ende smelt. Conste in een gelas gedaen ende soo geset in een balneum maris, soo solveeret binnen een maent tot een mercuriaelsch water [220v]

[1] Zie bijlage 2, no. 98 en p. 199.
[2] De mercurius-verzameltekst die volgt, begint op een nieuw blad met een tractaat dat uit een handschrift is overgeschreven.

5. Daer naer neempt een half pont gauts, soo verre ghy op den roeden lapis wercken wilt, oft soo veel silvers, soo ghy op den witten lapis wilt wercken, ende calcineeret tot een schoon calck. Neempt dan van dyen calck ende doet hem int vorseide water mercurii (het welck naer myn advys eerst dient afgesoet door destilleeringhen), so solveert ofte smelt sulcken calck van stonden aen tot een water, het welcke water ghy daer naer sult reynighen ende suyveren duert destilleeren. En als dan wort dat water genaempt een water der philosophen het welcke daer bestandich ende fix maect alle metaelsche geesten, ende is een beghinsel van onsen steen daer alle coleuren ende tincturen moeten mede vermeerdert worden.
6. Nu soo is de sublimatie een verhooghinghe der philosophen, duer welcke verhooghinghe men moet de subtyle deelen scheyden van de grove. Ende dat moet gedaen worden met een cleyn vierken ofte hitte. Want die grove stucken vlieghen dan om hooghe ende den mercurius wort swaerder dan hy van te vooren was, want hy trect aen hem dye grove materie ofte geesten dye hem toegeset worden ofte dye ghy by gedaen hebt.

Vertaling

Over de Azoth

1. Azoth is niet de gewone mercurius, die uit de mijnen in de aarde gehaald wordt, maar het is de mercurius die door middel van zijn eigen mercurius uit de opgeloste lichamen van de metalen wordt gewonnen. En voorwaar, de Azoth wordt hier een Elixir genoemd, dat is een kleuring of tint. Daarom is het Elixir niets anders dan een opgelost corpus in een mercuriaal water, na welke oplossing de Azoth, dat is de lichamelijke geest, uit hem getrokken wordt, en dat is dan ons water. En wel omdat het de kracht heeft om alle lichamen van de metalen en ook hun kalk op te lossen.
2. Het heeft dan allerlei namen, zoals urine, kinderpis, scherpe azijn en heilig, eeuwig of blijvend water, en ook een oerstof van alle metalen. Het is een middel om de kleuren samen te voegen. Ons water brengt ook alle dingen voort, en om die reden heeft het veel en talloze namen, en wel opdat de ongeleerden het niet begrijpen zouden.
3. Dit water wordt als volgt gemaakt. Neem anderhalf pond gesublimeerde mercurius, en evenveel ammoniakzout die zuiver moet zijn. Als deze twee goed samen gewreven zijn moet u ze drie of vier maal samen sublimeren, net zolang tot de mercurius en het ammoniakzout niet langer sublimeren ofwel omhoog vliegen, maar samen op de bodem van het glas gesmolten blijven liggen, en tot dat dan tot een harde materie wordt.
4. Deze materie moet u dan wrijven op een steen, tot het een fijn poeder is zonder voelbare korrels. Wrijf het daarna met een oplossing van ammoniakzout, en laat dat erin trekken en droog worden. Leg het dan op een steen in een kelder totdat het tot een vloeistof oplost en smelt. Wordt het dan in een glas gedaan[3] en zo in een bainmarie gezet, dan lost het binnen een maand op tot een mercuriaal water.

[3] 'Conste' in de tekst is moeilijk te lezen en te interpreteren; mogelijk is de tekst niet compleet.

5. Neem daarna een half pond goud, als u de rode steen wilt maken, of evenveel zilver, als u de witte steen wilt maken, en calcineer dat tot een mooie kalk. Neem wat van die kalk en doe het in het genoemde water van mercurius (dat naar mijn mening eerst gereinigd moet worden door destillatie), dan lost zulke kalk meteen op tot een vloeistof, en die moet u dan daarna reinigen door de destillatie. En dan wordt het water een water der filosofen genoemd, dat alle metallische geesten stabiel en vast maakt, en het is de grondstof voor onze steen, waar alle kleuren en tincturen mee vermenigvuldigd moeten worden.
6. De sublimatie nu is een verhoging van de filosofen, waardoor men de subtiele delen van de grove moet scheiden. En dat moet gedaan worden op een zacht vuurtje, met weinig hitte. Want de grove delen vliegen dan omhoog en de mercurius wordt zwaarder dan hij daarvoor was, omdat hij de grove materie of geesten aan zich trekt die aan hem toegevoegd worden of die u erbij gedaan hebt.

Commentaar

Deze korte tekst begint met het weergeven van enkele centrale denkbeelden, die ook in andere teksten vaak naar voren komen: het verschil tussen de gewone mercurius en de 'onze', de eigenschappen van 'onze' mercuriusen de vele namen die ervoor bestaan. Dan volgt een concrete instructie hoe 'onze' mercurius bereid moet worden uit gewoon kwikzilver en ammoniakzout. In dit proces ontstaat eerst een vaste stof, die daarna vloeibaar gemaakt wordt. Toevoeging van voorbewerkt goud of zilver is noodzakelijk om het zo bereide mercuriale water de gewenste kleurende kracht te geven.

13. Van zaad tot vrucht, van vrucht tot zaad

Hieronder volgt een fragment uit een tekst van ruim acht pagina's met het opschrift 'Vanden gemeynen mercurius soo hy by den droghisten vercocht wordt; van zijn cracht, duecht ende eygenschap'. Daarachter staat nog: 'e manu scripto', 'uit een handschrift'.[1] Het opschrift dekt maar klein deel van de tekst, die vrij uitvoerig ingaat op het alchemistisch proces en die daarbij drie geliefde metaforen gebruikt: de groeiende boom, de akkerman en het alchemistisch huwelijk. De tekst verwijst expliciet naar Paracelsus en zowel de beeldspaak als de voorstelling van zaken zijn uitgesproken paracelsistisch gekleurd. Enkele germanismen doen vermoeden, dat de tekst uit het Duits vertaald is.[2] Andere taalkenmerken lijken erop te wijzen, dat Balbian dat niet zelf heeft gedaan.[3]

De tekst begint met een uiteenzetting over 'den groven elementisschen geest' van de onbewerkte mercurius, die in potentie door samenvoeging met de geesten van de andere metalen in elk van deze kan veranderen. Die geesten moeten dan wel eerst uit de metalen worden getrokken, en de mercurius moet opengemaakt, gedood en tot een 'metaelschen lyvelicken geest' gemaakt worden om een van die geesten te kunnen ontvangen. De levendmakende geest van goud of zilver maakt de mercurius vast en bestendig. Het nu volgende deel van de tekst geeft een nadere uitleg van dit proces.

1. Nu is te verstane ende te weten wat den geest mercurius is. Den mercurius en is gheenen geest alsoo rou dan hy moet eerste seven oft neghen mael gesublimeert syn met vitriolum ende sout, gelyck ghy elders genoech vinden sult; dan is hy eerst eenen geest, ende niet eer. Want als [224r] dan is hy quyte synen stanck, vuylicheyt ende fenynicheyt, ende oock syn eertsche materie.

2. Dye sommighe maecken desen gereynichden mercurius tot water. Als hy tot water is, soo is het *prima materia* ofte *primum ens mercurii*. Ende dye wert aldus gemaect: datmen den mercurius eerst coaguleere, ende dan met sal armoniack vryve, ende neghen mael over sublymeere, ende dan met gedestilleert reghen water den mercurius soete maecke, ende dicwels versch water daer op ghiete ende daer af destilleere, soo langhe tot dat den mercurius niet meer naer het sout en smaecke; soo blyft dye *prima essentia* ofte *materia* van mercurius in den gront ligghen.

3. Nu den geest des gouts ofte des silvers is datmen eerst dat gout ofte silver fyn maect ende dat gout reynighe door den anthimonie, ende daer dan augmenteere van coleure, ende dan tot synen levenden mercurius maecke. Dat is dat men dat gehoogmenteerd gout drye mael sublymeere

[1] F. 223r-f. 227r. De verwijzingen binnen deze tekst naar 'elders in dit boek' (227r) komen overigens ook voor in verwante teksten die vermoedelijk uit een druk zijn afgeschreven.

[2] Bijvoorbeeld 'Al is het nu schoon soo' (223v), een frase die vier maal voorkomt in het zeker uit het Duits vertaalde tractaat van pseudo-Lullius (213r-217v).

[3] Bijvoorbeeld de Brabantismen 'vergheeren' ('vergaderen', 225v) en 'werm' ('warm', 226v).

met den *mercurio*, ende tot syn *prima materia* maecke, dat is tot water, gelyck elders genoech geseyt is.

4. Soo is het dan dat dye boecken der aude philosophen ende doctoren ofte oock *Paracelsi* tot nu toe niet wel verstaen en syn gewesen, ten sy dat se alle dese stucken wel overlesen ende verstaen hebben; namelijk daer hy schryft van syn vier *arcana*, als daer syn: *Arcanum primae materiae, Arcanum mercurii [vlek]h, Arcanum lapidis philosophici* ende *Arcanum tincturae* mits oock *de magisterio metallorum et de tinctura phisicorum.* [in de marge: *Sunt recte hec omnia unum*].

5. Want de selvighe alle commen uyt eenen oorspronck, als een boom groeyt uyt de wortel. Eerst commen voort syn tacken, daer naer de bladern, daer naer de schoone blommen, ende daer naer de vruchten; ende in dye vruchten steect dat saet, het welcke de laetste materie is. Ende als die kernen wederom [224v] geplant worden, soo syn sy wederom de eerste materie ofte *prima materia*, want van de selve kernen wederom eenen nieuwen boom groeyt.

6. Alsoo ist oock te verstane met den goude: alst op syn hoochste gereynicht is, soo can men het maecken groeyende gelyck eenen boom, alsoo dat van syn vruchten noch veel meer ander vruchten voorts commen mueghen, ende van dye vrucht veel saets, ende van dat saet veel boomen. Alsoo groeyen oock uyt dat gout alle de voor genomde stucken, ende oock tincturen, *quintae essentiae, aurum potabile, oleum solis* ende *mercurius solis*, welcke den *mercurius philosophorum* is ende *butyrum solis*.

7. Met alle dese stucken cont ghy der menschen crancheyden genesen, veel meer ende beter dan tot noch toe met pennen beschreven is ofte oock noch met pennen beschreven worden, want het reynicht dye laserie, ende alle dye onreyne metalen maecket tot fyn gout.

8. Dit is dan den *mercurius philosophorum* ofte het quicksilver der wysen, daer uyt dat de tincture ofte dyen hefdeech der metalen gemaect wert. Ende dit is die middele om dye tincture te maecken. De welcke soo wanneer yemant maecken wilt, soo moet hy nemen den *mercurius philosophorum*, dat is *den mercurius Solis*, ofte dat gout tot een quicksilver gemaakt. Desen selvighen mercurius werpt in dye eerde, dat is in den levenden acker.

9. Verstaet by desen levenden acker als dat hy is den geest vanden gemeenen slechten mercurius, ende daer uyt commen dan dye tincturen. Dat is dan den levenden acker, ende dye selvighen levenden acker dye doet den mercurius der wysen solveeren, ende hy ontfanct in hem syn cracht. Ende daer naer doot den mercurius der wysen den geest vanden gemeynen mercurius ende maect hem bestandich, ende trauwen malcanderen in het vier.

10. Want den mercurius philosophorum welck is den mercurius uyt het gout dye is den lyfelicken geest mercurius; in de te [225r] samen settinghe is hem toe geeychent gelyck den man, ende sy beyde syn uyt eenen oorspronck, hoe wel dat het lyf *Solis* quicksilver is, ende is als den man,

bestandich in het vier; ende dat metaels wyf niet fix. Des niet te min wert hem dat wyf toe geeychent, gelyck dye eerde dat cooren toegeeychent wort.

11. Saeyt men geerste, soo maeytmen geerste; saeytmen terwe, soo maeytmen terwe, ende alsoo ist te verstane met alle andere vruchten, ende oock in deser conste: als ghy gout saeyt soo maeyt ghy gout; saeyt ghy silver, soo maeyt ghy silver. Daerom seyt Paracelsus: 'Laet dat gout u saet syn, ende maect dat dye meester sy de wassende cracht' (dat is: dat dat hy syn vier weet te regieren), 'ende laet den Athanor dye eerde syn, daer in dat het decoqueren mach tot dat dye twee *mercurii* daer in fix ende bestandich gemaect syn.'

12. Daerom siet hyer in toe, want sulcken metalen als ghy neempt, alsulcken tincturen groeyender uyt, elck naer synen graet, dat geschiet uyt den mercurius der metalen, dat is uyt den mercurius der wysen, ende niet uyten den *mercurio vivo*; dan den gemeynen mercurius dye is de augmentatie, ende uyt dye compt gelyck een saet voorts alsser dat elixir in geworpen wort gelyck de vruchten in de eerde, ende dye eerde als dan dye vruchten voort brenct.

13. Nu hebt ghy gehoort waer uyt dat de tincturen gemaect worden; nu sult ghy oock weten ende hooren hoe dat dye twee *mercurii* gelyck als man ende wyf te samen geset sullen worden: hoemen den mercurius der wysen met den lyfelycken gheest mercurius te samen sal setten.

14. Als nu yemant den *mercurius Solis* met den lyfelycken gheest mercurius vereenighen wilt, soo moet hy weten hoe veele dat hys nemen sal. Neempt hys te vele, soo verdrinct hy syn saet, soo dat het niet moghelick en is dat het soo langhe leven mach tot dat het met den lyfelycke geest mercurius vereenighen can in het vier; ende neempt hy te luttel, soo en can dat saet daer in niet solveeren, maar verdroocht, ende en can gheen vruchten [225v] voorts gebrenghen. Daerom moet men weten hoe vele dat men van elx nemen sal, alsoo verre als men tot goeden ende commen wilt. Want soo men hyer in failliert, soo en can men tot gheenen goeden eynde commen. Daerom neempt een deel saets tot twee deelen eerde, ofte drye deelen saets tot vier deelen eerde, soo en sult ghy niet failliren, maer sult alsoo tot eenen goeden eynde commen.

15. Nu sult ghy weten hoe dat ghy den man met den wyve te samen vereenighen ende vergheeren sult. Daerom neempt den *mercurius philosophorum*, dat is dat gout dat op syn hoochste gereynicht is ende gehoogmenteert van coleure, ende solveert hem met synen wyve, als namelick met den lyvelicken geest, dat is den levenden gemeynen mercurius dye seven oft neghen mael gesublimeert is ende reyn gemaect.

16. Ende als dese twee by elcanderen gedaen worden, soo doet dat wyf den man open, ende den man dye figeert dat wyf. Want gelyck den man draecht soo grooten begeerte tot de beeldenesse van syns gelycke, alsoo grooten begeerte draecht oock den *mercurius philosophorum* tot dye *terra* ofte eerde *metallorum*; want sy soecken met vierighe begeerte gemeynschap

met malcanderen te hebben, want de nature heeft eenen grooten lust tot haers gelycke. Alsoo ist oock desen lyfelicken geest dye soect gemeynschap te hebben met den *mercurius philosophorum*, ende om met malcanderen te vereenighen gelyck als man ende wyf, alsoo dat sy naer den lyve gheen onderscheyt en hebben dan alleen in de cracht, duecht ende eyghenschap.

17. Den metaelschen man dye is bestandich in het vier, ende dat metaelschen wyf is vluchtich. Alsmen eenen levenden man met een levenden wyf vermenghelt, soo maecken sy kinderen, dat eenen dooden man met eenen levenden vrauwe niet gedoen en can. Daerom vereenicht dat levendighe wyf met den levendighen man; als dan solveert dat wyf den man, ende den man tingeert dat wyf ende hy maectse vruchtbaer.

18. Dan [226r] muecht ghyse doen in een gelas wel toe geluteert, op dat het wyf niet wech en roocke, ofte uyt het gelas niet en vlieghet, anders waer u werc al te nieten. Ende alsoo moet ghy dit soo langhe laten decoqueren, dat is: op ende neer laten gaen in den Athanor, tot dat den *mercurius philosophorum* hem selven open gedaen heeft ende syn uyterste cracht daer in geschoten gelyck een cooren in der eerden, dwelck eerst licht en rot ende wert als melck; ende door de warmte ende vochticheyt wordet schietende ende brencht vruchten voorts. Alsoo doet dit oock; ende alsoo comen dye vruchten voort, dye daer af groeyen ende wassen alst in dye gedurende warmte gehouden wort.

Vertaling

1. Nu moet u begrijpen en weten wat de geest mercurius is. De natuurlijke mercurius is nog geen geest, tenzij hij eerst zeven of negen maal gesublimeerd is met vitriool en zout, zoals u elders wel genoeg (beschreven) zult vinden; dan pas is hij een geest, en niet eerder. Want dan pas is hij bevrijd van zijn stank, vuiligheid en giftigheid, en ook van zijn aardse materie.

2. Er zijn er die deze gereinigde mercurius tot een water maken. Als hij een water geworden is, dat is het de eerste materie of het eerste wezen van de mercurius. En die wordt als volgt gemaakt: met moet de mercurius eerst vast laten worden en wrijven met ammoniakzout, en negen maal sublimeren, en dan met gedestilleerd regenwater zoet maken door er vaak vers water op te gieten en dat eraf te destilleren, net zolang tot de mercurius niet meer naar het zout smaakt; dan blijft het eerste wezen of materie van de mercurius op de bodem liggen.

3. De geest van het goud of het zilver nu is (wat men krijgt) als men het goud of zilver eerst klein maakt en het goud reinigt met antimoon, en dan de kleur ervan versterkt, en dan tot zijn levende mercurius maakt. Dat houdt in dat men het versterkte goud driemaal sublimeert met de mercurius, en tot zijn eerste materie maakt, dat is tot water, zoals elders al voldoende is gezegd.

4. Nu wil het geval dat de boeken van de oude filosofen en geleerden en ook van Paracelsus tot nu toe niet goed begrepen zijn, behalve door degenen die al deze onderwerpen goed bestudeerd en begrepen hebben, en met name waar hij (Paracelsus) schrijft over zijn vier geheimen, te weten: het geheim van de eerste materie, het

geheim van de [..][4] van mercurius, het geheim van de steen der wijzen en het geheim van de tinctuur, alsmede het meesterschap van de metalen en de tinctuur van de natuurfilosofen. [in de marge: Deze zijn natuurlijk allemaal één].

5. Want deze komen allen voort uit één oorsprong, zoals een boom groeit uit de wortel. Eerst groeien zijn takken, daarna de bladeren, daarna de mooie bloemen, en tenslotte de vruchten; en in de vruchten zit het zaad, dat de laatste materie is. En als de zaden op hun beurt geplant worden, dan zijn ze opnieuw de eerste materie, want uit die zaden groeit weer een nieuwe boom.

6. Zo dient dit ook van het goud begrepen te worden: als het optimaal gereinigd is, dan kan men het laten groeien als een boom, zo dat uit zijn vruchten nog veel meer nieuwe vruchten kunnen voortkomen, en uit die vruchten veel zaad, en uit dat zaad veel bomen. Zo groeien uit het goud ook de zojuist genoemde geheimen, en ook tincturen, kwintessens, drinkbaar goud, goudolie en de goudmercurius, die de mercurius der wijzen is en goudboter.

7. Met al deze geheimen kunt u de ziekten van de mensen genezen, veel meer en beter dan tot nu toe met pennen beschreven is of ooit beschreven zou kunnen worden, want het zuivert de melaatsheid, en alle onreine metalen maakt het tot puur goud.

8. Dit nu is de mercurius der wijzen ofwel het kwikzilver der wijzen, waaruit de tinctuur of het desem van de metalen gemaakt wordt. En als iemand dat maken wil, dan moet hij de mercurius der wijzen nemen, dat is de mercurius uit het goud, ofwel het goud tot een kwikzilver gemaakt. Werp deze mercurius in de aarde, dat is in de levende akker.

9. Begrijp deze levende akker als de geest van de gewone simpele mercurius, en daar komen dan de tincturen uit voort. Dat [de gewone mercurius] is dus die levende akker, en die akker laat de mercurius der wijzen oplossen, en hij ontvangt zijn kracht in zich. En daarna doodt de mercurius der wijzen de geest van de gewone mercurius en maakt hem bestendig, en ze trouwen elkaar in het vuur.

10. Want de mercurius der wijzen die de mercurius uit het goud is [wordt verenigd met][5] de lichamelijke geest mercurius; in de samenvoeging valt hem de rol van de man toe, en ze zijn van dezelfde oorsprong, hoewel dat het lichaam van het goud kwikzilver is, en het is als de man, bestendig in het vuur; en de metallische vrouw is dat niet. Toch wordt hem de vrouw toegekend, zoals het koren aan de aarde wordt toevertrouwd.

11. Als men gerst zaait, dan maait men gerst; als men tarwe zaait, dan maait men tarwe, en zo gaat dat ook met alle andere vruchten, en ook in deze kunst: als u goud zaait, dan maait u goud; zaait u zilver, dan maait u zilver. Daarom zegt Paracelsus: 'Laat het goud uw zaad zijn, en zorg dat de meester de groeiende kacht zij' (dat betekent: dat hij het vuur weet te beheersen), 'en laat de Athanor de aarde zijn, waarin het kan inkoken totdat de twee mercuriussen daarin vast en bestendig zijn gemaakt.'

12. Let hier dus goed op, want zodanige metalen dat u gebruikt, zodanige tincturen komen eruit voort, elk naar zijn kwaliteit, wat gebeurt door de mercurius der metalen, dat is de mercurius der wijzen, en niet uit de levende (gewone) mercurius;

[4] Hier is een woord weggevallen.

[5] De woorden tussen vierkante haken zijn een aanvulling van mij, avg.

maar de gewone mercurius zorgt voor de vermeerdering, en het zaad dat eruit voortkomt komt overeen met het elixir dat erin geworpen wordt zoals de zaden in de aarde, en de aarde brengt dan de vruchten voort.

13. Nu hebt u gehoord waarmee de tincturen gemaakt worden; nu zult u ook leren en vernemen hoe de twee mercuriussen als man en vrouw verenigd zullen worden: hoe men de mercurius der wijzen met de lichamelijke geest mercurius moet samenvoegen.

14. Als iemand nu de goudmercurius met de lichamelijke geest mercurius verenigen wil, dient hij te weten hoeveel hij daarvan nemen moet. Als hij te veel neemt, dan verdrinkt hij zijn zaad, zodat het onmogelijk lang genoeg in leven kan blijven om zich in het vuur met de lichamelijke geest mercurius te kunnen verenigen; en als hij te weinig neemt, dan kan het zaad er niet in oplossen, maar dan verdroogt het, en kan geen vruchten voortbrengen. Daarom moet men weten hoeveel van elk men nemen moet, als men (het werk) tot een goed einde wil brengen. Want als men hierin tekort schiet, dan kan men dat niet. Neem daartoe een deel zaad op twee delen aarde, of drie delen zaad op vier delen aarde, dan zult u niet falen, maar tot een goed einde komen.

15. Nu moet u weten hoe u de man met de vrouw met elkaar dient te verenigen en samen te voegen. Neem daartoe de mercurius der wijzen, dat is het goud dat optimaal gereinigd en versterkt van kleur is, en los hem op samen met zijn vrouw, te weten met de lichamelijke geest, dat is de levende gewone mercurius die zeven of negen maal gesublimeerd en gereinigd is.

16. En als deze twee bij elkaar gedaan worden, dan doet de vrouw de man open, en de man maakt de vrouw vast. Want zoals de man een zeer grote begeerte koestert naar zijn beeld en gelijkenis, zo ook heeft de mercurius der wijzen een even grote begeerte naar de aarde der metalen; want zij streven er met vurige begeerte naar gemeenschap met elkaar te hebben, want de natuur heeft een groot verlangen naar [of: een groot behagen in?] haar gelijke. Zo is het ook met deze lichamelijke geest die gemeenschap wil hebben met de mercurius der wijzen, en om zich met elkaar te verenigen als man en vrouw, zodat ze lichamelijk in geen enkel opzicht verscheiden zijn, behalve dan in kracht, vermogen en kwaliteit.

17. De metallische man is bestendig in het vuur, en de metallische vrouw is vluchtig. Als men een levende man met een levende vrouw samenvoegt, dan maken ze kinderen, hetgeen een dode man met een levende vrouw niet kan doen. Verenig daarom de levende vrouw met de levende man; dan lost de vrouw de man op, en de man kleurt de vrouw en hij maakt haar vruchtbaar.

18. Dan kunt u ze in een goed dicht verleemd glas doen, zodat de vrouw niet wegdampt, of uit het glas vliegt, want dan zou al uw werk voor niets geweest zijn. En dan moet u dat zo lang laten decoqueren, dat is: op en neer laten gaan in de athanor, tot de mercurius der wijzen zich geopend heeft en zijn opperste kracht erin geschoten heeft zoals een graankorrel in de aarde, die eerst ligt te rotten en als melk wordt; en door de warmte en vochtigheid schiet hij op en brengt vruchten voort. Doe dit op dezelfde manier: en dan komen er de vruchten uit voort, die groeien en toenemen zolang het [glas] op een constante warme temperatuur gehouden wordt.

Commentaar

2 De term *primum ens* is specifiek Paracelsistisch.

5 De boommetafoor komt vaker voor in de alchemie, ook bij Balbian; zie vooral het gedicht ' Een uytlegginghe van den boom mercurii'.[6]
8-11 Het beeld van de akkerman kan direct of indirect aan Paracelsus zijn ontleend. Het komt ook voor in *Een ander clein tractaat*; zie Bloemlezing 11.

[6] Ed. Fraeters 2001.

14. Dubieus Vlaamstalig drukwerk

Zoals Balbian meedeelt, heeft hij het nu volgende recept uit een Vlaamstalig gedrukt boekje overgenomen.[1] Blijkbaar vond hij het niet nodig om de auteur, de titel of de drukker van zijn bron te vermelden, en zijn aanduiding *e libello quodam*, 'uit een of ander boekje', klinkt een beetje neerbuigend. Dat zal wel te maken hebben met zijn idee, dat dit recept niet helemaal bona fide is; hij noemt het 'sophisticum', een term die elders in het handschrift doorgaans 'namaak' betekent. Het product ziet er er wel uit als goud of zilver, maar het is dat niet echt.

Het bedoelde boekje is vermoedelijk *Een schoon tractaet van sommighe werckingen der Alchemistische dinghen* van Simon Andriessen, waarvan de eerste druk verscheen in 1581.[2] Boven het recept staat: 'Noch is hier by ghedaen een schoon tractaet van de Alchemistery, dat noyt meer in druck en is gheweest; ende is oprecht bevonden.' Het werd opnieuw uitgegeven in een verzameldrukje van Simon Andriessen dat in 1600 in Amsterdam verscheen. Daar heet het 'Een schoon Tractaet van de Alchimisterye'. Andriessen of zijn drukker heeft het 'nooit eerder gedrukt' in deze herdruk netjes geschrapt, maar het is onduidelijk, waarom ook de tweede aanbeveling gesneuveld is. Had Balbian misschien gelijk?

De tekst van Andriessen bevat een aantal fouten; vooral de Latijnse alchemistische termen zijn erg verhaspeld.[3] Balbian heeft niet alleen dit soort fouten verbeterd, maar ook de rest van de tekst naar eigen inzicht geredigeerd. Hij vervangt sommige Vlaamse termen door Latijnse,[4] en houdt vast aan zijn eigen spellingsgewoonten; hij schrijft bijvoorbeeld steeds 'gelas' en 'hoven', waar Andriessen 'glas' en 'oven' of 'ooven' heeft. Verder gebruikt Balbian meer verkleinwoorden dan Andriessen.[5]

Inhoudelijk scherpt Balbian de instructies hier en daar aan. Het toe te voegen water, dat volgens Andriessen 'per filtrom eerst moet gedisteleert wesen', dient volgens Balbian bij voorkeur gedestilleerd te zijn; filtreren is het minimum. Na 'mercurium' (4) voegt Balbian toe: 'wel suyver ende gepurificeert'; het 'optime purgati' (6) is ook van hem afkomstig. Terwijl Andriessen zegt dat de gebrande wijn drie of vier maal gerectificeerd moet wezen, heeft Balbian 'ten minsten vier maal'. Voor de multiplicatie geven beide drukken van Andriessen een verhouding van een deel elixir op duizend delen tin of kwik; dat was Balbian blijkbaar te gortig, want hij reduceert dit tot honderd. Balbian springt met deze tekst dus heel anders om dan met bijvoorbeeld het recept van Fioravanti, waar hij weliswaar de in- en uitleidende tierelantijnen heeft weggelaten, maar dat hij verder zeer zorgvuldig heeft overgenomen.

[1] Thorndike *HMES* II p. 806 vat 'Flandrico impreso' op als: 'printed in Flanders'.

[2] Het recept is vermoedelijk toegevoegd als bladvulling: het staat in het laatste katern, ná het register.

[3] Zo staat er 'prodexum' voor 'projectie', 'elecksien' voor 'elixir', en 'lapus' voor 'lapis'.

[4] Als Andriessen bijvoorbeeld 'goeden ghebranden wijn' noemt, maakt Balbian daar 'goeden spiritum vini' van.

[5] Balbian schrijft 'stixkens' voor 'stucken', 'lepelken' voor 'lepel', en 'gelaesken' voor 'glas'.

Experimentum mirabile e libello quodam Flandrico impreso: sophisticum mea quidem sententia

1. Neempt vyf engelschen cornet gout oft een once gebrant silver, dye door den Antimonium gepasseert moeten weesen; ende dan salmen den Sol ofte Luna (welcke van tween ghy wercken wilt) dunne slaen ende in stixkens snyden. Dan neempt deen oft dander ende doet het in een scheywater oft aqua fortis, ende latet solveeren. Ghy moet noch eens soo veel scheywater nemen als vanden Sol ofte Luna. Ende alst nu gesolveert is, soo doeter een weynich gemeen souts ende een weynich stroom waters in; soo vint ghy uwen Sol op den gront van den aqua fortis gelyck als geelen calck. Item, men moet weten dat dit solveeren moet geschieden in een scheygelas.

2. Daer naer wast uwen calck schoon af met aqua communis destillata (oft emmers per filtrum gedestilleert) tot dat het water soet daer af compt, gelyck ghyt daer op gegoten hebt; ende settet dan op den hoven, ende latet drooghe worden. Alst dan wel drooghe is, soo sal men nemen een ander gelaesken dat boven wyt is, ende doen dan den voorseyde calck van u Sol ofte Luna daer in.

3. Item, ghy moet nemen thien versche lemoenen teghen een half loot Sol ofte Luna, ende stooten den lemoenen met schellen met als. Dan perst dat sap daer uyte met een persse oft door een stremyn. Daer naer destilleeret sap op uwen calck, ende stopt u gelas met een ander gelaesken, ofte met een geslepen tigghel oft schaelde. Het welcke gelas ghy setten sult op waerme asschen, dat de asschen effen soo heet syn gelyck de sonne smiddens somers schynt, ende latet daer in staen drye daghen ende drye nachten. Soo comt dye quinta essentia auri boven op het sap vanden lemoenen, in de wyse eender vliese gelyck olie.

4. Dese [241v] vliese schept properlick af met een golden ofte silveren lepelken (naer dat ghy uwe materie geset hebt), ende doet dat in eender geluteert ander gelaesken ende dat scherp geyct sy. Ende als de quinta essentia daer in is, dan sult ghy daer toe doen gelycke veele in gewichte, oft van gelycke swaerde, als dye quinta essentia es gemeynen mercurium wel suyver ende gepurificeert. Dan neempt goeden spiritum vini van goeden rynschen ofte puren anderen wyn, gedestilleert ende getrocken ende ten minsten vier mael gerectificeert, tweemael soo swaer in gewichte als de quinta essentia met den mercurio es. Dan trect den wyn met saften viere daer van per ignem cinerum, ende latet wederom coelen; ende ghieter wederom anderen wyn ofte *vini spiritum* op soo vele voorseyt is, ende trecket wederom af. Dit doet drye mael.

5. Dan set u gelaesken, eerst wel geluteert cum luto sapientie soo diepe alst in de asschen staen moet, in gesifte asschen op den hoven, ende stooct in den hoven met hautcolen met sachten viere een hure lanck; daer naer wat stercker, tot dat den gebranden wyn sal af gedestilleert wesen, welck wel eenen halven dach aenloopt. Daer naer |stooct een weynich stercker, tot dat

u materie swert werdt; daerna| stooct noch een weynich stercker, tot dat u materie wit is; dan stooct voort met sulcken eendrachtighen viere tot dat u materie root wort, schoon van verwe als root bloet. Dan sult ghy noch stoken twee ofte drye huren lanck. Daer naer latet van selfs coelen. Dan hebt ghy in den gront des gelas den oprechten lapidem philosophorum.

6. Wilt ghy hem multipliceeren, soo doet hem in een ander gelas met even swaer gemeynen mercurius, dye van deghen gepurgeert sy, als den lapis weecht; daer by doende twee mael soo vele van den voorseyden gerectificeerden gebranden wyn als den lapis met den mercurio weghen, ende doet hem als vooren geleert is. Aldus cont ghy uwen lapis vermenichfuldighen soo swaer ghy selve wilt, want daer gheen quinta essentia meer by en compt. Als ghy nu projectie wilt doen, soo doet een deel op hondert deelen jupiter, dye staet ende dryft, oft op sulcken deel mercurii optime purgati, ende in een smelt croes heet gemaect: daer desen elyxir dan in geworpen transmuteert hem in oprechten Sol ofte Luna. Danct Godt ende gedenct den aermen.

Finis

vertaling

Een wonderbaarlijk recept uit een zeker in het Vlaams gedrukt boekje; maar naar mijn mening is het bedrog.

1. Neem vijf engelsen goudkorrels of een ons gebrand zilver, die met antimoon behandeld moeten zijn; en dan moet men het goud of zilver (welke men bewerken wil) dun slaan en in stukjes snijden. Neem dan een van de twee en doe het in een zuur, ofwel sterk water, en laat het oplossen. U moet tweemaal zoveel zuur nemen als goud of zilver. Als het is opgelost, doe er dan wat gewoon zout en een beetje bronwater bij; dan vindt u uw goud op de bodem van het sterk water in de vorm van gele kalk. Denk erom, dat dit oplossen moet gebeuren in een scheiglas.

2. Spoel daarna die kalk schoon met gedestilleerd of tenminste gefiltreerd gewoon water totdat het water schoon blijft; zet het daarna op de oven, en laat het drogen. Als het goed droog is, moet u een ander glaasje nemen met een wijde hals, en daar die kalk van uw goud of zilver in doen.

3. Dan moet u tien verse limoenen nemen op een half lood goud of zilver, en die limoenen klein stoten met schil en al. Pers dan het sap eruit met een pers of door een zeef. Destilleer dit sap op uw kalk, en sluit uw glas af met een ander glaasje, of met een geslepen stop. Zet het glas dan op warme as, die net zo warm is als de zon midden in de zomer, en laat het daar drie dagen en drie nachten in staan. Dan komt de quintessens van het goud boven op het sap van de limoenen, in de vorm van een olieachtig vlies.

4. Schep dit vlies er zorgvuldig af met een gouden of zilveren lepeltje (afhankelijk van uw grondstof), en doe het in een verleemd ander glaasje dat zorgvuldig geijkt is. En als die quintessens daar in zit, dan moet u er dezelfde gewichtshoeveelheid zuiver en goed gereinigd gewoon kwikzilver bij doen. Neem dan goede wijnalcohol van goede Rijnwijn of zuivere andere wijn, gedestilleerd en getrokken [?] en minimaal viermaal gerectificeerd, twee maal zoveel in gewicht als de quintessens en

het kwik samen. Trek dan de wijn er af met een zacht vuur van gloeiende as, en laat het weer afkoelen; en giet er opnieuw de vermelde hoeveelheid wijn of wijnalcohol op, en trek het er weer af. Doe dit drie maal.

5. Zet dan uw glaasje, eerst goed geluteerd met het leem der wijzen tot de hoogte die onder de as komt, in gezeefde as op de oven, en stook de oven een uur lang met een zacht houtskoolvuur; stook hem daarna wat op, tot alle wijngeest er af gedestilleerd is, wat wel een halve dag beslaat. Stook dan iets harder |totdat uw stof zwart wordt, en dan nog wat harder| tot uw stof wit is. Stook dan verder op een gelijkmatig vuur tot uw stof rood wordt, mooi van kleur als rood bloed. Dan moet u nog twee of drie uur stoken. Laat het daarna vanzelf afkoelen. Dan hebt u op de bodem van het glas de ware steen der wijzen.

6. Als u hem wilt vermenigvuldigen, doe hem dan in een ander glas met evenveel grondig gereinigd gewoon kwik als de steen weegt, en doe er dan twee maal zoveel van de al genoemde gerectificeerde wijnalcohol bij als de steen en het kwik samen wegen, en herhaal de bovenstaande voorschriften. Op die manier kunt u uw steen tot elke gewenste hoeveelheid vermenigvuldigen, want daar is geen quintessens meer bij nodig. Als u nu de projectie wilt doen, neem dan één deel op honderd delen vloeibare tin, of op evenveel grondig gereinigd en in een smeltkroes heet gemaakt kwik; en als dit elixer daar in geworpen wordt, dan transmuteert het zich in echt goud of zilver. Dank God en gedenk de armen.

1 Een engels is een gewichtseenheid voor goud en zilver van een twintigste ons (ruim anderhalve gram); 'cornet' is dus niet het gewicht maar een specificatie van het soort goud, of het geeft aan dat het goud in korrels verdeeld moet zijn. In Andriessen 1581 begint het recept met 'Item neemt vijf engelsche fijn cornet gout'; Andriessen 1600 heeft 'Item neemt fijn cornet gout'.
5 De zinsnede tussen | | ontbreekt bij Balbian en is aangevuld naar Andriessen 1581. Merkwaardig is dat dezelfde zinsnede ook ontbreekt in de druk van 1600. Balbian en de herdruk kunnen dezelfde saut du même au même hebben gemaakt. Of zit er nog een druk tussen, mèt 'vijf engelsche', eventueel zonder 'fijn', en zonder de overgeslagen zinsnede?
Enkele typografische verschillen tussen het handschrift en de druk: de druk gebruikt altijd de symbolen voor sol en luna, en meestal het &-teken voor et/ende. Balbian doet dat vrijwel consequent niet. Dit geldt ook voor zijn andere afschriften naar drukken.

14b Lutum sapientie

In de paragrafen 4 en 5 is spreke van 'luteren' met 'lutum sapientiae'. Dat is een klei- of deegachtige substantie, waarmee glazen kolven en dergelijke dik worden ingesmeerd voordat ze op het vuur of in de gloeiende as gezet worden. Het dient als isolerende, beschermende en warmteverdelende buitenlaag.
Het volgende recept voor *lutum sapientie* heeft Balbian waarschijnlijk uit een ander drukje van Simon Andriessen, het *Const Boeck*, dat ook in 1581 verscheen. Bij Balbian staat het in een langere reeks recepten voor luteerdoeleinden, die hij blijkbaar voor de overzichtelijkheid bij elkaar heeft gezet. Ter vergelijking volgen hier beide recepten.

Balbian, 277r, no. 174

Een andere

Neempt wel gereynichde poteerde twee deelen, peertstront een deel, ende een weynich cooren meel ende vylsel van ysere.
Knedet wel onder den anderen met saut water ende wit van eyeren, ende maecter af een dicke pap om te luteeren. Ofte neempt de poteerde drooge synde, ende stamptse wel cleyn ende seeftse door een seve, ende werpt meel daer in, ende maect stratum super stratum (dat is d'een laghe op dander), ende doeter toe eyer claer met asyn. Bestryct dan u gelasen daer mede, ende laetse drooghen in de locht.

Andriessen, *Const Boeck* 1581, f. xxij, r

Een Ander Lutum Sapientie

Neemt wel gereynichde Poteerde twee deel, ende paerdemes twee deel, ende een weynig segelmael ende vijlsel van ysere.
Knedet met sout water ende eyer claer, ende maekt een deech daer af om te verliemen. Ofte neemt eerde die droech is, ende stoot se cleyn, ende seeft se door een seve, ende werpt wit meel daer inne. Maect stratum super stratum (dat is: eenen laghe op dandere) ende Eyer claer, ende goeden Azijn. Bestrijct dan die glasen daer meede, ende laetse inde lucht droeghen, soo is gheen faute inden vyere.
Item, men neemt oock om dit te mengen wel ossen bloedt voort waeter.

Commentaar

'Poteerde' is pottenbakkersklei. Klei of leem is vaak het hoofdbestanddeel voor *lutum sapientie*. Eiwit wordt vaak gebruikt, vermoedelijk omdat dat lekker plakt. Balbian heeft het ossenbloed uit Andriessen niet overgenomen. Toch was hij niet voor een kleintje vervaard; in zijn andere *lutum*-recepten figureren ingrediënten als as van runderbeenderen, fijngestampt glas, vermalen en gezeefde 'Colensche kannen', ongebluste kalk, kwark, tot slijm gekookte kaas en hazen- en koeienhaar. Balbian gebruikt maar half zoveel paardemest als Andriessen.

15. Een uitgekleed recept van Leonardo Fioravanti

Van het enige Italiaanse recept in het handschrift was, dank zij de aanwijzing aan het slot, de bron te achterhalen: *Del compendio delli secreti rationali* van de Bolognese arts Leonardo Fioravanti (1518-1588). Dit boek werd na de eerste druk van 1564 in de zestiende eeuw nog minstens zesmaal herdrukt.[1] In Fioravanti's *Compendium* staat dit recept onder vrijwel dezelfde titel in het derde boek, capittel 38: *Del modo di fare una medicina, che tinga l'argento in color di oro.*[2] Het recept van Balbian is hier zo goed als letterlijk in terug te vinden.

Toch heeft Balbian dit hoofdstukje vrij drastisch bewerkt. Fioravanti begint met een inleidende opmerking, waarin hij vertelt dat de uitvinder van dit recept, die hij al eerder geciteerd had, hem een ons of zes goud had laten zien, dat hij volgens dit recept uit zilver gemaakt had. Dan volgt het recept. Vervolgens vertelt Fioravanti nog, dat hij dit recept weliswaar niet zelf heeft geprobeerd, maar dat hij er alle vertrouwen in heeft: de uitvinder was namelijk erg rijk, zonder over andere bronnen van inkomsten te beschikken. Zelf heeft Fioravanti vooral belangstelling voor medische toepassingen van de alchemie; het maken van goud en zilver vindt hij lang niet zo boeiend als het maken van geneesmiddelen tegen alle mogelijke ziektes. Hij verwijst de lezer voor nadere informatie naar het derde boek van zijn *Capricci medicinali*, dat gaat over de *Alchimia dell'huomo*. Ten behoeve van de lezer die mogelijk niet weet wat elebrotzout is noemt hij een boek van Faloppia, dat hij hartelijk aanprijst.

Het vriendelijke gebabbel van Fioravanti heeft Balbian rigoureus geschrapt; alleen het recept zelf vindt hij blijkbaar belangwekkend genoeg om over te nemen.

Modo di fare una medicina che tinga l'argento di color d'oro

Si piglia oro et argento vivo ana, et si accompagnano insieme, et si mette dentro una boccetta lutata con luto sapientie, et sopra vi si mette oncia una di sale armoniaco, et oncia mesa di borace et oncie otto di mercurio purificato et oncia una et meza di sale elebrot; et messe che hauray tutte le sopradette materie insieme. Sigilla la boccia col sigillo di hermete, et poi mettila al fuoco et dalli fuoco tre giorni continui, et dopo questo si rompe la boccia et la materia si fa in polvere sottile, laqual polvere esso authore chiamava elixyr, et questa va uno sopra cinque d'argento finissimo et lo tinge in oro di 24 caratti. Fioravanti nelli secreti rationali.

Ten opzichte van de druk zijn er minimale varianten in spelling en interpunctie.[3]

[1] In 1566, 1571, 1581, 1591, 1595 en 1597. Alle latere drukken kwamen uit na de dood van Joos.

[2] f. 91v-92r in de druk van 1564; f. 94r-v in die van 1591.

[3] Ik heb de druk van 1564 gezien in de BL en die van 1591 in UB Leiden- zelfde tekst, dus er valt niet uit te maken welke druk Balbian gebruikte.

Leonardo Fioravanti (1517-1588)

vertaling

Manier om een middel te maken dat het zilver goudkleurig maakt.
Neem gelijke hoeveelheden goud en kwikzilver, doe ze bij elkaar, en doe ze in een vat dat bestreken is met het leem der filosofen, en doe daarbij een ons ammoniakzout, een half ons borax, acht ons gezuiverd kwik en anderhalf ons elebrotzout, en meng dit alles goed door elkaar. Verzegel het vat met een hermetisch zegel, en laat het dan drie dagen op het vuur staan. Breek het vat dan open, en dan moet je het product tot fijn poeder maken, en dat poeder wordt door de bedenker (van dit recept) elixir genoemd, en één deel daarvan op vijf delen van het fijnste zilver geeft dat zilver de kleur van vierentwintig karaats goud. Fioravanti in de *Secreti rationali.*

15b. Een sigillum hermetis

Een 'sigillum hermetis', 'zegel van Hermes', is een substantie waarmee of een manier waarop een vat of glas hermetisch wordt afgesloten, of waarmee twee glazen luchtdicht aan elkaar bevestigd worden. Balbian neemt een aantal recepten hiervoor op in dezelfde reeks waarin hij al zijn luteer- en lijmrecepten heeft ondergebracht (zie hiervoor, 14 en 14b). Hier volgt een van de Nederlandstalige zegelrecepten.

Een sigillum hermetis.
Neempt borax ende cleyn gevreven gelas; mengelet tsamen ende legget tusschen twee gelasen dye ghy te gaer hebben wilt. Latet met een bernende keerse ofte geloeyende cole te samen loopen: het hout soo vast ende dichte als heel gelas. Ende als ghyt open doen wilt maeket rontom heet met een geloeyende tanghe oft ander yser, ende het sal scheyden.

Een hermetische verzegeling. Neem borax en glaspoeder; meng het, en doe het tussen twee glazen die u aan elkaar vast wilt hebben. Laat het met een brandende kaars of een gloeiende kool vuur samen smelten, dan is het zo stevig en dicht alsof het één glas is. En als u het open wilt maken, maak het dan rondom heet met een gloeiende tang of een ander ijzer, en het zal losgaan.

16. Drie curieuze recepten

De volgende drie korte recepten zijn om verschillende redenen merkwaardig. Het eerste en het derde zijn wat magisch getint, en daarmee bepaald niet representatief voor Balbians verzameling. Zowel de aard als de herkomst van het eerste recept zijn heel bijzonder. Nummer twee valt vooral op door de toeschrijving aan keizer Maximiliaan. Het derde gaat ten koste van een pad, iets dat de meeste tegenwoordige lezers mogelijk zal tegenstaan

Het geheim van de gravin

Notabile et admirabile experimentum

Fac amalgama cum una parte solis et tribus mercurii. Lava a nigredine cum aceto et sale, et postea aqua communi. Linteo exiccatum hoc amalgama immite in arborem que Alnus dicitur (flandrice: een elsboom), facto foramine terebra, idque mense octobri. Foramen obstrue, ac ibidem permitte per annum integrum, quo exacto mense rursum octobri exime. Invenies (inquit author) totum amalgama conversum in optimum aurum, melius minerali in omni examine. E codice vetusto qui continebat habuisse se a quadam comitissa Germaniae, quae multis annis eo medio magnos et laudabiles sumptus sustinerat.

Descriptum autem erat literis ignotis et cifris ad libitum formatis, ita ut non citra maximum laborem intricare a me Justo a Balbian note explicari potuerint; fruere quisquis tandem in hunc laborem incides.

Een merkwaardig en wonderlijk experiment
Maak een amalgaam van een deel goud en drie delen kwikzilver. Was het zwarte weg met azijn en zout, en daarna met gewoon water. Doe dit amalgaam, gedroogd met een linnen doek, in een boom geheten *Alnus* (in het Vlaams: een elzenboom), waarin een gat is geboord, en wel in de maand october. Stop het gat dicht, en laat het er een heel jaar in zitten, en haal het er juist in de maand october weer uit. Dan vind je (volgens de schrijver) het hele amalgaam veranderd in het allerbeste goud, in alle proeven beter dan goud uit een mijn. Uit een zeer oud handschrift waarin stond dat het in het bezit was van een zekere Duitse gravin, die op deze manier vele jaren grote en lofwaardige [charitatieve] uitgaven wist te bekostigen.

Dit nu was opgeschreven in vreemde letters en willekeurige tekens, waardoor ik, Justus a Balbian, dit geheimschrift niet dan met de grootste moeite heb weten te ontcijferen; kortom, profiteer ervan, als je toevallig ooit tegen dit (recept) zult aanlopen!

Commentaar

De opmerking over het geheimschrift, vanaf Descriptum, is zo te zien later toegevoegd: hij staat onderaan de bladzijde, en is iets kleiner en met een dunnere pen geschreven. Soortgelijke toevoegingen komen ook elders in het handschrift voor. Met de laatste zinsnede zou Balbian een zekere scepsis kunnen uitdrukken.

Geheimschrift werd in de alchemie wel vaker gebruikt, naast andere manieren om de inhoud van de teksten ontoegankelijk te houden. In de Bibliotheca Philosophica Hermetica bevindt zich een achttiende-eeuws handschrift, waarin in een recept voor de universele tinctuur normaal schrift wordt afgewisseld met woorden en korte passages in geheime tekens. Een latere gebruiker heeft de code weten te kraken, en de sleutel op een klein strookje papier in het handschrift geplakt.[1]

Een recept van Maximiliaan

Caesaris Maximiliani opus

Recipe sulphuris et cere communis et carbonem tiliae ana; liquantur et optime misceantur, hoc sulphur non amplius urit. Injice in hac mixtura ter tantum mercurii quantum sulphur fuit. Misce bene, et sublima; fiet cinnabaris. Hanc injice in Lunam. Dabit in aqua forti separatum Solem quantum sat est.

Een werk van keizer Maximiliaan
Neem gelijke hoeveelheden zwavel en gewone was en houtskool van lindenhout; laat ze smelten en meng ze heel goed, zodat de zwavel niet meer brandt. Doe bij dit mengsel drie maal zoveel kwikzilver als je zwavel had. Meng het goed, en sublimeer het; dan wordt het cinnabaris. Doe die bij zilver. In sterk water zal zich daarvan zoveel goud afscheiden als je wilt.

Commentaar

Keizer Maximiliaan I (+1519) schijnt een verzameling medische recepten te hebben aangelegd; Werlin heeft negen op zijn naam circulerende, overwegend Duitstalige, medische recepten uitgegeven.[2] Verder zijn er in Leiden, UB, Cod. Voss. Chym. Q 13 (voor of uit 1526) twee chemische recepten van Maximiliaan bewaard.[3] De toeschrijving betekent vermoedelijk eerder 'afkomstig uit de verzameling van' dan 'bedacht door' de keizer. Het recept uit het handschrift van Balbian is niet een van deze elf. Het valt op door zijn bondigheid.
Cinnabaris is een helderrode verbinding van kwik en zwavel.

[1] Bachmann en Hoffmeier 1999, p. 11-13 (met foto).
[2] Werlin 1968.
[3] Boeren 1975, p. 134.

Pad naar de maan

Fixio mercurii

Bufonem injice in aquam calefactam in cacabo, et ex calore os aperiente conjice per cannam in eius os mercurii uncias duas; atque hic bufo mortuus in terra sepeliatur per dies triginta, et combure in crucibulo; habebis argentum.

Een fixering van kwikzilver.
Doe een pad in water dat in mest verwarmd is, en doe als zijn bek van de warmte opengaat twee ons kwikzilver door een rietstengel in zijn bek; laat die pad als hij dood is dertig dagen in de aarde begraven liggen, en verbrand hem dan in een smeltkroes; dan heb je zilver.

17. Plagiaat uit Parijs

Het volgende recept geeft informatie over Balbians alchemistische contacten. Blijkbaar kende hij een zekere Corneille Longchamp, ook Artois genoemd, die in Den Haag woonde.[1] Deze Corneille correspondeerde met een Nederlander uit Parijs, die zich met alchemie bezighield. In het handschrift wordt dit recept direct gevolgd door een vergelijkbaar experiment, maar dan Franstalig, waarbij Balbian vermeldt dat het bij Corneille thuis in Den Haag is uitgevoerd door een Frans edelman.

De gefingeerde brief is een gangbare presentatievorm voor tractaatjes. De brief van Johannes Pontanus (zie p. 161) is daarvan een goed voorbeeld. De jammer genoeg niet met name genoemde Nederlander uit Parijs blijkt de bedoeling gehad te hebben, deze brief voor een eigen geschrift te doen doorgaan. Pas achteraf ontdekte Balbian diens geplagieerde bron, een boekje gedrukt door Bernard Jobin, waarin deze brief wordt toegeschreven aan Raymund Lull, hoogstwaarschijnlijk ten onrechte. Na het opschrift *Raimundi Lulli vom Philosophischen Steyn* volgt als titel: 'Eyn Epistel/ darinnen das gröste Secretum der Venetianer begriffen wirt/ das auff Erden gesein mag/ die fangt also an/ &c.' (128r-129r).

Een wonder particulier experiment, gesonden uyt Parys, den 25 Marty 1600, door een Nederlander aen Corneille Longchamp dict Artois, son intime amy

1. Neempt in den name Godes een deel des fynsten gouts dat ghy becommen cont; dat sult ghy calcineeren door den roock van loot; item, vitriol dye wel root gecalcineert sy, goeden crocus Martis ende spaens groen, omnium ana, dat is: van elx gelycke deel. Alle deese dingen seer wel onder een gevreven ende gemengelt doet in een gelas, ende ghieter op goeden gedestilleerden wyn asyn. Settet verstopt te digereren in balneo den tyt van acht dagen ende nachten ofte oock langer. Daer naer trect den azyn af per destillationem ofte evaporatione.

2. Dan sult ghy nemen sal armoniac; dat sult ghy sublimeeren tot dat het fix worde. Daer van neempt soo veele als alle uwe ander matery weecht, ende latet solveeren in een coude ende vochtige plaetse. Met desen water sult ghy imbiberen uwe vorseide matery, die te voren wel suyver ende reyn sal gevreven syn.

3. Daer naer sult ghyse weder met sachten viere coaguleeren ende dan wederom cleyn vryven ende leggense op marber steen ofte op een gelasen plate in eenen vochtigen kelder; soo salt sich solveeren tot een olye, welcke olye ghy sult in een gelas doen ende coaguleerense op waerme asschen tot dat daer geen vochticheyt meer in en sy. Als dan nemet uyt den gelase ende vryvet weder op eenen schoonen suyveren marbren steen tot een schoon ende reyn pulver.

[1] Over deze Corneille Longchamp heb ik in het Haagse gemeente-archief helemaal niets kunnen vinden. Misschien behoorde hij tot hofkringen.

4. Deses pulver werpt een deel op thien deelen fyn Luna dye wel heet staet en dryft; soo tingeert dit pulver de Lunam in warachtich ende bestandicht gaut, dat beter is dan het naturelick gaut dwelck uyt de mynen compt. Soo ghy nu dit pulver wederom voor de tweede reyse solveert ende weder coaguleert, soo tingeert deses pulvers een deel dertich deelen Lune als boven. Solveert ghy nu dit pulver de derde mael ende weder coaguleert als voren geschreven staet, soo sal een deel deses pulvers tingeeren hondert deelen Lune tot allen preuven.[2]

5. Nota dat soo wanneer ghy de projectie doen wilt de Luna altyt wel heet moet staen vloeyen ofte dryven; ja, hoe heeter, hoe beter. Sult oock weten: hoe ghy dicmaelder u pulver vorseit solveert ende coaguleert, hoe u medicina hooger tingeeren sal ende crachtegher worden.

6. Myn alderliefste vriendt, ghy sult weten: al waert dat ic u duysent guldens gave, soo en soudet u soo veel niet weerdich wesen, als dese kunste u nut sal mogen wesen. Daerom soo bidde ic u, dat ghyse wilt secreet ende in waerden houden ende voor allen menschen verborgen, ende sult my vrientschap doen. Vaert wel. Uyt Parys, de 25 Meerte 1600.

7. Is my, Justo a Balbian, gecommuniceert door Sr. Corneille de Longchamp dict Artois, aen den welcken sy gesonden was als aen synen goeden vriendt, den 25 September 1600.

8. Dit schrift hebbe ic naerder hant bevonden gedruct int hoochduyts van woorde te woorde in een boexken *Correctorium Alchimiae* genaempt, gedruct te Strasburch by Bernart Jobin int iaer 1581.

Een heel bijzonder experiment, gezonden uit Parijs op 25 maart 1600, door een Nederlander aan Corneille Longchamp genoemd Artois, zijn goede vriend.
1. Neem in de naam van God een deel van het fijnste goud dat u kunt krijgen; dat moet u calcineren door de rook van lood; verder vitriool, die goed rood gecalcineerd is, goede crocus van ijzer en spaans groen, omnium ana, dat betekent: van elk even veel. Doe deze dingen heel grondig samen gewreven en vermengd in een glas, en giet er goede gedestilleerde wijnazijn op. Zet het afgesloten minstens acht dagen en nachten au bain marie om te digereren. Haal dan de azijn weg door destillatie of door verdamping.

2. Dan moet u salmiakzout nemen; dat moet u sublimeren tot het vast is. Neem daarvan evenveel als uw andere stof weegt, en laat het oplossen op een koude en vochtige plaats. Met deze vloeistof moet u de eerder genoemde stof, die eerst goed schoon gewreven is, doordrenken.

3. Daarna moet u het weer met een zacht vuur laten stremmen, en dan weer fijn wrijven, en leg het dan op een marmeren of glazen plaat in een vochtige kelder; dan zal het zich oplossen tot een olie, en die olie moet u in een glas doen en laten stremmen op warme as, tot er geen vocht meer in zit. Neem het dan uit het glas en wrijft het op een schone marmeren plaat tot een mooi en schoon poeder.

4. Werp een deel van dit poeder op tien delen fijn zilver die op het vuur gesmolten is; dan kleurt dit poeder het zilver in echt en stabiel goud, dat beter is dan het

[2] 'Solveert ghy': het handschrift heeft 'Solveert ghyt'.

natuurlijke goud dat uit de mijnen komt. Als u nu dit poeder een tweede keer oplost en weer vast maakt, dan kleurt een deel van dit poeder dertig delen zilver op dezelfde wijze. Als u het poeder nu voor de derde keer oplost en weer vast maakt op dezelfde manier, dan zal een deel van dit poeder honderd delen zilver kleuren tot [goud dat] tegen alle proeven [bestand is].

5. Let op dat wanneer u de projectie wilt doen, het zilver altijd flink heet en vloeibaar moet zijn, ja, hoe heter hoe beter. U moet ook weten: hoe vaker u uw beschreven poeder oplost en vast maakt, hoe beter uw medicijn zal kleuren en hoe krachtiger het wordt.

6. Mijn allerliefste vriend, u moet weten: al zou ik u duizend gulden geven, dan zou het u niet zoveel waard zijn als dat deze kunst u tot nut zal kunnen zijn. Daarom verzoek ik u, dat u haar geheim zal houden en in ere houden en voor alle mensen verborgen, en dat u mij vriendschap zult bewijzen. Vaarwel. Uit Parijs, 25 maart 1600.

7. [Dit] is mij, Joos Balbian, meegedeeld door de heer Corneille de Longchamp genoemd Artois, aan wie het uit vriendschap gestuurd was, op 25 september 1600.

8. Deze tekst heb ik achteraf woordelijk in het Duits gedrukt gevonden in een boekje getiteld *Correctorium Alchimie*, gedrukt in Straatsburg bij Bernart Jobin in het jaar 1581.

Aantekening. De term 'experiment' betekent in deze tijd en in dit verband niet 'wetenschapplijke proefneming', maar meer 'een waarneming of actie in de praktijk'. Het kan zowel voor 'beproefd recept' als voor, bijvoorbeeld, 'daadwerkelijk waargenomen hemeltoestand' worden gebruikt.

17b. Nog een Haags experiment

Het geplagieerde recept wordt in het handschrift direct gevolgd door het volgende, afkomstig van dezelfde Haagse connectie.

Een ander seer gelyck experiment, my by den vorseide Corneille de Longchamp gecommuniceert, ende tsynen huyse door een Frans edelman geconprobeert by experientie in den Hage 1600

Preparatio de Venus

1. Recipe eau forte une livre, sel armoniac un quarteron, que meslerez ensemble. Puis vous prendrez une livre de venus mise en limaille, et le jeterez dedans. Puis le tout estant dissoulz le mettrez en une cornue, et en retirerez vostre eau. Le remanent et residu jetterez dans l'esprit d'urine, lequel dissouldra vostre dicte matiere, et la tirant de la, faictes la secher par evaporation sur cendres chaudes.

2. Puis cymentez du cynabre avecques ladicte matiere stratum super stratum en un creuset bien luté; lequel mettrez au feu de roue l'espace de douse heures, scavoir: petit feu au commencement en l'augmentant de deux en deux heures jusques a dix; puis a aultres deux heures un feu vehement que le creuset soit tousjours rouge.

3. Cela [248v] faict, vous retiréz vostre creuset et trouveréz le cynabre comme il vous le fault, lequel prendréz et broyeréz avecques du vinaigre destillé. Puis metterez le tout en la cornue, reversant le vinaigre abstraict sur les feces jusques a ce qu'il n'en sorte plus aucune humidité, laissant secher la matiere demeuree au fond; de la quelle feréz projection un poix sur trois de Lune fyne.

4. Puis la lierez avec autant de Sol, et le tout cymenterez du cyment qui s'ensuyt. Prenez les feces d'eau forte demy livre, briques vielles reduictes et mises en pouldre une livre, verdde gris une once, sel armoniac une once. Le tout pulverisé et bien meslé ensemble cymenterez stratum super stratum, et la laisserez au feu de roue l'espace de douse heures, ainsy que devant. Alors vous fonderéz vostre matiere et jetterez en lingot.

Nog een zeer vergelijkbaar experiment, mij door de genoemde Corneille de Longchamp meegedeeld, en te zijnen huize in Den Haag in de praktijk beproefd door een Frans edelman in 1600.
Een bereiding van koper.
1. Neem een pond sterk water en een kwart pond ammoniakzout, en meng ze door elkaar. Neem daarna een pond dun geslagen koper, en doe dat erin. Doe alles als het is opgelost in een retort, en trek uw water (de vloeistof) eraf. Doe wat er overblijft in geest van urine, waarin de genoemde stof zal oplossen; trek die (nl. de geest van urine) ervan af en laat hem drogen door uitdamping op warme as.

2. Cementeer dan cinnabaris met de genoemde materie laag om laag in een goed verluteerde smeltkroes; zet die twaalf uur lang in de gloeiende kolen, en wel op een zacht vuur in het begin, dat elke twee uur heter gemaakt moet worden tot na tien uur, en de laatste twee uur met een zeer heet vuur, zodat de smeltkroes voortdurend roodgloeiend is.[3]
3. Haal daarna uw smeltkroes van het vuur, en dan vindt u uw cinaber zoals hij wezen moet; neem die en vermeng hem met gedestilleerde azijn. Doe het geheel daarna in het retort, en giet de afgetrokken azijn op de neerslag (het residu) tot er helemaal geen vocht meer uit komt, en laat de materie die op de bodem gebleven is drogen; projecteer een deel van die materie op drie delen fijn zilver.
4. Voeg dit vervolgens bij evenveel goud, en cementeer het geheel met het volgende cement. Neem een half pond bezinksel van sterk water, een pond fijngestampte oude baksteen, een ons verdigris en een ons ammoniakzout. Cementeer het geheel, verpoederd en goed dooreen gemengd, laag om laag, en laat het twaalf uur lang in hete kolen staan, net als hiervoor. Dan smelt u uw materie, en giet hem in een gietblok.

Opmerking.
Het volgende recept, 'Pour faire l'esprit d'urine' (248v), komt hierbij van pas, evenals 151 (f. 248v-249r), 'Pour faire bon crocus Martis' bij 146. Ook 149 en 150 zijn Franstalig. Wellicht komt dit hele clustertje uit dezelfde bron/ persoon. Elders in het handschrift komt nog maar één Franstalig recept voor, nl. 181 (278r); 182 heeft wel een Franse titel maar is verder Latijn.

[3] 'Le feu de roue': verwarming door gloeiende kolen, die rondom de smeltkroes worden aangebracht.

18. De Smaragden Tafel

Deze klassieker mag natuurlijk in geen enkele alchemistische bloemlezing ontbreken. De status van deze tekst was in de Middeleeuwen en de Vroegmoderne Tijd bijzonder hoog, omdat niemand toen twijfelde aan de eerbiedwaardige ouderdom ervan en aan het auteurschap van de grote Hermes Trismegistus zelf. Tegenwoordig tast men omtrent de oorsprong van de tekst in het duister. De oudste overgeleverde versies zijn Arabisch, en de eerste vertaling in het Latijn dateert uit de elfde of twaalfde eeuw.

Balbian neemt de *Tabula Smaragdina* op met het commentaar van Hortolanus. Hij vermeldt niet of hij de tekst aan een handschrift of aan een druk ontleende. Dit lijk al een aanwijzing dat hij een druk gebruikte, wat ook wel voor de hand ligt. In ieder geval komt zijn tekst volledig overeen met die van de eerste druk van 1541, maar Balbian kan daarvan natuurlijk ook of een exact gelijke herdruk, òf een afschrift gebruikt hebben.[1]

De tekst in het handschrift loopt door; om vergelijking met andere versies en vertalingen te vergemakkelijken, heb ik hem in de gebuikelijke dertien dicta verdeeld. In principe zijn wel Balbians hoofdlettergebruik en interpunctie gevolgd.

Tabula smaragdina Hermetis
Trismegisti [peri chumeias], interprete incerto

Verba secretorum Hermetis, quae scripta erant in tabula smaragdi inter manus ejus inventa in obschuro antro, in quo humatum corpus ejus repertum est.

1. Verum, sine mendacio, certum et verissimum.
2. Quod est inferius est sicut quod est superius. Et quod est superius est sicut quod est inferius, ad perpetranda miracula rei unius.
3. Et sicut omnes res fuerunt ab uno, meditatione unius, sic omnes res natae fuerunt ab hac una re, adaptatione.
4. Pater ejus est Sol, mater ejus Luna; portavit illud ventus in ventre suo. Nutrix ejus terra est.
5. Pater omnis telesmi totius mundi est hic.
6. Vis ejus integra est si versa fuerit in terram.
7. Separabis terram ab igne, subtile a spissa, suaviter cum magno ingenui.
8. Ascendit a terra in caelum; iterumque descendit in terram, et recipit vim superiorum
et inferiorum. Sic habebis gloriam totius mundi; ideo fugiet a te omnis obschuritas.

[1] Blijkens de in Ferguson 1906 i.v. Ortolanus geciteerde incipits komen noch de druk van 1560, noch die van an 1571 (waaruit het gedicht van Ventura waarschijnlijk afkomstig is) als bron voor het afschrift van Balbian in aanmerking.

EMBLEMA I. *De secretis Naturæ.*

Portavit eum ventus in ventre suo.

EPIGRAMMA I.

EMbryo ventosâ Boreæ qui clauditur alvo,
Vivus in hanc lucem si semel ortus erit;
Unus is Heroum cunctos superare labores
Arte, manu, forti corpore, mente, potest.
Ne tibi sit Cæso, nec abortus inutilis ille,
Non Agrippa, bono sydere, sed genitus.

'De wind heeft hem in zijn buik gedragen'. Embleem I uit Michael Maiers *Atlanta Fugiens* (1617), waarop een frase uit de vierde spreuk van de *Smaragden Tafel* wordt uitgebeeld (De Jong 1965, p. 39-44 en afb. 3).

9. Hic est totius fortitudinis fortitudo fortis, quia vincet omnem rem subtilem, omnemque solidam penetrabit.
10. Sic mundus creatus est.
11. Hinc erunt adaptationes mirabiles, quarum modus hic est.
12. Itaque vocatus sum Hermes Trismegistus, habens tres partes philosophiae totius mundi.
13. Completum est quod dixi de operatione Solis.

Vertaling[2]

De Smaragden Tafel van Hermes Trismegistos [Peri chumeias], naar een onbekende vertaler

De woorden over de geheimen van Hermes, die geschreven waren op de tafel van smaragd die in zijn handen gevonden is in de donkere spelonk, waarin zijn begraven lichaam gevonden is.

1. Waarlijk, zonder leugen, zeker en meest waar.
2. Wat beneden is, is als wat boven is, en wat boven is, is als wat beneden is, om mirakels te bewerkstelligen door één ding.
3. En zoals alle dingen ontstaan uit het ene, door de meditatie van het ene, zo zijn alle dingen uit dit ene ding geboren, door bewerking ervan.
4. De zon is zijn vader, de maan zijn moeder; de wind heeft hem in zijn buik gedragen; zijn voedster is de aarde.
5. Dit is de vader van alle wonderen op aarde.
6. Zijn kracht is volkomen, zodra hij op de aarde gegoten wordt.
7. Je moet de aarde scheiden van het vuur, het vluchtige van het vaste, zachtjes en met kunde.
8. Hij stijgt van de aarde op naar de hemel en daalt weer op de aarde neer en het ontvangt de kracht van het hogere en van het lagere. Zo zal je de glorie van de hele wereld verwerven en alle duisternis zal van je wegvluchten.
9. Dit is de kracht der krachten: het overwint immers het vluchtige en dringt in elke vaste substantie door.
10. Zo werd de wereld geschapen.
11. De bewerkingen die hieruit voortkomen zijn wonderlijk, en de methode ervan is deze [nl. de hierboven genoemde].
12. En zo word ik Hermes Trismegistus genoemd: ik bezit immers de drie delen van de kennis van de hele wereld.
13. Wat ik heb gezegd over de werking van de zon is afgerond.

Commentaar

Deze tekst heeft door de eeuwen heen een onafzienbare hoeveelheid interpretaties en commentaren opgeleverd. Tegenwoordig kunnen geïnteresseerden hiervoor goed

[2] Ik heb gebruik gemaakt van de vertaling in Fraeters 1999, p. 24-25, met enige aanpassingen.

op het internet terecht; de Alchemy Website (www.levity.com/alchemy) bevat een aantal versies en artikelen, waaronder een vertaling in het Engels van het commentaar van Hortolanus. Met Google kan men van de *Tafel* versies in tientallen talen vinden.

De *Smaragden Tafel* klinkt door in veel alchemistische literatuur; ook in een aantal teksten in deze bloemlezing wordt eruit geciteerd of erop gezinspeeld. Dit wordt dan in het commentaar gesignaleerd.

19. Het epistel van Johannes Pontanus[1]

Over Johannes Pontanus is weinig meer bekend dan dat hij in de zestiende eeuw leefde. Maier wijst erop dat we hem niet moeten verwarren met de Italiaan Johannes Jovianus Pontanus; volgens hem was Pontanus een 'Germanus', mede omdat die naam ('Brugman', staat er in de marge) daar gangbaar is.[2] Pontanus schreef enkele medisch werken, die echter pas geruime tijd na zijn dood gedrukt werden.[3] Zijn korte *Epistola* komt in veel handschriften voor, zij het onder uiteenlopende titels: *Epistola* is wel standaard, maar het onderwerp wordt meestal als 'het geheime vuur', 'het minerale vuur' of 'het vuur der filosofen' aangeduid.

De gefingeerde brief is al van oudsher een courante presentatievorm voor wetenschappelijke teksten. Vaak wordt zo'n brief gericht aan een vooraanstaand persoon, maar een dergelijke bestemmeling ontbreekt bij Johannes Pontanus. Het enige briefachtige aan de tekst is, behalve de omvang, de suggestie dat de auteur een persoonlijke ervaring wil delen met zijn lezer of lezers.

Balbian nam deze brief op in zijn handschrift en gaf hem bovendien uit in *Jodoci Greveri Secretum, et Dicta Alani.* Uit het voorwoord daarvan blijkt, dat hij zowel deze tekst als het anonieme Lulliaanse *Repertorium* aan bestaande uitgaven ontleende. Waarschijnlijk nam Balbian de brief van Pontanus over uit de eerste gedrukte editie, de door Bernardus Penotus geredigeerde *Centum quindecim curationes experimentaque Paracelsi* (Lyon, 1582).[4]

Johannis Pontani summi Philosophi epistola, in qua de Lapide quem philosoporum vocant agitur

1. Ego Johannes Pontanus multas perlustravi regiones, ut certum quid de lapide philosophorum agnoscerem; et quasi totum mundum ambiens deceptores falsos inveni, et non philosophos. Semper tamen studens et multipliciter dubitans, veritatem inveni. Sed cum materiam agnoscerem ducenties erravi, antequam veram materiam, operationem et practicam invenissem.

2. Primo materiam operationes, putrefactiones novem mensibus cepi, et nihil inveni; etiam in balneo marie per tempus aliquod posui et similiter

[1] Mijn hartelijke dank gaat uit naar R. Bouthoorn te Amsterdam, die mij hielp met de correctie en interpretatie van deze tekst en van wiens mooie vertaling (naar *Artefii Liber secretus*, Frankfort 1685) ik dankbaar gebruik heb gemaakt.

[2] Maier, *SAM* 1617. p. 265. Volgens Schmieder heette hij echter Johannes Brückner; Ferguson II, p. 212.

[3] Hij zou in 1544 en 1545 filosofie en medicijnen gedoceerd hebben aan de universiteit van Königsberg, vanaf 1553 hoogleraar geweest zijn in Jena, en de lijfarts geweest zijn van verschillende vorsten. In 1572 zou hij in Wenen zijn overleden. Ferguson II, p. 212, met verwijzing naar Schmieder.

[4] Deze verzameldruk bevat ook werk van Hollandus, een reeks *Canones* en excerpten uit Ripleys *Liber duodecim portarum.* Zie Partington 1961, II p. 205. De brief van Pontanus is daarna nog in een heleboel andere alchemistische verzameldrukken opgenomen.

erravi. Enimvero in calcinationis igne tribus mensibus posui, et male operatus sum omnia destillationum et sublimationum genera, prout dicunt seu dicere videntur philosophi sicut Geber, Archelaus et alii, fere omnes tractavi et nihil inveni.

3. Denique subjectum totius artis Alchemiae omnibus modis qui excogitandi sunt, et qui fiunt per fimum, balneum, cineres et alios ignes multiplicis generis, qui tamen philosophorum libris inveniuntur perficere, tentavi; sed nihil boni repperi. Quapropter annis tribus continuis in philosophorum libris studui, in solo presertim Hermete, cujus verba breviora totum comprehendunt lapidem, licet obscure loquatur de superiore et inferiore, de celo et terra.

4. Nostrum igitur instrumentum, quod materiam deducit in esse in principio secundo et tertio opere, non est ignis, balnei, neque fimi, neque cinerum, nec aliorum ignium quos philosophi in libris suis posuerunt. Quis igitur ignis ille est, qui totum perficit opus a principio usque in finem? Certe, philosophi celaverunt, sed ego pietate motus vobis declarare, una cum complemento totius operis istius ignis proprietates, volo.

5. Lapis ergo philosophorum unus est, et multipliciter nominatur, et antequam agnoscas tibi erit difficile. Est enim aqueus, aereus, igneus, terreus; phlegmaticus, colericus, sanguinicus* et melancolicus. Est sulphureus et est similiter argentum vivum, et habet multas superfluitates, que per Deum vivum convertuntur in veram (275r) essentiam, mediante igne nostro; et qui aliquid a subjecto separat, putans necessarium esse, profecto in philosophiam nihil novit, quia superfluum, immundum, turpe et feculentum, et tota denique substantia subjecti, perficitur in corpus spirituale fixum mediante igne nostro. Et hoc sapientes nunquam revelaverunt**; propterea pauci ad artem pervenient, putantes aliquid tale superfluum et immundum.

6. Nunc oportet elicere proprietates nostri ignis, et an conveniat nostrae materiae secundum eum quem dixi modum; scilicet ut transmutetur, cum ignis ille non comburat materiam, nihil de materia separet, non segreget partes puras ab impuris (ut dicunt omnes philosophi), sed totum subjectum in puritatem convertit. Non sublimat sicut Geber suas sublimationes facit, similiter et Arnoldus et alii de sublimationibus et destillationibus loquentes, in brevi tempore perfici.

7. Mineralis est, aequalis est, continuus est; non vaporat, nisi nimium excitetur. De sulphure participat, aliunde sumitur quam a materia; omnia diruit, solvit et congelat. Similiter et congelat et calcinat, et est artificialis ad inveniendum. Est compendium sine sumptu aliquo saltem parvo; et ille ignis est cum mediocre ignitione, quia cum remisso igne totum opus perficitur, simulque omnes debitas sublimationes facit. Qui Gebrum legeret et omnes alios philosophos, si centum millibus annorum viverent, non comprehenderent; quia per solam et profundam cogitationem ignis ille reperitur. Tunc vero potest in libris comprehendi, et non prius.

8. Error igitur istius artis est non reperire ignem, qui totam materiam convertit in verum lapidem philosophorum. Studeas igitur ibi, quia si ego hunc primo invenissem, ego non errassem ducenties in practica super materiam. Propterea non miror si tot et tanti ad opus non pervenerunt. Erraverunt, errant, errabunt, eo quod proprium agens non posuerunt philosophi, excepto uno, qui Artephius nominatur, sed per se loquitur; et nisi Artephium legissem et loqui sensissem, nunquam ad complementum operis pervenissem.

9. Practica vero hec est. Sumatur et diligenter quam fieri potest teratur contritione (275v) phisica, et ad ignem dimittatur; ignisque proportio sciatur, scilicet ut tantummodo excitet materiam, et in brevi tempore ignis ille, absque alia appositione manuum, de certo totum opus complebit, quia putrefaciet, corrumpet, generabit et perficiet; et tres faciet apparere colores principales: nigrum, album et rubeum; et mediante igne nostro multiplicabitur medicina, si cum cruda conjungatur materia, et non solum in quantitate, sed etiam in virtute.

10. Totis igitur viribus tuum ignem inquirere scias, et ad desideratum finem pervenies, quia totum facit opus, et est clavis omnium philosophorum, quam nunquam revelaverunt. Sed si bene et profunde super predicta de proprietatibus ignis cogitaveris, scies, et non aliter. Pietate ego motus hec scripsi; sed ut satisfaciam: ignis non transmutatur cum materia, quia non est de materia, ut supra dixi.

11. Hoc igitur dicere volui prudentesque admonere, ne suas pecunias inutiliter consumant, sed sciant quid inquirere debeant; eo modo ad artis veritatem pervenient, et non aliter. Vale.

Finis

* sanguinicus: ontbreekt bij Balbian zowel in hs. als druk.

** hs. heeft hier 'ignoraverunt'; de juiste lezing 'revelaverunt' staat in de marge, en ook in de druk.

vertaling

De brief van de grote filosoof Johannes Pontanus, waarin gehandeld wordt over de steen die de Steen der Wijzen genoemd wordt.

1. Ik, Johannes Pontanus, heb heel veel gebieden doorzocht om iets zekers over de Steen der Wijzen aan de weet te komen, en terwijl ik zowat de hele wereld doortrok vond ik gemene bedriegers, maar geen filosofen. En toch ontdekte ik, steeds studerend en dikwijls twijfelend, de waarheid. Maar terwijl ik de materie kende heb ik mij tweehonderd maal vergist voordat ik de ware materie, werkwijze en praktijk ontdekte.

2. Aanvankelijk begon ik negen maanden lang met bewerkingen van de materie en verrottingsprocessen, en ik bereikte niets; ook zette ik haar een tijdlang in het bad van Maria, en bereikte net zo weinig. Ik heb haar zelfs drie maanden lang in het calcinatievuur gezet, en dat is helemaal mislukt; ik heb mij beziggehoeden met vrijwel

alle soorten distillaties en sublimaties, zoals de filosofen, zoals Geber, Archelaus en de anderen die beschrijven, en niets gevonden.
3. Daarna heb ik het onderwerp van heel de kunst van de alchemie op alle manieren die je kunt bedenken geprobeert te vervolmaken, door middel van mest, bad, as en velerlei andere soorten vuur (warmte), die toch in de boeken der filosofen gevonden worden, maar ik heb niets goeds gevonden. Daarom heb ik drie jaar lang voortdurend de boeken van de filosofen bestudeerd, in het bijzonder Hermes, wiens korte woorden heel de Steen bevatten, zij het dat hij nogal duister spreekt van het bovenste en het onderste, de hemel en de aarde.
4. Ons instrument dus, dat de materie in het zijn brengt in de eerste, de tweede en de derde bewerking, is niet het vuur van het bad, noch dat van de mest, noch dat van een smeltoven, en ook niet een van de andere vuren die de filosofen in hun boeken noemen. Wat is dat vuur dan wel, dat heel het werk van het begin tot het einde vervolmaakt? Zeker, de filosofen hebben het verborgen, maar ik zal het je noemen, bewogen door mededogen, samen met dat wat het hele werk voltooit.
5. De Steen der Wijzen is dus één, maar hij wordt op heel veel verschillende manieren aangeduid, en voor je hem kent zal hij moeilijk toegankelijk voor je zijn. Hij is namelijk van water, van lucht, van vuur en van aarde, flegmatisch, cholerisch, sanguinisch en melancholisch. Hij is zwavelachtig en lijkt ook op kwikzilver, en hij heeft heel veel overtollige bestanddelen, die door de levende God met behulp van ons vuur in het ware wezen worden verkeerd. En wie iets van het subject afscheidt, in de mening dat dat nodig is, heeft echt niets van de filosofie begrepen, want het overbodige, het onreine, het schandelijke, stinkende, kortom heel de substantie van het subject wordt door middel van ons vuur volmaakt gemaakt tot een gefixeerd geestelijk lichaam. En dat hebben de wijzen nooit verteld; en hierom zullen maar weinigen tot de kunst komen, omdat ze menen dat zoiets overbodig en onrein is.
6. Nu moeten we de eigenschappen van ons vuur naar voren brengen, en nagaan of het overeenkomt met onze materie, op de manier die ik net heb beschreven, dat wil zeggen zo, dat je haar kunt transmuteren zonder dat het vuur de materie verbrandt, terwijl het niets van de materie afsplitst, de zuivere gedeelten niet afscheidt van de onzuivere (zoals alle filosofen zeggen), maar heel zijn subject tot reinheid brengt, en niet sublimeert zoals Geber zijn sublimaties verricht (en net zoals Arnaldus en de anderen die over sublimaties en distillaties spreken), maar in korte tijd tot volmaaktheid brengen.
7. Het (bedoelde vuur) is mineraal, het is gelijkmatig, het is zonder onderbreking, en er komt geen damp van af, tenzij het bijzonder fel wordt opgestookt. Het heeft deel aan de zwavel en wordt ontleend aan een ander bereik dan aan dat van de materie; het vernietigt alles, lost alles op en maakt alles vast. Evenzeer stremt en calcineert het, en de kunst is het te vinden; het is een besparing die met slechts een kleine uitgave te krijgen is; en dit vuur heeft een gematigde gloeiing, want op een laag vuur wordt heel het werk perfect gemaakt, en alle nodige sublimaties doet het op hetzelfde ogenblik. Zij die Geber lezen, en alle andere filosofen, zullen het niet begrijpen, al leven ze honderdduizend jaar, want dit vuur wordt alleen door eenzaam en diep nadenken begrepen, dan pas kun je het in de boeken vinden, en niet eerder.
8. Het falen van de kunst wordt dus veroorzaakt doordat men het vuur niet vindt dat heel de materie verandert in de ware Steen der Wijzen. Leg je dus toe op het vuur, want als ik dat eerder had gevonden zou ik mij niet eerst tweehonderd maal in de praxis hebben vergist met de materie. Het verbaast me dan ook niets dat

zovele en zulke beroemde mensen het werk niet hebben klaargekregen. Zij dwalen, zij hebben gedwaald en zij zullen dwalen, omdat de filosofen de werkelijke bewerker (agens) niet hebben genoemd, op één na: Artefius; maar die spreekt alleen voor zichzelf; en als ik Artefius niet gelezen had, en begrepen had wat hij zegt, zou ik het werk nooit hebben afgekregen.

9. De praktijk nu is de volgende. Je neemt de materie en maalt haar zo fijn mogelijk, met fysische verknarsing, zet haar op het vuur, en de proportie van het vuur moet bekend zijn, dat wil zeggen dat het de materie dermate opstookt dat dit vuur in korte tijd, zonder dat iemand er met zijn fikken aanzit, vast en zeker het hele werk vervullen zal, want het laat het rotten, laat het vervallen, zal het genereren, perfectioneren, en het zal de drie hoofdkleuren, zwart, wit en rood, doen verschijnen. En door middel van ons vuur wordt de medicijn vermenigvuldigd, wanneer zij met rauwe materie wordt verenigd, niet alleen in kwantiteit, maar ook in kracht.

10. Weet dus dat je met al je kracht je vuur moet zoeken, en je zult je doel bereiken, want het vuur doet heel het werk, en is de sleutel van alle filosofen, die zij nooit hebben geopenbaard. Je zult het begrijpen als je goed en diep hebt nagedacht over wat ik zojuist heb gezegd over de eigenschappen van het vuur, en anders niet. Door liefde bewogen heb ik dit dus geschreven, maar om genoeg te zeggen (volledigheidshalve): het vuur wordt niet met de materie getransmuteerd, want het hoort niet tot de materie, zoals ik al zei.

11. Dit is dus wat ik zeggen wou, en ik wil de verstandigen vermanen dat zij hun geld niet zomaar over de balk moeten gooien, maar dienen te weten wat zij zoeken moeten: zó zullen zij tot de waarheid komen van de kunst, en niet anders. Het ga u goed.

Commentaar

1 De aanhef, die meldig maakt van een langdurige queeste, is stereotiep; die van deze brief komt sterk overeen met het begin van het *Libellus de alchimia* van pseudo-Albertus Magnus:

> Though I have laboriously traveled to many regions and numerous provinces, likewise to cities and castles, in the interest of the science called Alchemy, though I have diligently consulted learned men and sages concerning this art in order tot investigate it more fully, and though I took down their writings and toiled again and again over their works, I have not found in them what their books assert. [...] Yet I have not despaired, but rather I have expended infinite labour and expense, ever going from place to place [...] I persevered in studying, reflecting, laboring over works of this same subject until finally I found what I was seeking [...] (Heines 1958, p. 1-2)

3 De broeiingswarmte van paardenmest is een gangbare warmtebron. De zinsnede 'De wind heeft het in zijn buik gedragen' uit de *Tabula Smaragdina* (zie hiervoor) wordt wel als een aanduiding hiervan opgevat. Bij het vers uit de *Lapis hispanus* 'Al fuego del ventre del forte animal' noteert Balbian in de marge: 'in fimo seu ventre equino philosophico' ('in de paardenmest of -buik der filosofen') ([57], 160r). Ook het bain-marie en de warmte van gloeiende as in een oven zijn gebruikelijke soorten 'vuur'. De verwijzing naar Hermes zinspeelt op diens *Tabula Smaragdina.*

5 Pontanus neemt hier een standpunt in dat aansluit bij pseudo-Geber, maar dat nog radicaler is.

8 Artefius' *Liber secretus* is de hoofdbron van de *Epistola* van Pontanus. Artefius zou in de twaalfde eeuw hebbben geleefd.
In het envoi van de *Ballade du secret des philosophes* [72] wordt gezinspeeld op dezelfde *agens*:

Prince, cognois de quel agent
Et patient tu as affaire
Pour fruict avoir tresexcellent.

De achterliggende gedachte is: *Ignis et azoth tibi sufficient* (zie boven, p. 30-32), waarbij het vuur de agens is en de materie de patiens.

De brief van Pontanus wordt in het handschrift direct gevolgd door twee kleine tekstjes. Het eerste is een opsomming van vier soorten filosofisch vuur, afkomstig uit Ripleys *Liber duodecim portarum.* Dan volgt een zeer kort tractaatje met het opschrift 'De aquis mercurialibus tractatulus BgL A portu perscrutare et tace', waarin drie grondstoffen voor mercuriaal water, drie soorten mercuriaal water en drie soorten mercurius der wijzen worden genoemd. De auteur, BgL a Portu, is waarschijnlijk Bernardus Georgius Penotus a Portu S. Mariae Aquitani, die soms Londrada genoemd wordt. Dit versterkt mijn vermoeden dat Balbian de brief van Pontanus uit Penotus 1582 heeft overgenomen: ook delen van de tekst van Ripley staat daar in (zie ook p. 161 noot 4).

20. Kostbare herinneringen

Deze persoonlijke herinnering aan de gebeurtenissen rond de val van Gent heeft Joos Balbian genoteerd op de rectozijde van het achterblad van zijn handschrift (f. 279). Dat blad diende al sinds 1588 als achterblad van zijn toen vermoedelijk nog bescheiden verzameling, maar de *Memoire* is aan het schrift te zien pas geruime tijd later toegevoegd.

1. Memoire qu'en l'an 1584 le 13 Octobre je, Josse Balbian, fils de Jehan, fus denommé l'un des six reservéz hors l'apoinctement faict par ceulx de Gand aveques le prince de Parme la vie sauve. J'eus pour compaignons le Sr Heyman, le sr Lucas Maeyaert, pensionnaire; le Sr Peystere, echevyn; le Sr Lieven Meynkens, thresorier de guerre; le Sr Josse de Vleeschhaure, receveur des confiscations. Fusmes choisis hors du nombre de 45 ou environ, qui furent exhibéz; et fusmes ceulx qui s'estoyent le plus opposés a un tant lache et vil, indigne et barbare apoinctement, sans aultre urgente necessité.

2. Eusmes nous maisons pour prison jusques au 13 Decembre, que fusmes recommandéz au Saucelet, prison de ceste ville de Gand; mais peu de jours appres fusmes ramenez en nous respectifs logist sous suffisante caution toutefois pour nous personnes. Depuis le 23 Marty 1585 suivant fusmes recommandéz au Veaubourch, aussy prison de ceste ville; et le 28 Octobre ensuivant, appres diverses menaces et ruses, mis touts six par charge du conseil de Flandre plus estroictement au lieu nommé le Carré, place forte, et estroicte prison.

3. Or le 10 Decembre fusmes a trois receus pour prisonniers de guerre et fismes nostre apoinctement a trois, a scavoir Vleeschauwere, Peystere et moy, Balbian, a quatre mille florins chascun, aiant en oultre dependu durant nostre enprisonement chascun plus de deux mille florins tant en dons, solicitudes que despences de prison en 15 mois.

4. Fusmes menéz par convoy de trente soldats en Anvers, qui nous cousta a chascun dix livres de gros; et illec recommandez en prison opt Steen non obstant suffisante caution; et le lendemain, aiants contéz chascun nous quatre mille florins contants au Molin, hostellerie sur le marché, fusmes remis a nostre liberté.

5. J'avois servy la ville pour l'un des trois sereants majors l'espace de six ans, et avois et commandois a une compaignie d'infanterie l'espace de sept mois. Or selon la consulte qu'en avons faict faire, trouvons, que la ville ou corps d'icelle seroit tenue nous restituer et frais et despences, si comme elle a rachapté le frais de la ligne collaterale, puisq'ils ne nous ont sceu vendre, et que l'un aiant meffact que laultre (si faute y aie esté), nous ne sommes par sort devenus a ce mal avis par malice de ceulx qui commanderent.

vertaling

1. Memoire dat in het jaar 1584, op 13 october, ik, Joos Balbian, zoon van Jan, werd aangewezen als een van de zes personen die werden uitgezonderd van de overeenkomst (die onder meer een generaal pardon betrof) tussen die van Gent en de hertog van Parma. Ik was in het gezelschap van de heer Heyman, de heer Lucas Maeyaert, pensionaris; de heer Peystere, schepen; de heer Lieven Meynkens, beheerder van de oorlogskas; de heer Joos de Vleeshauwere, ontvanger van de confiscaties. We werden gekozen uit een aantal van ongeveer 45 personen die waren voorgeleid; wij waren degenen die het meeste gekant waren tegen een dusdanig laffe en lage, onwaardige en barbaarse overeenkomst, zonder enige dringende noodzaak.

2. We hadden huisarrest tot 13 december, en toen moesten we naar het Chatelet, gevangenis van deze stad Gent; maar een paar dagen later werden we weer naar onze eigen huizen gebracht, zij het op een borgsom. Vanaf de 23ste maart 1585 daarna moesten we naar de Oudburg, ook een gevangenis van de stad, en de 28ste october daarna, na verschillende bedreigingen en manipulaties, werden we alle zes in opdracht van de Raad van Vlaanderen strenger opgesloten in een plaats geheten het Carré (het Gravensteen), een sterke burcht en een strenge gevangenis.

3. En op de 10de december kregen we de status van krijgsgevangenen, en sloten wij alle drie (te weten Vleeschauwere, Peystere en ik, Balbian) een overeenkomst voor vierduizend gulden ieder, terwijl we tijdens onze gevangenschap ook al al ieder tweeduizend gulden aan giften, verzorging en onkosten voor vijftien maanden gevangenis hadden uitgegeven.

4. We werden door een convooi van dertig soldaten naar Antwerpen gebracht, wat ons ieder tien pond groten kostte, en daar naar de gevangenis het Steen gestuurd, hoewel we al een losgeld/borgsom hadden toegezegd. En de volgende dag, nadat we ieder vierduizend gulden contant hadden betaald in de herberg de Molen op de markt, werden we in vrijheid gesteld.

5. Ik had de stad zes jaar lang gediend als een van de drie sergeanten-majoor, en ik had gedurende zeven maanden het bevel gevoerd over een compagnie infanterie. Welnu, uit het [juridisch?] advies dat we hadden laten uitbrengen bleek, dat de stad of haar bestuur verplicht zou zijn om ons de onkosten en de uitgaven te vergoeden, omdat ze ook de kosten van onze geestverwanten[1] had vergoed, omdat ze ons niet hadden kunnen verkopen, en aangezien de een evenzeer had misdreven als de ander (als er althans iets fout is gedaan) zijn we niet door het toeval/lot in deze toestand geraakt maar door boos opzet van hen die de leiding hadden.

Uit het Memorieboek van Anthonie Balbian

De overgave van Gent en de daarna volgende belevenissen van Joos Balbian en zijn medegevangenen worden door Anthonie Balbian als volgt beschreven:

> In 't jaar 1584 den 17 septembris stylo novo es de stadt van Ghent wederom gecommen in de handen van den coeninck van Spaengien, ende midtsdyen

[1] Braekman interpreteert 'la ligne collaterale' als 'de collaterale raad'. De term 'ligne collaterale' wordt vooral in de genealogie gebruikt; mogelijk is Balbians aanduiding ironisch bedoeld, ongeveer als 'de rest van de familie', met de bijgedachte dat het gaat om medepartijgangers die wél ingestemd hadden met het accoord.

gevallen in de slavernye der Spaensche inquisitie. Het accord van dyen werdt binnen Gendt gepubliceert den 19 der voorseide maendt septembris, alsoo 't selve tusschen den Prince van Parme ende de gedeputeerde van Gendt gesloten was. Welcke gedeputeerde waren Joncheer Gillis de Baenst, schepenen van der Keure; dher Lieven Heylinc, d'ander schepenen van Ghedele; Mr. Pieter Stenperaert, raedsheere in den Raedt van Vlaenderen; Mr. Jacob Taeyaert, pensionaris van der Keure; Joncheer Pieter de Vos ende Joncheer Pieter Curtewyle; met hemlieden gevoeght de heer van Champigny, te dyer tyd gevangen binnen Ghendt.

Het voorseide accord was grootelicx tot schade en nadeele van de Inwoonderen der voorseide stadt van Ghend, ende principalic in dyen dele, dat met het voorseide accord de gereformeerde Christelicke religie uuyt de selve stadt verjaeght ende gebannen werdt, ende in haere plaetse wederom opgericht de gruwelicke afgoderye des pausdom, de welcke over 6 jaren te voren dair uuytgeroeyt hadde geweest.

Onder de artikelen van 't voorseide accord waren eenige (maer seer weynige in getalle) de welcke redelic waren, by soo verre de selve wel onder handen hadde geweest; ende hoe wel den meesten deel van de voorseide artikelen seer swaer waren, nochtans wasser onder deselve twee grootelicx tot nadeele van de insetene der voorseide stadt, ende principalic de gene dye [100r] voor de gene dye professie deeden van de gereformeerde religie. Van de welcke d'eene was de reserve van de sesse mannen, ende d'ander dat de voorseide insetene moesten op bringen de somme van sesse hondert duysent guldens. Welcke voorseide somme ooic seer curts opgebracht ende betaelt werdt by de voorseide insetenen der stadt van Ghendt, hoewel dat 't selve directelic was tegens 't voorseide accoord, als 't selve inhoudende datter maer een deel van de voorseide 600 duysent guldens en saude betaelt werdden bij capitacie. De Almogende Heere vergevet de gene dye van sulcx ooirsake syn geweest, datse het meeste last van dyen hebben geleyt op de rechte Cristenen.

De sesse gereserveerde heeft men ooic sware lasten opgeleydt; ende naer datse 12 oft 14 maenden in vangenesse hadden geweest, soo hebben Rynier de Pestere, Joos de Vleeschauwere ende Mr. Joois Balbian haerlieder appointement gemaakt, ende belooft te betalen 10 duysent guldens (namelijk Pestere 2, ende d'andere elc 4 duijsent guldens). Mr. Lucas Mayaert ende Anthonie Heyman syn by subtylen middelen uuyt de vangenesse gecommen ende in Seelandt gearriveert. Lieven Meyntens es ooic uuyt vangenesse commen, midts betalende sesse soo seeven duysent guldens.

Wat voorts voor groot profyt ende vooirdeel 't voorseide accord van Gendt bringen sal aen de insetene van dyer [stadt], sal den tyt leeren; dan dewyle het beginsel seer scadelic es geweest, soe en es van het eynde niet goeds te verwachtene. De Almogende Heere wille het alles keeren tot grootmakinge synes Naems, opbauwinghe Synder verstrooyder kercke aldaer, ende welvaert der insetenen der selver Stad.[2]

[2] Memorieboek Anthonie Balbian, f. 99v-100r.

Commentaar:

De tekst van de Artikelen ende Conditien van de overgave is opgenomen in De Jonghe. Het negende artikel betreft de gijzelaars:

> Zijne Hoogheyd [Alexander Farnese, hertog van Parma] vergevende aen de Generaliteyt, ende willende noch gebruyken meerdere zoeticheyt, was te vreden in plaetse van twaelf Persoonen, die zy gereserveerten geheescht hadde, alleenlyk zes te hebben, zulke als zy zoude kiezen. Aen de dry van de welke zy noch van als dan af gunde, ende verzekerde het leven: behoudende de andere dry tot zyner discretie, om daer mede te doen, gelyk haer zou goeddenken.[3]

De Jonghe vermeldt de namen van de zes personen, die op één na overeenkomen met de namen vermeldt bij de Balbians: in plaats van Joos, noemt hij 'Jan Pieter Baliaen'. Joos wordt hier wellicht verward met zekere 'Sr. Johan Pierre Balbian',[4] vermoedelijk dezelfde als 'Joan Piedro Balbiaen', die omstreeks tien jaar later tafelhouder werd in Zierikzee.[5]

Joos verklaart niet waarom het zestal na enige tijd gehalveerd is; Anthonie doet dat wel. De 'subtyle middelen' waarmee Heyman en Mayaert ontsnapt zijn, bestaan volgens De Jonghe in 'naergedrukte sleutels'. Meyntkens werd vrijgelaten, volgens De Jonghe nadat hij weer katholiek was geworden;[6] Anthonie noemt alleen het hoge losgeld.[7] Toen Joos vrijkwam zat Anthonie al ruim een half jaar in Keulen; hij moet dus door anderen, mogelijk door Joos zelf, zijn ingelicht over de afloop. Het verschil in enkele details (het losgeld van Reinier de Pestere bijvoorbeeld) kan een gevolg zijn van Joos' falende geheugen.

Braekman parafraseert de laatste zinsnede als: 'Als we schuldig waren, zo luidt de redenering, zijn we dat allen even veel geweest en zijn we dat geworden door hen die de leiding hadden en aan wie we moesten gehoorzamen' (Braekman 1986, p. 92). Het lijkt echter waarschijnlijker dat Balbian zich hier niet beklaagt over de 'malice' van de leiding voorafgaand aan de overgave van de stad, maar over die van degenen die daarna beslisten over de vergoedingen.

[3] De Jonghe ed. 1781, bd. 2, p. 450-451.

[4] Dit blijkt uit een notariële transactie van 30 september 1595 tussen hem en 'd'Eersame Heer Pedro d'Ormea Piedemontois, Taeffelhouder der Leeninge binnen Utrecht'; Utrechts Archief, Notarieel U 003a11, 104r. Pieter of Pedro Ormea was de opvolger van Joos' schoonvader Michiel Fouasse; in 1580 was hij te Gent peter van Joos' dochter Alexandrine.

[5] Als opvolger van Anthoine Sarnotis; diens weduwe Margriete Sandersdr. Balbian uit Delft trouwt in 1603 met Abraham Sionsz. Luz (Rietema 1985, p. 147). Het nog lopende octrooi van de leentafel in Zierikzee werd in 1601 op verzoek van Joan Piedro met 24 jaar verlengd; charter Utrechts Archief, Archief Bank van Lening 1215.

[6] De Jonghe ed. 1781, bd. 2, p. 453.

[7] Indien beide gegevens kloppen hebben De Jonghe en Anthonie blijkbaar beiden het in hun optiek meest pijnlijke van de twee geschrapt.

21. Het voorwoord bij het *Secretum* van Jodocus Greverus

In dit voorwoord verdedigt Balbian het feit dat hij alchemistische teksten publiceert. Het feit dat die zo moeilijk te begrijpen zijn speelt daarbij een belangrijke rol. Hij is erg enthousiast over de tekst van Greverus, en hoopt zijn mede-adepten met het publiceren ervan een dienst te bewijzen.

Benevoli Lectori Justus a Balbian, Alostanus, salutem dicit.

1. Quamquam non me lateat, amice lector, a plerisque huius temporis hominibus Chemicae artis libros, non secus quam olim Sibyllinos, studiose adservari; aut quos eos huius secretissimae artis studiosis invideant, & prodere nolint; aut quod sibi persuadeant, non debere istiusmodi, ut ita dicam, arcana temere omnibus ac promiscue palam fieri, (2) ego tamen mecum reputans, & perpendens, fere omnes huius farinae lucubrationes non nisi summis involutas difficultatibus, aenigmatibus, tropis, figuris, metaforisque, tam a veteribus quam a neotericis conscribi esse solitas; atque ob id non de facili eorum sensum erui ac percipi posse, quam indefatigatio, & longo studio, innumerisque in experiundo & laboribus & erroribus; ac vix aliter, ac ne vix quidem, ad veram ac genuinam mentis eorum cognitionem perveniri: (3) non dubitavi hocce Jodoci Greveri de Chemia luculentum sane luculenti authoris opusculum e tenebris in lucem producere, paucis (uti existimo) ante hac visum; cum hactenus proelo (quod quidem sciam) commissum non fuerit.

4. Utilitati igitur privatae (ut soleo) communem praeferens, juvandi studio incitatus, in gratiam eorum qui huic sacrae arti operam impendunt, scriptum hoc Philosophi sane in hac arte & diserti & expertissimi evulgandum censui, atque publicum esse volui.

5. Sic tamen quisque sibi persuadeat velim, non prima se statim atque altera lectione authoris mentem assequuturum.

6. Quamquam enim prae caeteris, quos equidem aut viderim, aut legerim, (qui fere infiniti sunt) minus obscure conscripserit, ac minus errorum continere videatur, non tamen suis caret difficultatibus, quae non nisi longo & assiduo studio, taediosaque experientia tandem percipi possint: absque errore enim ad hanc artem non pervenitur, vel ipso Gebro id ita de se attestante: "Non", inquit, "similiter in stuporem adducti, multo temporis spatio sub desperationis umbraculo delituimus".

7. Si rex tantus, & Philosophus tam perspicacis ingenii, id de se confitetur, quid ipsi de nobis, quaeso, censebimus?

8. Merito id huic, si ulla alteri, quadrant quod dici solet: "Ars longa, vita brevis, occasio praeceps, experimentum fallax, iudicium difficile".

9. Porro tamen si cum aliis veterum scriptis hocce conferre non gravaberis, ipse non difficulter judicabis, quantum studiis tuis lucis adferre queat. Vale.

vertaling

Joos Balbian uit Aalst groet de welwillende lezer

1. Hoewel het mij niet onbekend is, beste lezer, dat door de meeste van onze tijdgenoten boeken over de kunst der (al)chemie, niet anders dan vroeger de Sibyllijnse boeken, zorgvuldig worden bewaard, ofwel omdat zij die boeken niet gunnen aan degenen die zich verdiepen in deze zeer geheime kunst, en ze niet uit handen willen geven, ofwel doordat ze de overtuiging hebben dat dergelijke geheimenissen niet zomaar aan iedereen openbaar gemaakt mogen worden (2) heb ik toch, overwegende dat bijna alle geschriften van dit soort zowel door de ouden als door onze tijdgenoten niet dan met zeer duistere moeilijkheden, raadselen, tropen, figuren en metaforen geschreven plegen te zijn, waardoor de betekenis ervan niet makkelijk begrepen kan worden, maar alleen na onvermoeibare en langdurige studie en talloze inspanningen en dwalingen in de beoefening, zodat men anderszins nauwelijks, nee zelfs helemaal niet, met zijn geest tot de ware en echte kennis daarvan kan doordringen (3) niet geaarzeld om dit prachtige geschrift over de (al)chemie van de schitterende schrijver Jodocus Greverus uit het duister in het licht te geven, dat (naar ik meen) nog maar weinigen onder ogen is gekomen, omdat het tot nu toe (naar mijn weten althans) nooit eerder is uitgegeven.

4. Het algemeen belang naar mijn gewoonte voor mijn persoonlijke stellend, gedreven door het verlangen de wetenschap te bevorderen, en ten behoeve van degenen die zich toeleggen op deze heilige kunst, heb ik gemeend dat het geschrift van deze in de kunst zeer bekwame filosoof openbaar gemaakt moest worden, en daarom heb ik het willen publiceren.

5. Ik zou wel graag zien dat iedereen beseft dat hij de bedoeling van de auteur niet meteen na een of twee keer lezen zal kunnen begrijpen.

6. Howel hij vergeleken met anderen, voor zover ik ze gezien of gelezen heb (en dat zijn er een heleboel) helemaal niet zo duister geschreven heeft, en bijna geen fouten lijkt te bevatten, is het toch niet vrij van moeilijkheden, die niet dan met langdurige en ijverige studie en moeizame ervaring tenslotte begrepen kunnen worden: zonder dwalingen valt er immers niet tot deze kunst door te dringen, zoals zelfs Geber zelf van zichzelf zegt: “Ook wij’, zegt hij, “zijn een lange tijd in verbijstering in de duisternis der vertwijfeling verbleven.”

7. Als zó’n koning, en een filosoof met een zó scherpzinnig vernuft dat van zichzelf toegeeft, wat moeten wij dan in ‘s hemelsnaam van onszelf denken?

8. Meer dan wat ook past in dezen wat men pleegt te zeggen: “De kunst is lang, het leven kort, het lot grillig, het experiment bedrieglijk, het oordeel moeilijk”.

9. Als je er echter niet tegen opziet om dit met andere oude geschriften te vergelijken, dan zal je makkelijk kunnen vaststellen, hoe veel licht dit zal kunnen werpen op je onderzoekingen. Het ga je goed.

Notitie

8 Het beroemde citaat is het eerste van de *Aforismen* van Hippocrates; de gangbare Latijnse vorm is 'Vita brevis, ars longa, occasio praeceps, experimentum pericolosum, judicium difficile'. Een Engels, twaalfde-eeuws handschrift geeft de volgende variant: 'Vita brevis, Ars autem prolixa, tempus vero velox, experimentum autem fallens, determinatio molesta.'[1]

[1] Een foto van dit handschrift in de *National Library of Medicine Newsline* 55 (2000), No. 2 staat op http://www.nlm.nih.gov/pubs/nlmnews/, met de volgende vertaling: 'Life is short, the art [of medicine] long, time is fleeting, experience fallible, decisions difficult'.

22. Het voorwoord bij de *Dicta Alani*

Uit dit voorwoord valt op te maken dat Balbian de *Dicta Alani* naar een handschrift van het Duits in het Latijn vertaald heeft, en waarom. Hij gaat ook in op de overige teksten in het boekje en motiveert waarom hij die heeft opgenomen.

Lectori benigno Justus a Balbian, Flander, salutem dicit.

1. In Alani Dicta cum incidissem primum, cepi ea legere (ut par erat) attentius, idque saepius; quod mole sua scriptum hoc pauca contineret, non tamen pondere. Quid dicam? Complacuit apprime. Quidni? Cum dilucide admodum de arte illa Chemica (quam profitetur) differat.

2. Erat autem libellus ipse quem nactus eram Germanico idiomate conscriptus. Author tamen ea lingua eum in lucem emiserit necne, incertus etiamnum sum. Quod cum ita se habeat, instituto meo non duxi alienum, eum in Latinum sermonem convertere.

3. Neque tamen id eo feci, ut ex tantillo labore gloriolam ullam aucuparer: sed quod phylochymis meis gratificari vel tantilla mea operula desiderarem; idque iis potissimum, qui huius linguae essent ignari.

4. Hunc igitur Jodoci Greveri opusculo adjungendum curavi, quod eiusdem sint argumenti; idque adeo ut Greverus ab Alano pleraque sua mutuatus videri possit.

5. Addere visum est & ignoti cuiusdam commentariolum in Lullium, & Joannis Pontani summi Philosophi epistolam, quantumvis & antehac excusam; nec non & monumenta aliquot diversorum, carmine certe parum polito, prisco illo seculo a viris tamen peritissimis hac in arte exarata.

6. Id porro cur ita fecerim, hi facile judicabunt, qui vel minimam huius scientiae cognitionem habebunt. Quid caeteri censeant, qui hanc neque norunt, neque ferunt, susque deque ferendum autumo.

7. His, benigne lector, fruere, dum aliud proprio marte paro. Lege, perlege, relege, & reitera: neque te laboris, uti spero, poenitebit.

Vale ac boni consule.

Datae Gaudae, Calendis Aprilis1598.

Vertaling

Justus a Balbian, Vlaming, groet de welwillende lezer

1.Toen ik de Uitspraken van Alanus voor het eerst in handen kreeg, begon ik ze -terecht- met grote aandacht en meermaals te lezen; want dit geschrift is weliswaar klein van omvang, maar groot van belang. Wat zal ik zeggen? Het beviel mij zeer. Waarom ook niet? Het gaf namelijk een bijzonder heldere uitleg over de chemistische kunst, want daar ging het over.

2. Het boekje nu dat ik gevonden had was in de Duitse taal geschreven. Ik ben er echter niet zeker van, of de auteur het al dan niet in die taal heeft uitgegeven. Gezien deze situatie was het mijn bedoeling om het in het Latijn te vertalen.
3. Dat deed ik niet om met dit kleine klusje een beetje roem te bejagen, maar om daarmee mijn mede-alchemie-liefhebbers een plezier te doen; en vooral diegenen, die deze taal niet kennen.
4. Ik voeg mijn editie van deze tekst bij die van de korte tekst van Jodocus Greverus, die dezelfde strekking heeft, en wel dermate dat de indruk ontstaat dat Greverus hem grotendeels aan Alanus kan hebben ontleend.
5. Verder voeg ik nog toe: een klein commentaar op Lullius van een anonieme auteur, en de brief van de grote filosoof Johannes Pontanus, ook al is die al eerder gedrukt, en bovendien verschillende oude 'erfstukken' van diverse auteurs, gedichten die weliswaar weinig verfijnd zijn, maar wel in oude tijden geschreven door mannen die zeer deskundig waren in de alchemistische kunst.
6. Zij die daar ook maar iets van afweten begrijpen allicht waarom ik dat heb gedaan. De mening van degenen die daar geen verstand van hebben en er niets van willen weten laat mij onverschillig.
7. Pluk hier de vruchten van, welwillende lezer, terwijl ik mijn eigen krachten wijd aan de voorbereiding van een andere [uitgave]. Lees, lees zorgvuldig, herlees, en herhaal dat, en dan zal je, hoop ik, geen spijt hebben van je inspanning. Gegroet en aanvaard mijn werk. Gouda, 1 april 1598.

Notities

Balbian zegt niet te weten of de Duitse tekst van de *Dicta Alani* al dan niet ooit gedrukt is. De eerste overgeleverde druk van de Duitse tekst dateert van 1574; er zijn minimaal zeven latere drukken in het Duits tussen 1582 en 1728.[1] De tekst is oorspronkelijk in het Duits geschreven; het oudste mij bekende handschrift is HAB Wolffenbüttel 676, anno 1444.[2] Balbians vertaling van de *Dicta Alani* is in het handschrift gedateerd 1588. De latere drukken en handschriften in het Latijn gaan alle direct of indirect terug op de vertaling van Balbian.

In latere drukken en bibliografieën wordt 'Alanus philosophus', de auteur van de *Dicta Alani,* vaak met Alanus van Rijssel (ca. 1130-1203) geïdentificeerd, maar dat is op grond van taal, inhoud en datering uitgesloten. Ook de toeschrijving sinds de 18de eeuw aan zekere Albertus Cranzius (ca. 1430) lijkt me geheel ongegrond.[3]

Balbians vertaling is wat uitvoeriger dan het origineel, zoals blijkt uit de vergelijking van het begin van de tekst:

[1] Uitgave naar de eerste druk in Barke 1991.
[2] *HMES* III, p. 140 n. 60.
[3] Zie Ferguson 1906 I, p. 14; Boeren 1975, p. 114; Barke 1991, p. 48.

Sohn, setz dein herz mehr Got
dann zu der kunst,
wann sie ist ein gab von Gott,
und wem er will dem theyle er sie mit.
Darumb hat ruhe undd freude in Gott,
so hastu die kunst.

Ad Deum*, *mi* fili, *et* cor *et mentem*
convertito quam ad artem magis;
ipsa enim donum Dei *summum* est,
cuique *bene* placitum fuerit eam largitur.
Deum igitur *ex toto corde totaque anima*
tua diligito, atque in eo *solo* & spem &
fiduciam** *omnem* locato:
sic *procul omni dubio* hac arte *nobilis-*
sima cum gaudio perfruere.

*hs. Ad Deum *ter Optimum Maximum*
fili *mi*
** hs. oblectationem

Blijkens het slot was Joos toen hij dit voorwoord schreef al bezig met de editie van de *Tractatus septem*.

23. De opdracht aan Gillis Borluyt

Een opdracht aan een adellijke beschermer, of verhoopte beschermer, was in de tijd van Balbian zeer gebruikelijk bij allerlei soorten publicaties. In dit geval ziet het er echter naar uit, dat Joos niet zozeer probeerde een sponsor te strikken, dan wel dat hij een goede vriend een genoegen wilde doen.

Balbians editie van de *Tractatus septem* opent met deze opdracht aan zijn vriend Gillis Borluyt uit Gent. Hun vriendschap dateert misschien nog van de schoolbanken. Later hebben beiden nog een vermoedelijk korte periode samen in Orléans doorgebracht. In 1570, toen Joos al getrouwd was, studeerde Gilles samen met zijn broer in Padua. De Halewijn vermeldt, dat de broers Borluyt indertijd op verdenking van calvinisme door de inquisitie half Toscane doorgejaagd en in Siena gevangen gezet waren.[1] Gillis maakte in ieder geval deel uit van het revolutionaire comité der Achttienmannen, dat in november 1577 in Gent geïnstalleerd werd. Hij heeft die rol maar twee jaar daadwerkelijk kunnen vervullen: in 1579 werd hij gevangen genomen door de Malcontenten, toen hij in opdracht van Willem van Oranje op weg was naar Brugge, en hij kwam pas in 1584 weer vrij. Blijkbaar heeft hij toen eieren voor zijn geld gekozen: om in Gent te kunnen blijven, moest hij weer in de 'schoot der Moederkerk' terugkeren. Joos zal daar begrip voor gehad hebben; het heeft in ieder geval zijn hartelijke gevoelens voor Gilles niet aangetast.

Illustrissimo ac generoso domino D. Aegidio Borluyt, Equiti Flandro, Justus a Balbian Flander salutem dicit.

1. Quantum fecerint veteres illi Philosophi, nec non Reges & Principes chymiae scientiam, domine illustrissime, & quo apud ipsos habita sit in pretio, liquidò testantur ipsorum monumenta literis commmendata, de quibus ii facillimè judicare poterunt, qui ea non negligenter legere, ac etiam relegere non gravabuntur.

2. Sunt etiam nostra hac aetate viri non tantùm illustres sed longè etiam doctissimi, qui hanc scientiam caeteris omnibus (una sola excepta: theologia, quae circa divinorum mysteriorum contemplationem versatur) praeferre, ne dicam aequalem facere non dubitent.

3. Pauci illi tamen, & vix unus atque alter, prae iis qui eam (si quo modo queant) calumniis petere, in contemtum adducere, ipsiusque veritatem obscurare ac in dubium revocare conantur, sed frustra, cum veris certisque rationibus & experimentis ipsa innitatur*, vel ipso id Hermete, Gebro, Avicenna, nec non & aliis infinitis testificantibus, quorum nemo mentis sanae testimonia temerè rejecerit.

4. Nihil insuper dubito quin & hodie extent, sed rari admodum, qui de eius veritate oculati esse testes possint, sed latere (idque sapienter) malunt

[1] 'Messire Gilles Borluyt, frère audict seigneur de Boucle (i.e. Josse Borluyt) et comme luy sectaire, et pour telz, estans escoliers à Padoue, ayans esté doiz là poursuiviz par l'inquisition jusques à Sienne, en la Toscane, et illecq constituez prisonniers pour la religion (...)'. De Halewijn 1865, p. 75.

quam vulgo innotescere, cùm sciant quantum sibi mali conciliare possint ab eius propalatione.

5. Ab iis certè minimè contemnitur, qui Dei virtutem naturae conjunctam cognoscunt & percipiunt, sed reverenter cum gratiarum actione recipitur, cùm certo ipsis constet neminem studii istius sacrae artis poenitere debere, qui credat hac fretum omnem se egestatem intolerabilem paupertatem evitare posse, tum nullos non morbos qualescunque illi tandem sint curare, & è corpore humano expellere. Quis igitur non admiretur & amplectatur tantum Dei summi donum?

6. Apage quisquis hanc non notam tibi, neque satis pro merito examinatam calumniari temerè & praesumptuosè audes, non enim tibi haec scripta sunt tuique similibus, qui nihil rectum putant quàm quod ipsi faciunt, homines doctis juxta ac probis ferè molesti, ignari prorsus eorum quae carpunt, homines medius fidius non homines, sed monstra potius hominum, aliorum scripta arguentes, & de iis pro suo captu judicantes, in quibus nihil omnino intelligunt, caecutientes & vel ipsis talpis caeciores, coecum habentes cor uti & pleraque hominum turba.

7. Tale autem hominum genus, me authore & suasore, à lectione istiusmodi libellorum (quos sub tuo nunc patrocinio, domine illustri, in publicum damus) abstinebit, quod chymica omnia istiusmodi sint, ut probabilia hisce non videantur, quibus tenebris ingenium obfuscatum est, sed iis tantum haec scripta sint, qui ingenio perspicaci & faelici à Deo mentem illustratam possident.

8. Hos igitur libellos à me non citra laborem emendatos, & ab infinitis erroribus repurgatos in debitae observantiae, & veteris nostrae amicitiae ab adolescentia inchoatae argumentum, tuae illustrissimae Dominationi dedicare consecrareque volui.

Vale. Datae Gaudae, pridie Kalendarum Septembris 1599.
Dominationi vestrae addictissimus
Justus a Balbian

* §3 'innitatur': verbeterd uit 'imitatur'

Vertaling

Joos Balbian, Vlaming, groet de doorluchtige en edele heer De heer Gilles Borluyt, Vlaams ridder.

1. Hoe veelvuldig de oude filosofen, en ook de koningen en vorsten, de chemische wetenschap beoefenden, doorluchtige heer, en hoe hoog deze bij hen in aanzien placht te staan, spreekt duidelijk uit de getuigenis van de door hen nagelaten geschriften, zoals diegenen die er niet tegen opzien deze aandachtig te lezen en te herlezen gemakkelijk zullen kunnen vaststellen.

2. Ook in onze tijd bestaan er nog zulke mannen, die niet alleen vooraanstaand doch daarenboven ook nog buitengewoon geleerd zijn, die aan deze deze wetenschap

de voorkeur geven boven alle andere, ja zelfs niet aarzelen haar aan alle anderen gelijk te stellen (met als enige uitzondering de theologie, omdat die zich bezighoudt met het beschouwen van de goddelijke mysteriën).

3. Zulke mensen zijn er maar weinig, nauwelijks een handjevol in vergelijking met het grote aantal mensen dat (als ze de kans krijgen) de kunst belastert, door het slijk haalt en haar waarheid probeert te verduisteren of in twijfel te trekken, maar vergeefs, omdat zij steunt op ware en zekere woorden en experimenten, zoals Hermes, Geber, Avicenna, en eindeloos veel anderen getuigen, wier getuigenis niemand met gezond verstand zal durven te verwerpen.

4. Het lijdt verder geen twijfel dat er tegenwoordig een paar zijn (maar niet veel), die de waarheid ervan met eigen ogen gezien hebben en ervan zouden kunnen getuigen, ware het niet dat ze liever wijselijk hun mond houden dan het aan den volke bekend te maken, omdat ze weten hoeveel kwaad er voor hen uit kan voortkomen als het publiekelijk bekend wordt.

5. De kunst wordt zeker allerminst geringgeschat door diegenen die de gezamenlijke werking van God en de Natuur kennen en waarnemen, maar ze wordt door hen eerbiedig en met dankbaarheid aanvaard, aangezien het voor hen vaststaat dat niemand spijt moet hebben van de studie van deze heilige kunst, die gelooft dat hij dankzij haar kan ontkomen aan het gebrek van ondragelijke armoede, en alle mogelijke ziekten kan genezen en uit het menselijk lichaam verdrijven. Wie dan zal een zo grote gave van de opperste God niet bewonderen en omhelzen?

6. Weg met jou, wie je ook bent, die de opgeblazen euvele moed hebt om de kunst die je niet kent en die je niet eens naar behoren hebt onderzocht te belasteren; deze teksten zijn noch voor jou noch voor jouw gelijken geschreven, die niets goed vinden behalve wat ze zelf doen, mensen die meestal lastig zijn voor de geleerden en de goeden, volstrekt onwetend omtrent de dingen die ze hekelen; mensen die voorwaar geen mensen zijn maar veeleer monsters dan mensen, die de geschriften van anderen bekritiseren en die over oordelen naar dat ze verstand hebben over zaken waarvan ze helemaal niets begrijpen, die verblind en nog blinder dan de mollen zelf zijn, met een verblind hart als de meerderheid van de massa.

7. Dergelijke mensen zullen zich op mijn gezag en aanbeveling verre houden van het lezen van dit soort teksten (die we nu onder uw bescherming, doorluchtige heer, in het licht geven), omdat alles wat de chemie aangaat zodanig is dat de deugdelijkheid ervan niet zichtbaar is voor hen wier verstand in duisternis beneveld is, maar ze zijn geschreven voor mensen die een helder, gezegend en door God verlicht verstand bezitten.

8. Deze teksten, die ik niet zonder inspanning verbeterd en van talloze fouten gezuiverd heb, heb ik met de verschuldigde erkentelijkheid, als bewijs van onze oude vriendschap, die al op onze jeugd teruggaat, graag aan uwe doorluchtige edelheid willen opdragen en toewijden.

Gegroet. Gouda, 31 augustus 1599.

Uwer edelheid zeer toegenegen

Joos Balbian

24. Het voorwoord bij de *Tractatus septem*

In dit voorwoord gaat Balbian in op de eerbiedwaardigheid van de alchemie en haar lange traditie, en legt hij uit hoe het komt dat alchemistische teksten zo moeilijk te begrijpen zijn.

Dit voorwoord is verder vooral van belang omdat Balbian hierin informatie verstrekt over zijn bron en hoe hij daarmee is omgesprongen, zoals al werd besproken op pp. 51 en 54.

Hermeticae philosophiae studioso Justus a Balbian, Flander, Alostanus, philochymus, salutem dicit.

1. Consideranti mihi, benignè Lector, non minorem ferè eos mereri laudem, qui veterum lucubrationes è latebris in lucem protrahunt, ac publicas esse volunt, quàm eos qui ipsi novi aliquid operis moliuntur ac emittunt; idque cum in aliis scientiis tum in hac potissimùm qua Alchymiam spectat, quod de ea vix quicquam dici possit quod non dictum sit priùs: visum est instituto meo non alienum, septem hosce chemicos tractatus authorum incognitorum in lucem dare.

2. Id autem in eorum praecipue gratiam qui Hermeticae philosophiae se studio addixerunt, totique in hanc artem incumbunt, artem mea quidem sententia non tantum in pretio habendam, sed & venerandam ob admiranda quae complectitur arcana.

3. Duplex tamen cùm à Philosophis qui hanc tradidere offeratur obscuritas, & hinc difficultas non mediocris, altera rerum, verborum altera.

4. Rem ipsam quod magna sit & propemodum divina sub mirandis involucris docere voluerunt, & summa istiusmodi arcana, secreta, & sapientiae mysteria, non nisi admirandis intricata aenigmatibus & figuris tradere.

5. Verbis autem ut plurimum obscurioribus usi sunt, ex variis linguis vocabula sua petentes, non tamen ut probos ab hac absterreant, quàm ut improbos arceant, cum non nisi piis & verè philosophis, hoc est sapientiae amatoribus à Deo summo omnium bonorum largitore reservetur.

6. Porrò inter illos qui multis abhinc annis de hac posteris aliquid scripsere, paucos extare crediderim, qui minus obscuritatum & difficultatum suis scriptis immiscuerint, sed huius penes vos esto judicium, qui istius modi monumenta manibus teritis, sepiusque cum iudicio et attentè perlegitis.

7. Desumpsi autem ab exemplari vetustissimo, ab indoctissimo illius seculi viro aliquo, huiusque artis ignarissimo descripto, ita ut aegre etiam legi potuerit, erroribus denique ac mendis ita referto, ut ingenue fatear, longè difficillimum mihi fuisse ab iis me extricare.

8. Porrò autem quod in eo studii genere aetatem ferè meam consumpsi, si mihi istiusmodi errores corrigendi hic assumo partes, videor id meo mihi quoddammodo jure vendicare.

9. Poteram horum certè quaedam mihi adscribere immutatis in iis plerisque quod non pauci id temporis faciunt, sed ego nunquam ingenui esse duxi ex alieno labore sibi laudem quaerere. Quidquid tamen id tandem laboris & operae est, quod in ipso emendandis insumpsi, id tu Lector benevole uti boni consulas velim.

Vale, datae Gaudae pridie Kalendarum Septembris 1599.

Vertaling

Joos Balbian, Vlaming uit Aalst, alchemie-liefhebber, groet de beoefenaar van de hermetische filosofie.

1. Wat mij betreft, beste lezer, verdienen diegenen die de geschriften van de ouden uit het verborgene in het licht brengen en openbaar willen maken, nauwelijks minder lof dan zij, die zelf enigerlei nieuwe werken maken en uitgeven; dit geldt voor alle wetenschappen, maar vooral voor de Alchemie, aangezien er over de Alchemie nauwelijks iets te zeggen valt dat niet al eerder gezegd is; het is daarom niet vreemd aan mijn bedoeling om deze zeven alchemistische tractaten van onbekende auteurs in het licht te geven.

2. Dit in het bijzonder ten dienste van hen die zich bezighouden met de studie van de Hermetische filosofie en die zich geheel aan deze kunst wijden, een kunst die naar mijn mening niet alleen op prijs gesteld dient worden, maar die vanwege de door haar behelsde wonderbaarlijke geheimenissen bovendien met grote eerbied behoort te worden bejegend.

3. Er doet zich echter bij de filosofen die hierover schrijven een tweevoudige duisterheid voor, en daardoor een niet geringe moeilijkheid: enerzijds door het onderwerp, anderzijds door de woorden.

4. Omdat het onderwerp op zichzelf iets groots en welhaast goddelijks is, wilden ze het onderwijzen onder wonderlijke verhullingen, en deze diepe verborgenheden, geheimen, en mysteries van wijsheid alleen maar behandelen onder de vorm van wonderbaarlijk ingewikkelde raadselen en beelden.

5. Ze gebruiken meestal vrij duistere woorden die zij aan verschillende talen ontlenen, niet zozeer om de goeden af te schrikken, als wel om de slechten buiten te sluiten, want deze [verborgen kennis] wordt door God de Allerhoogste, de milde schenker van alle goeds, voorbehouden aan deugdzame en ware filosofen, dat zijn de liefhebbers van de wijsheid.

6. Verder zijn er onder degenen die vele jaren geleden hierover voor het nageslacht geschreven hebben naar mijn mening maar enkelen die weinig [minder?] duisterheden en problemen door hun geschriften gemengd hebben; maar dit laat ik over aan het oordeel van jullie, die dit soort oude teksten dikwijls ter hand nemen en met verstand en aandacht plegen te lezen.

7. Ik heb deze teksten echter genomen uit een zeer oud handschrift dat was geschreven door een zekere zeer ongeleerde man uit die tijd, die helemaal niets van deze kunst af wist, zodat het nauwelijks leesbaar was, en dat vol stond met fouten en gebreken, en ik moet eerlijk zeggen dat het me de grootst mogelijke moeite heeft gekost om mij daaruit te ontwarren.

8. Omdat ik al bijna mijn hele leven aan dit soort studie besteed heb meen ik dat ik wel enigszins bevoegd ben om de taak om dergelijke fouten te verbeteren op me te nemen.

9. Ik had best wel een paar van deze teksten, en wel die waar ik erg veel aan heb veranderd, op mijn eigen naam kunnen stellen, zoals genoeg anderen tegenwoordig plegen te doen, maar ík vind het onbehoorlijk om met de eer voor andermans werk te gaan strijken. Ik zou wel wensen, beste lezer, dat u het vele werk en de moeite die ik gedaan heb om deze teksten te verbeteren zult waarderen.

Gegroet, Gouda, 31 augustus 1599.

Aantekening

1 De frase 'idque cum in aliis scientiis tum in hac potissimùm qua Alchymiam spectat, quod de ea vix quicquam dici possit quod non dictum sit priùs' doet denken aan de opmerking van de arts-alchemist Nicolas Barnaud in het voorwoord bij zijn *Quadriga aurifera* (Leiden, juli 1599): 'Nunc QVADRIGAM AVRIFERAM promo, in qua ne verbum quidem unum a me profectum. (Quid enim, quaeso, in hac metallorum philosophia excogitare, dicereve unquam possem, quod dictum non fuerit prius, & ita acta, ut ajunt, agere.)'

DEEL III

BIJLAGEN

Bijlage 1: Familie-aantekeningen

Overlevering

Dankzij de familie-aantekeningen van vader Jan Balbian en zijn nageslacht beschikken we over een aantal betrouwbare genealogische gegevens. De meest authentieke redacties die bewaard zijn gebleven zijn afkomstig van Anthonie Balbian en diens nakomelingen. Deze gegevens zijn verwerkt in Rietema's artikel 'De Goudse Balbians' uit 1985. De twee handschriften die Rietema heeft gebruikt bevinden zich nu in de privé-collectie Hartman te Rotterdam en in het Centraal Bureau voor de Genealogie te Den Haag.

Het Rotterdamse handschrift is het persoonlijke memorieboek van Anthonie Balbian, waarmee hij rond 1572 is begonnen. Dit boek bevat zakelijke aantekeningen en enkele medische en culinaire recepten in de hand van Anthonie zelf.[1] Deze worden gevolgd door een Nederlandstalige redactie van de familie-aantekeningen van Jan en Anthonie, die door hun nakomelingen tot 1776 zijn voortgezet. De laatste entree van de hand van Anthonie betreft het overlijden en de begrafenis van zijn vrouw Piereintje de Peystere te Keulen in januari 1616. Aansluitend volgt een aantekening over Anthonie's overlijden in november van datzelfde jaar, geschreven door zijn zoon Abraham. Diens aantekeningen worden voortgezet door Laurens Abrahamsz. Balbian, die zich in 1647 als notaris in Gouda vestigde, en diens afstammelingen.[2]

Het handschrift in het CBG, een klein oblongformaat boekje gebonden in perkament, bevat voor de eerste drie generaties inhoudelijk dezelfde gegevens.[3] Het belangrijkste verschil is, dat de aantekeningen van vader Jan in het Frans zijn gesteld, evenals het eerste gedeelte van die van Anthonie, die na 1583 op het Nederlands overgaat.[4] Uit vergelijking met de Nederlandstalige versie blijkt dat de oorspronkelijke tekst tot 1583 Franstalig was. De Franse en de Nederlandse versie van de aantekeningen van Jan komen vrijwel woordelijk overeen, maar het handschrift in het CBG geeft een ingekorte versie van de aantekeningen van Anthonie. De dan

[1] De term Memorieboek werd door P. Van de Woestijne gebruikt om een inlands type aan te duiden dat door de tijdgenoten als *handtbouckgen* bestempeld werd: een persoonlijk handschrift met gegevens over familie en zakenbeheer.Van Bruane 1998, p. 51, noot.

[2] Rietema 1985 en *Nederlands Patriciaat* 64 (1978-79). Een vrij oude getypte transcriptie van de familieaantekeningen uit het Memorieboek van Anthonie Balbian (44 pagina's) bevindt zich in CBG Deelcollectie 1047 Van Rijn, Dossier De Balbian. Dit afschrift gaat via minimaal één ander afschrift op het origineel terug.

[3] CBG Familiearchief Verster, Doos 7. Tevens bevindt zich een zorgvuldig afschrift van de hand van Ds. V.E. Schaefer in CBG Dossier De Balbian, VFFAMNL 001254.

[4] In de Nederlandse redactie wordt de Franse Furie in Antwerpen op 17 februari 1583 met grote verontwaardiging beschreven; wellicht was dit voor Anthonie aanleiding om zich voortaan van zijn moedertaal te bedienen.

volgende aantekeningen van Abraham Anthonisz. Balbian worden tot 1660 voortgezet door diens Duitse schoonzoon, die zijn naam niet noemt.

Ook Joos zette de familie-aantekeningen voort. Hij bediende zich daarbij, net als zijn vader, van het Frans, met af en toe een zinsnede in het Latijn. Jammer genoeg beschikken we alleen over een slecht afschrift uit de vroege twintigste eeuw van een mogelijk ook al slechte vertaling van rond 1774, nu in het CBG.[5] Die vertaling werd gemaakt door Pieter van der Zwem, echtgenoot van Geertruid Balbian, een betachterkleindochter van Joos. De aantekeningen van Joos worden voortgezet door zijn zoon Jan en diens afstammelingen. Daarnaast zijn er nog twee andere sets aantekeningen opgenomen: die van schoonzoon Karel Boterpot en kleinzoon Joost Boterpot, en een korte reeks aantekeningen afkomstig van Octaviaen Balbian.

De aantekeningen van vader Jan Balbian worden hieronder uitgegeven naar de Nederlandse vertaling van Anthonie. Omdat het afschrift van Pieter van der Zwems vertaling zeer gebrekkig is, kan dit stuk niet geciteerd worden. Voor de meeste vervormde namen is nog wel te achterhalen, wie ermee worden bedoeld, maar sommige namen zijn onherstelbaar beschadigd. Dit stuk zal ik daarom parafraseren. De gegevens afkomstig van Joos betreffen vrijwel alleen de geboorte en de doop van zijn kinderen; ze worden aangevuld met informatie van elders over hun verdere lotgevallen. Veel van deze gegevens zijn afkomstig van Octaviaen Justusz. Balbian (1602-na 1639).

De aantekeningen van Jan Balbian

Jan Balbian schreef zelf in het Frans. De volgende tekst is vertaald door zoon Anthonie en werd door hemzelf in zijn Memorieboek opgeschreven. Ik geef de complete aantekeningen van Jan weer, gevolgd door enkele geselecteerde aantekeningen van Anthonie. Ik heb de kern-namen vet gemaakt en jaartallen in arabische cijfers erbij gezet. Ik voeg wat aanvullingen toe in noten.

1540 [94r] Int jaer onses Heeren Jesu Christi vijfthien hondert ende veertich, den xi January stylo romano op eenen sondach des avonts ten vyf huyren hebben tsamen belofte van huwelic gedaen, ende syn ter selven huyren getraudt: d'eersame **Jan Balbian** geboren van Andesen in Piemondt, ende Jonckvrauwe **Anna van Gavere** filia Joos, geboren van Aelst.[6] Ende syn getraudt int clooister vanden carmelyten oft vrauwen broeders tot Aelst by Meester Jan de Pape, prochiaen der voorseyde stadt van Aelst.

1542 Int jaer onses Heeren vyftien hondert xlii stylo romano, op den Witten Donderdach drye dagen voor Paeschen wesende den vi Aprilis, een weynich tyts

[5] Deelcollectie 1047 Van Rijn, Dossier De Balbian bevat een doorslag van een getypt stuk met opschrift 'Copie van 't Slagregister door Neev (sic, lees ws. 'Heer') Pieter van der Swem, coopman te Rotterdam, als in huwelijk hebbende Geertruij Balbian, die een dochter is van Laurens Balbian en Catherina van Striepen' (21 pagina's). Rietema kende dit document niet en heeft zich voor Joos en zijn kinderen moeten behelpen met onvolledige en toevallige gegevens uit archieven. Zijn artikel kan nu op een aantal punten worden aangevuld.

[6] Jan was de zoon van André Balbian, 'capitaine milanez', en Lievina Cluterinc; Anna's moeder was Alexandrine van Liedekerke; zie Rietema 1985.

voor den x huyren voor den noene, werdt geboren **Jan** den sone van Jan Balbian; ende werdt gedooipt by Meester Jan de Pape, pasteure van Sinte Martens kercke tot Aelst op den Paeschavont. Ende waren syne peters ende meters Joois van Gavere syn grootvader, Anthoine Maria Bergainge, Cathelyne van Gavere weduwe van Cornelis Luycx alias Cooils syn aude-audemoeye, ende de huysvrauwe van Anthoine Succa. De voorseyde sone hebbende sommige daghen daer naer geleeft en dese werelt overleden, ende rustet in den Heere.

1543 Int jaer onses Heeren vyfthien hondert drye en veertich den x Augusti wesende Sinte Lauwereyns dach, op eenen vrydach, een weynich tyts voor den vii huyren des morgens was geboren **Joois** de sone van Balbian [sic]; ende werdt gedoopt tot Aelst in Sinte Mertens kercke by Meester Jan de Pape pasteur der vooorseyde kercke. Ende waren syne peters ende meters Joois van Gavere, syn moederlic grootvadere, Gillis van Migrode, keyser van Sint Jooris gulden tot Aelst, Jonckvrauwe Catelyne van Gavere syne audt aude moeye ende Jonckvrauwe Barbara Stooip, huysvrauwe van Jan Spiegelere.

1544 [94v] Int jaer onses Heeren Jesu Christi vyfthien hondert vier en veertich, op eenen dysendach xxvi Augusti, Sinte Severyns dach, een weynich tyts voor den drye huyren naer den noenen was geboren **Anthonie**, de sone van Jan Balbian. Ende werdt gedooipt by heer Jan de Hane, capellaen van Sinte Martens kercke tot Aelst;[7] ende waren syne peters ende meters Anthonie Succa, Philips de Bock filius Martens, Jonckvrauwe Margeriete van Gavere syn aude moeye, huysvrauwe van Merten de Bock, ende Jonckvrauwe Catelyne de huysvrauwe van Anthonio Maria Bergainge.

1546 Int jaer onses Heeren vyfthien hondert sesse ende veertich, op eenen maendach xxiii augusti, een weynich naer de v huyren naer de noene was geboren **Bertelmaeus** de sone van Jan Balbian; ende werdt gedooipt by Mester Jan de Pape, pasteur van Sinte Martens kercke tot Aelst. Ende waren syne peters ende meters Joois van Gavere syn grootvader, Marten de Bocq syn audt ooim, ende Jonckvrauwe Catelyne van Tielt, huysvrauwe van Jan Horooir. De selve Bertelmaeus es dese weerelt overleden int het xiiiie jaer synes auderdoms.

1548 Int jaer onses Heeren vyfthien hondert acht ende veertich stylo romano op eenen donderdach drye dagen voor Paeschen den xxiv marty ontrent den neghen huyren voor den noene was geboren **Jan**, de sone van Jan Balbian, de welcke met haesten ten huyse van Jan Balbian werdt gedooipt by Meester Jan de Pape, pasteur van Sinte Mertens kercke tot Aelst. Ende waren syne peters ende meters Jan van Gavere, syn ooim, Jan de Spiegelere ende mevrauwe van Hoves. Tvoorseyde kint overleedt dese warelt curts naer dattet den dooip hadde ontfaen.

1549 [95r] Int jaer onses Heren Jesu Crist vyftien hondert neghen en veertich op eenen maendach xxv may ontrent den viii huyren des avonts was geboren

[7] In de Franse redactie 'Sire Jehan de Cocq'; Pieter van der Zwem heeft 'Johan de Kok'!

Charles, de sone van Jan Balbian, de welcke in alder haesten byde vroe vrauwe werdt gedragen naer de kercke, ende werdt gedooipt by Meester Jan de Pape, pasteur van Sinte Mertens kercke tot Aelst. Ende waren syne peters ende meters Michiel de Bock, Gillis Rousseels, Catelyne van Tielt, de vroe vrauwe ende meer anderen overmidts dattet gesciede met haesten; het vooirseyde kindt stierf daer naer ter stont.

1549 Int jaer onses Heeren vyfthien hondert negen ende veertich, op eenen saterdach xv septembris des avonts tusschen den xi ende xii huyren was geboren de huysvrauwe van Anthonie Balbian genaempt **Pierynten de Peystere**, dochtere van Jan de Peystere filius Daneels, de welcke werdt tot Gendt gedooipt in Sinte Niclaeys kercke by Meester Gillis [ruimte] pasteur der voorseyde kercke, ende waren hare peters ende meters Pieter Andries, Jonckvrau Lysbette de Peystere huysvrauwe van Lauwereyns Luurden ende Joncvrauwe Clara vande Vivere filia Baudewyns, huysvrauwe van Joois de Stuyvere, beyde hare vaderlicke ende moederlicke moeyen.[8]

1550 Int jaer onses heeren vyfthien hondert vyftich op eenen donderdach xix Juny een weynich tyts naer den vii huyren in de morghenstont was geboren **Maria** de dochter van Jan Balbian, ende werdt gedooipt by Meester Jan de Pape pasteur van Sinte Martens kercke t'Aelst. Ende waren hare peters en meters Meester Philips van Gavere haer ooim, Jaques du Boys, Janneken Succa filia Antony ende Maria de huysvrauwe van Jaques Squarron. De selve dochter sterf binnen een maendt oft sesse weken naer hare gebooirte.

1554 [95v] Int jaer onses Heeren Jesu Cristi vyfthien hondert liiii op eenen maendach xxvi Aprilis ontrent den vii huyren in de morghenstondt was gebooren **Adriana** de dochter van Jan Balbian, de welcke werdt gedooipt by Meester Pieter Raes, pasteur van Sinte Jans kercke tot Gendt. Ende waren hare peters ende meters Bernardyn Rubeis, Adriana de huysvrauwe van Michiel Fouasse ende Paulyne de huysvrauwe van Lieven Varspurdt. De voorseyde dochter stierf binnen twee maenden naer den tyt haerder gebooirte.

1555 Int jaer onses Heeren vyfthien hondert vyf ende vyftich op eenen vrydach xxiiii May, ontrent den iv huyren voor den noene was geboren **Jan Baptista** de sone van Jan Balbian, ende werdt gedooipt by Meester Pieter Raes pasteur van Sinte Jans kercke tot Ghent; ende waren syne peters ende meters Jan Baptiste Succa, Balthasar Porcellys ende Janneken de huysvrauwe van Bernardyn Rubeis. De selve sone en was niet voldregen ende en was nauwe gedregen seven maenden, ende sterf sommige dagen naer syne geboorte.

1557 Int jaer onses Heeren vyfthien hondert Lvii, op eenen woensdach xviii augusti een weynich tyts naer den vii huyren inde morgenstont was geboren **Catelyne** de dochter van Jan Balbian, ende werdt gedooipt by Meester Pieter Raes pasteur van Sinte Jans kercke tot Gendt; ende waren hare peters ende meters

[8] Deze aantekening is door Anthonie ingevoegd. In de Franse redactie staat deze entree twee plaatsen eerder, in Anthonie's Memorieboek op de chronologisch juiste plaats.

Dominicus Bandt, Catelyne de huysvrauwe van Paulus Machet ende Elisabeth de huysvrauwe van Steven Perroquet.

1560 Int jaer onses heeren xvcLx, op eenen sondach des morgens ontrent den iii huyren den xxix septembris op Sinte Michiels dach es dese warelt overleden **Bertelmaeulx** Balbian filius Jans, audt wesende xiiii jaren, liggende in de Latynsche schole binnen Gendt ten huyse van Meester Pieter van Dickelen. Ende werdt begraven in Sinte Jans kercke binnen Gendt.

[Dit is de laatste van Jan afkomstige aantekening; de volgende tekst is van de hand van Anthonie]

1568 [96r] Int jaer onses Heeren Jesu Christi xvc acht ende tsestich den xxv decembris op eenen vrydach wesende Kersdach, des morgens tusschen den twee ende drye huyren es dese weerelt overleden den eersame **Jan Balbian**, gecommen wesende tot het Lxiie jaar synes auderdoms; ende werdt begraven tot de Carmelyten oft de Vrauwen broeders binnen der stadt van Ghendt; hebben de geordonneert voor synen uytersten wille soe de gemeenen aermen der stadt van Gendt als andere aerme huysgesinnen de somma van twee duysent guldens.

1569 Int jaer onses Heeren xvclxix, op eenen dysendach xxvi July des avonts tusschen de vi ende vii huyren hebben elcanderen belofte van huwelick gedaen **Anthonie Balbian** ende **Piereynten de Peystere** filia Jans. Tselve es geschiedt in de Gespe inde Auburch, ten huyse van Jonckvrauwe Josyne van Kerrebroec, weduwe lest van Jan Moensens, hare moeder, present de vrienden ende de magen over beede syden, ende heer Joos van Waelhem, capellaen van Sinte Michiels kercke binnen Gendt; in wyens handen de voorseyde belofte es gesciedt. Ende werdden de voorseyde twee persoonen getraudt by de voorseyde heer Joois van Waelhem den xvi augusti daer naer volgende op eenen dysendach des morgens ontrent den vii huyren in Sinte Catelyne hospitael inde Auburch.

1573 [97r] Int jaer xvc lxxiii den x Juny tusschen den vii ende viii huyren des morgens es dese warelt overleden de eerbare Jonckvrauwe **Anna van Gavere** weduwe van Jan Balbian, gecommen wesende tot den lvii jaer hares auderdoms; ende werdt begraven tot de Carmelyten ofte Vrauwen broeders binnen der stadt van Aelst, in de welcke sy was commen wonen naer het overlyden van haren heere ende man, den welcken sy heeft overleeft ontrent den tydt van vier jaren; hebbende wederstaen met groote cloecheyt vele tegenspoet dwelck haer es overcommen naer de dooidt van haeren voorseyden man.

Anthonie vermeldt binnen deze periode ook nog de geboorte van zijn jonggestorven zoon Jan in 1570, een doodgeboren meisje in 1571, dochtertje Anna in 1573 en het huwelijk van zijn oom Marcus Balbian. Verder is hij opvallend mededeelzamer dan zijn broer over verwanten buiten zijn eigen gezin en historische gebeurtenissen. Van deze extra informatie en van zijn belangwekkende persoonlijke opmerkingen over het tijdsgewricht heb ik al enkele malen gebruik gemaakt in de biografie van zijn broer Joos.[9]

[9] Zie de citaten op p. 10, 12-13, 14 en 15 en in Bloemlezing 20.

Peters en meters

Jan Balbian noteerde voor elk van zijn tien kinderen drie of vier peters en meters: bijna veertig personen in totaal. Dit geeft een beeld van hun relaties met familie, vrienden en collega's. Daarom volgen wat opmerkingen. Zolang Jan en Anna nog in Aalst wonen, spelen bloed- en aanverwanten van Anna een belangrijke rol. Haar moeder ontbreekt, wat doet vermoeden dat ze in 1542 al overleden was. Haar vader Joos is drie maal peter, de laatste keer in 1546. Andere Gaveres zijn Anna's twee broers Jan en Philip, haar tante Margriete en haar oudtante Cathelijne. Marten en Philip de Bock zijn de man en zoon van Margriete van Gavere, en Gillis van Migrode is de kleinzoon van Cathelijne van Gavere. Jeanne van Liedekerke, vrouwe van Hoves, is een verwante van moederskant. Wat opvalt is dat er niet één Balbian bij is. Toch had Jan minstens een broer, Marcus, die in 1571 en 1572 in Gent woonde. Was Jan de eerste die zich in de Lage Landen vestigde, of woonde zijn familie te ver weg?

Voor Jan Balbian vervingen zijn land- en vakgenoten wellicht zijn afwezige familie. We zien een aantal Piemontese tafelhouders, hun meestal Vlaamse echtgenotes en hun kinderen als peters en meters optreden, na de verhuizing naar Gent zelfs in absolute meerderheid. In Aalst zijn het Anthoine Marie Bergaigne (die niet alleen als tafelhouder maar ook als drukker/uitgever te Leuven actief was) (1542) en zijn vrouw Catelyne (1544), Anthonie Succa (1544), diens vrouw Catarina (1542) en hun dochter Janneken (1550), Jaques Bois (1550)[10] en Maria, de echtgenote van Jaques Sqarron (1550).[11] In Gent verschijnen Bernardin Rubeis (1554) en diens vrouw Janneken (1555), Adriana (van der Meere), de echtgenote van Michiel Fouasse (1554),[12] Balthazar Porcellis (1555) en Elisabeth, de echtgenote van Steven Perroquet.[13] De enige Vlaamse collega die vermeld wordt is Lieven Verspuert (Van der Spurt), wiens echtgenote Paulina in 1554 meter is.[14]

Het verdwenen 'hantbouckgen' van Joos

De aantekeningen van Joos en zijn afstammelingen zijn verdwenen. In of rond 1764 bevonden ze zich nog in Den Bosch, bij Johannes Verster de Balbian, maar ze bevinden zich niet meer in het Rotterdamse privé-archief, dat nog in het bezit is van een rechtstreekse afstammeling van deze Johannes, die zelf een betachterkleinzoon van

[10] Aan deze Bois (die familie was van de Bergaignes; zie Rietema 1976, p. 86) had Jan Balbian in 1545 het 'octroy' (alleenrecht) op de leentafel in Aalst verkocht.

[11] Van 1547 tot 1550 werd de leentafel te Antwerpen beheerd door 'Anthoine Succa, Jaques Squaron, Bernardin Porquin marchans Piemontois et Parente de Poggio marchant luccois'; Jaques Sqarron doet zijn kwart in 1550 over aan Jaques Bois, die de helft van zijn aandeel doorverkoopt aan Jan Balbian en Bernardin Rubiz. Greilsammer 1989, p. 41-42.

[12] De latere schoonouders van Joos; uit Joos'aantekeningen blijkt dat zij bij de doop vertegenwoordigd werd door Janneken, de vrouw van Boudewyn Andragon.

[13] Al deze namen komen voor op een in 1550 opgemaakte lijst van 48 in de Nederlanden actieve tafelhouders; volgens Rietema behoren ze allen tot de 34 vermelde Piemontezen. Mogelijk is 'Dominicus Bandt' (1557) dezelfde als de op deze lijst vermeldt Piemontees Dominique Bonid. Rietema 1977, p. 68-69.

[14] Deze Lieven, poorter van Gent, had rond 1550 een aandeel in de leentafel te Amsterdam. Greilsammer 1989, p. 34. Volgens de Franse redactie van de familie-aantekeningen woonden ze bij de Walpoort.

Anthonie Balbian was. Dank zij een merkwaardig notarieel stuk uit 1630 weten we wel precies hoe het boekje waarin Joos ze opschreef eruit zag.[15] Ik citeer het stuk in zijn geheel.

> Compareerden etc. de Edl. Mr. Jan Dircxz. Harles, chirurgyn oudt 65 jaren, Martinus Blonck oudt schepen en doctor medicinae[16] oudt 51 jaren ende Gerrit Schade apothecaris oudt 44 jaren off elc daer omtrent, alle poorters deser voorz. Stede, ende hebben bij heure mannewaerheyt in plaats van eede,[17] ten versoucke van Jan Balbian, van weghen Octavy Balbian zijn broeder, naergelaeten zoon van Mr. Joost Balbian, in zyn leven Stads-doctor, getuycht en verclaert mits desen warachtich te zijn:
>
> Dat hen getuyghen op huyden/ geexhibeert ende verthoont is zeker latijns hantbouckgen geschreven op francijn, gebonden in een couverture vercijert met vergult, staende binnen op dezelve couverture geschreven: 'Sum Justi Balbian'. Ende achter aen tselve bouckgen op dertijen bladeren dije schoon gelaten zijn//verscheyden memorien van eenigen personen wanneerse geboren zijn/ getrout – ende gestorven zijn/ Ende stonde onder anderen opt twaelfde bladt verso aldus:
>
> *L'an 1602 le deuxieme feburier entre le samedy et le dimenche de nuict un peu apres les demy deux heures s'accoucha ma femme d'un fils a der Goude/ Et a este illec baptise et nommé Octavius. Furent son parys Sr Octavius Dalpont et sa femme mar[a]ine et Dyrixke Jans/*
>
> Verclarende de getuijgen alsoo zy metter voornoemden doctor Joost Balbian ommegegaen ende geconverseert hebben tvoorseide geschrift gestelt int francoys na heur beste wel weten te kennen/ dat het is de handt van der zelver doctor Joost Balbian/ Ende dat zij bij den inhouden van selve claerlicken bevinden ende verstaen/ Dat den voorseiden Octavius Balbian opter tweeder february xvi.c dertich lestleden achtentwintich jaeren oudt geweest is/ Overbodich zijnde tghene voorseit is u alle tselve des noodt ende in cas van regelement etc.
>
> Aldus gedaen binnen der Goude voorseit / ten huijse van den voorseiden Gerrit Schade[18] In presentie van Dirck Cornelisz van Raemburch ende Gerrit Craigenteijn/ Als getuyghen etc. den vj Mey 1630.
>
> [w.g. Harles, Blonck, Dirck C., Schade en Hola.][19]

[15] Zie voor de term 'hantbouckgen' supra, noot 1.

[16] Martinus Herculaneus Blonck volgde Joos Balbian na diens dood op als stadsarts. Hij en de chirurgijn Mr. Thomas Hilverts waren voogden over Joos' minderjarige kinderen (GA Gouda Weesboek 5 f. 251). Zie over hem Bik 1955, p. 211-215 en Van Dolder-de Wit 1993, p. 72-74. Volgens Mw. van Dolder (persoonlijke mededeling) was dokter Blonck ook actief in alchemie geïnteresseerd.

[17] Ook Joos legt in 1589 een verklaring af 'by syne mannewaerheijt in plaetse van eede' (G.A. Utrecht notarieel nr. U 003ab (olim 188/6), f. 89v).

[18] Deze Gerrit Schade was, met Joos' zwager Anthonie Vink, in 1612 borg geweest voor het poorterschap van Joos. Gerrits zuster Willemke Jansdr. Schade vermaakte in 1611 aan 'Janneken Claes, huysvrouwe van Mr. Joos Balbian, doctor dezer stede, haer testatrises bonte mantelken van haer daer by te ghedencken.' Grendel 1957, p. 492.

[19] Streekarchief Hollands Midden, Gouda, Notarieel, Notaris G.Q. Hola no. 313 fol. 88 (tekst deels in Grendel 1957, p. 514-515).

Octaviaen, die op dat moment in Deventer woonde, had zijn jongere broer Jan in Gouda blijkbaar, om niet nader vermelde redenen, om een betrouwbare attestatie van zijn geboortemoment gevraagd. Het op perkament geschreven boekje van Joos moet een klein formaat hebben gehad.

Ter vergelijking: het citaat uit de eigenhandige aantekeningen van Joos (hierboven gecursiveerd) luidt in het afschrift van het afschrift van Pieter van der Zwem als volgt:

> *Het jaar 1602 den 2 Februarij tussen Saturdag en Sondag in de Nagt, een weinig na half twee Uuren, is mijn Vrouw in de Kraam gekomen van een Zoon in dier Gouda op de Turfmars, en is daar gedoopt en genaamt Octavius, sijn peeters waren Sr. Octavio Dalponte, en zijn vrouw Dirkje jans. (p. 7)*

Er zijn twee verschillen: de Turfmarkt wordt niet genoemd in het stuk van Hola; de beide meters, de vrouw van Octavio en Dirkje Jans, zijn bij Pieter (of degene die hem afschreef) tot één persoon geworden.[20]

De aantekeningen van Joos

Zoals boven al werd vermeld, zijn de 'Joos-aantekeningen' in het CBG[21] bewaard als afschrift van een vertaling, gemaakt door Pieter van der Zwem. Deze Pieter (1716-1802) was sinds 1746 getrouwd met Joos' betachterkleindochter Geertruid Balbian (1713-1793). Pieter deelt zelf mee dat zijn bron op dat moment in het bezit was van Johannes Verster de Balbian (een afstammeling van Anthonie), notaris en procureur te Den Bosch.[22] Verder noteert hij dat hij de gegevens van Jan en Joos uit het Frans en incidenteel uit het Latijn vertaald heeft. De aantekeningen bestonden mogelijk uit een compilatie van verschillende documenten: na een ononderbroken reeks van Jan Balbian tot en met Geertruids broer Leendert (+1764)[23] volgen nog drie reeksen oudere aantekeningen. Joos' zoon Octaviaen is vermoedelijk degene van wie wat korte aantekeningen over de lotgevallen van zijn broers en halfzusters afkomstig zijn; deze dateren van rond 1630. Hierna volgen Octaviaens eigen aantekeningen over de periode 1624-1636, die van Joos' schoonzoon Karel Boterpot[24] (vanaf zijn huwelijk met Janneken in 1629), van diens zoon Joost Boterpot, die stierf in 1711.[25]

[20] Octavio del Ponte was getrouwd met Anna de Milan, weduwe van Pieter Ormea, maar ik weet niet sinds wanneer. Pieter stierf in of kort voor 1599.

[21] Deelcollectie 1047 Van Rijn, Dossier De Balbian.

[22] Hij begint, blijkbaar bij vergissing, met het afschrijven van de eerste twee entrees (1540-1542) uit het Memorieboek van Anthonie, en vervolgt met dezelfde entrees volgens de redactie van Joos.

[23] De auteurs hiervan zijn achtereenvolgens: Jan Justusz. Balbian (1606-1655), Ascanius Jansz. Balbian (1644-1716, Laurens Ascaniusz. Balbian (1685-1755) en Leendert Laurensz. Balbian (1714-1764). Pieter van der Zwem heeft aantekeningen over zijn huwelijk en kinderen over de periode 1746-1765 ingevoegd.

[24] Karel noemt zijn naam zelf niet (wel die van zijn broer ds. Hendrik Boterpot); zijn zoon Joost vernoemt een kind Karel 'naar mijn vader'.

[25] Het is niet duidelijk wie de sterfdata van Joost Boterpot en van diens vierde echtgenote toevoegde.

Joos begint zijn voortzetting van zijn vaders aantekeningen met de vermelding van het overlijden van zijn beide ouders.[26] Dan volgt zijn ondertrouw met Josine Fouasse, dochter van Michiel en Adriana van der Meere, op 20 oct. 1569; hun huwelijk volgde op 8 nov. 1569 in de St.-Jacobskerk te Gent. Joos noteert zelf, dat hij bij zijn huwelijk 26 jaar, en zijn bruid 17 jaar was. Anthonie is wat uitvoeriger:

> 1569 Int jaer xvlxix, op eenen donderdach xx octobris des avonts tusschen de vi ende vii huyren hebben elcanderen belofte van huwelic gedaen Meester **Joois Balbian** ende Joncvrauwe **Joosyne Fouasse** filia Michiels in handen vanden deken vande Christenen; tselve es geschiedt binnen Gendt ten huyse van Michiel Fouasse. Ende werdden de twee voorseyde persoonen getraudt byden voorseyde deken vande Christenen op eenen dysendach viii Novembris daer naer volgende des morgens ontrent den seven huyren in Sinte Jacops kercke binnen Gendt.[27]

De kinderen uit dit huwelijk

Alle kinderen uit het huwelijk van Joos Balbian en Josine Fouasse zijn geboren in Gent. Het zijn:

1 **Anna** 1, april 1571, onmiddellijk na haar geboorte gedoopt door de vroedvrouw (nooddoop). Doopgetuige: haar grootmoeder Anna van Gavere. Gestorven direct na de doop.

2 **Anna** 2, 10 sept. 1572, gedoopt in de Sint-Jacobskerk door pastoor Adrianus. Doopgetuigen: Anna van Gavere, haar grootmoeder; haar grootvader (Michiel Fouasse); Marcus Balbian, oudoom. Gestorven vóór de geboorte van Anna 3 (8 aug. 1578).[28]

3 **Josine** (Josynken, Jouste, Jodoca) geb. 14 maart 1574, gedoopt in de Sint-Jacobskerk door pastoor Adrianus. Doopgetuigen 'mijn broeder' (Anthonie Balbian) en 'mijn schoonmoeder' (Adriana van der Meere e.v. Michiel Fouasse). Gestorven in Denemarken voor ca. 1530 maar na 15 jan. 1625.

> Trouwde in 1599 met Michiel Joosten (van) Baersbank, linnenwever uit Aalst. Ze hadden twee kinderen: Joost (werd meerderjarig in 1628; trouwde met Anneken Dirckx, kreeg zes jonggestorven kinderen en stierf in 1647) en Lijsbeth. Michiel stierf in 1616; Josine hertrouwde in 1622 de weduwnaar Geert Meling, geboren in Antwerpen, koopman te Amsterdam, met wie ze begraven ligt 'in de Frederikstad in Denemarken'.

[26] Voor het voorafgaande komen de gegevens in het afschrift van Pieter van der Zwem in grote lijnen vrij goed overeen met die in de twee Anthonie-redacties. Vooral de weergave van de eigennamen blijkt echter niet erg nauwkeurig. Dat kan natuurlijk ook aan de of een latere afschrijver te wijten zijn.

[27] Memorieboek Anthonie Balbian, f. 96r.

[28] Vermoedelijk leefde ze nog wel toen haar zusjes Josine en Barbara geboren werden (wegens namen).

4 **Barbara** (Barbelken), geb. 18 juli 1575, gedoopt door 'den toen ter tijd deken'. Doopgetuigen: haar grootvader Michiel Fouasse en Barbara Stoops, echtgenote van Jan de Spiegelare, die ook Joos ten doop had gehouden. Gestorven na 1639.

Trouwde in 1610 te Gouda Laurens (van) Vreckem, tapijtwever uit Gent. Hij stierf in 1616. Ze hadden een zoon, Jan.

5 **Benedictus**, geb. 20 jan. 1577, gedoopt door pastoor Adrianus van Loo. Doopgetuigen: Benedictus 'Marienghijs' en 'Lielke' Succa.[29] Maakte testament te Geertruidenberg, 20 maart 1609; stierf aldaar drie dagen later (hij was ondertrouwd met Margriete Struycks). Adelborst.

6 **Anna** 3, geb. 8 aug. 1578, gereformeerd gedoopt in de Carmelietenkerk door predikant Jacobus Regius. Doopgetuigen: haar tantes 'Pieterken Pijsters' (e.v. Anthonie Balbian) en Cathelijne Balbian (e.v. Dominicus Darbant), en Antonij Darbant, de schoonvader van Cathelijne.
Gestorven te Gouda, begraven 12 dec. 1621 'en was vrijster' (ongehuwd).

7 **Alexandrine** (Sandrijne), geb. 10 febr. 1580, gedoopt in de Sint Janskerk, door 'predikant Abraham'. Doopgetuigen Pieter Ormea en Barbara de Succa. Gestorven te Sneek en aldaar begraven in de Martinikerk 31 oct./5 nov. 1619.

Trouwde Gouda 18 februari 1607 Gijsbrecht Kriex, geboren te Aalst, wonend in Schoonhoven, tafelhouder in Sneek en Bolsward.[30] Ze hadden zes kinderen, waaronder Justus Kriex, die in 1636 als eerste een doctorsgraad in de rechten behaalde aan de kersverse Universiteit van Utrecht. Dit ondanks hevig verzet van Voetius, die ernstige bezwaren had tegen 'woeker'.

8 **Isabella** (Elisabeth, Lijsbeth), geb. 2 juli 1583 n.s., gedoopt door Kimedoncius. Doopgetuigen Dominique Darbant en diens moeder Isabella Cailette, weduwe van Antoni Darbant, de echtgenoot en de schoonmoeder van Cathelijne Balbian.
Gestorven te Ylst (ca. 1620?), had twee kinderen 'Douw en Josijn Simon Douwes'.[31]

Uit het Memorieboek van Anthonie Balbian:

1588 [Int jaer xvc lxxxviii, den xix May, des smorgens tusschen de vyf ende sesse huyren es dese warelt overleden ende uuyt dit jammerdael gescheyden Jonckvrauwe **Josyne Fouasse** filia Michiels huysvrauwe van Meester Joois Balbian, ter selver tydt wonende inde stadt van Delft in Hollandt, ende es aldaer begraven inde aude kercke inde sepulture van Alexander Balbian. Sy was gecommen tot het xxxvie jaer hares auderdoms, ter welcker tydt naer hare lancduirige cranckheyt soe hevet God den almogenden Heere belieft haer te verlossen van alle hare ellende

[29] Dat zijn peter Benedictus heette ligt voor de hand, maar diens achternaam is mogelijk corrupt. Het omgekeerde geldt voor 'Lielke Succa.'

[30] Zie Rietema 1980.

[31] Barbara Balbian treft regelingen inzake een Fouasse-erfenis op 15 jan. 1625 mede namens Josina Balbian en haar "sa. susters kinderen" (zij en Josina zijn blijkbaar de enige kinderen uit het huwelijk van Joos en Josine die dan nog in leven zijn). Rietema vat dit op als 'de kinderen Kriex', maar mogelijk worden ook die van Isabella bedoeld. Rietema 1985, p. 150.

ende cativicheyt, ende hare siele in syn rycke ende eewighe ruste te nemen. (f. 101v; dit is de laatste verwijzing bij Anthonie naar Joos en de zijnen.)

Peters en meters

Bij de 'Gentse' kinderen van Joos zijn de peters en meters in meerderheid familieleden, niet alleen bloedverwanten maar ook leden van de schoonfamilie van Joos' zus Kathelijne. Van de kant van Josine treden alleen haar vader tweemaal en haar moeder eenmaal op. De vermelde (de) Succa's zijn vermoedelijk familie van de tafelhouder Jan Baptist (de) Succa, die net als Joos sergeant-majoor voor de Gentse Calvinistische republiek was en die al in 1573 een dochtertje van Anthonie Balbian ten doop had gehouden.[32] Pieter Ormea moet degene zijn die Joos' schoonvader Michiel Fouasse later zou opvolgen als tafelhouder in Utrecht.[33] Enkele van de vermelde personen zijn door de vervorming van hun namen vooralsnog niet nader te identificeren.

Tweede huwelijk

Ondertrouw Delft 30 juni 1596, huwelijk 2 juli 1596 Dordrecht, met 'Jannitgen Claesdr. Claes, afkomstig van Gendt, Dordrecht' (Delft, inschrijving ondertrouw Nederduits gereformeerde kerk) alias Janneken Claesdr. Vink,[34] geboren ca. 1575, dochter van Claes en Mach[t]el Jacobs.
Alle kinderen uit dit huwelijk zijn geboren te Gouda.

9 **Janneken** (Jeanette), geb. 31 dec. 1596, gedoopt door predikant Mr. Corn. Lust. Doopgetuigen: Sion Luz en Mach[t]el Jacobs, grootmoeder. Gestorven 25 febr. 1647.
Trouwde op 25 februari 1629 te Bergambacht met Karel Anthonisz. Boterpot, geboren te Vianen (wiens broer ds. Hendrik Boterpot in 1614 getrouwd was met haar nichtje Sara Anthonisdr. Balbian). Van hun vijf kinderen bleef alleen Joost (1632-1711) in leven.

10 **Justus** (Joos), geb. 30 maart 1598, gedoopt door predikant Hermannus. Doopgetuigen Antoni Fouasse 'mijn neef' en Willem 'Jasperke' [Jasperse?], 'schoonbroeder van mijn vrouw'. Gestorven te Amsterdam, 2 juli 1629.

11 **Nicolaas** (Claes), geb. 31 aug. 1599, gedoopt te Gouda. Doopgetuigen: Hendrik Elivart, oom van moeders kant, Antoni Claasen Vink, oom van moeders kant en 'Alten Lus' [Aleida, Aaltje, de 4^{e} of 5^{e} vrouw van Sion Luz). Gestorven te Leiden, begr. 19 mei 1664. Vermoedelijk was hij getrouwd.[35]

[32] De eventuele familierelatie met de katholieke Succa's uit Brussel en Antwerpen is niet duidelijk. Tot deze familie behoorde de tafelhouder Bernardin, die al genoemd werd op p. 11. Zie over hem Bostoen 1987, p. 209-210.

[33] Zie Muller 1913, p. 167.

[34] Volgens de inschrijving in het trouwboek van de Goudse Sint-Jan, waar het huwelijk werd afgekondigd, was ze afkomstig uit Dordrecht.

[35] De kinderen van Jan Justusz. Balbian erven van hun oom en tante Balbian uit Leiden (Rietema 1985, p. 151).

Studeerde in 1618 theologie in Leiden, was predikant te Bergambacht (1622-1643) en Leiden (1643-1664).[36]

12 **Octaviaen**, 2 febr. 1602, gedoopt te Gouda. Doopgetuigen: Octavio Dalponte, diens vrouw en Dirkje Jans. Gestorven na januari 1638.
Trouwde in 1624 Maria Stoffels (1600-1636) te Hoorn, was kassier van de bank van lening in Gouda en later kassier en vennoot van die in Deventer. Vijf jonggestorven kinderen.

13 **Hironimus**, 29 april 1604, gedoopt te Gouda. Doopgetuigen: Hironimus Dalponte en Lucresia Ormea. Gestorven te Utrecht, begraven in de Jacobikerk, oct. 1617. Zijn naam komt niet voor in het weesboek bij de benoeming van de voogden over Joos' minderjarige kinderen op 30 juni 1617 (GA Gouda Weesboek 5, f. 251); misschien was hij in Utrecht ondergebracht.

14 **Jan** (Johan), 29 oct. 1606, gedoopt door de predikant Arboldus. Doopgetuigen: George Baliotes en Laurens van Vreekem [Vreckem, de latere echtgenoot van zijn halfzuster Barbara]. Begraven te Gouda 10 mei 1665.
Trouwde 28 april 1631 Adriana Cornelisdr. Cloots, van Dordrecht.[37] Klerk ter secretarie te Gouda, secretaris van Blommendael, procureur te Gouda.

15 **Ascanius**, 14 maart 1610; gedoopt door de predikant Guerardus. Doopgetuigen: Louwijs van Hertige en Pieter Nagtegale. Vertrokken naar Oost-Indië in november 1628.

16 **Isaac**, 5 febr. 1615, gedoopt door de predikant Arboldus. Doopgetuigen: IJsaacus Triest, apothecaris en Marijke Ariens e.v. Machiel Damme. Gestorven te Deventer 15 oct. 1629 o.s. Hij woonde of logeerde toen vermoedelijk bij zijn broer Octaviaen.

Peters en meters

Het profiel van de Goudse peters is iets anders dan dat van de Gentse. Van de kant van Joos zijn er geen bloedverwanten meer, maar slechts een neef van zijn overleden eerste vrouw. Net als zijn vader is hij in zijn ballingschap blijkbaar aangewezen op personen met een vergelijkbare achtergrond. Behalve mede-Gentenaar en toekomstige schoonzoon Laurens van Vreekem verschijnt er een aantal Piemontese tafelhouders: Sion Luz en zijn vierde of vijfde echtgenote, George Baliotes en de Dalpontes. Sion kende Joos al langer als in de verte aangetrouwde familie: zijn dochter Sara was in 1590 met Isaac Sandersz. Balbian uit Delft getrouwd.[38] Johan

[36] Er zijn twee gedrukte theologische disputaties van zijn hand bewaard, alsmede een hartelijk briefje aan zijn neef ("perdilectus nepos") Justus Kriex (Utrechts Archief; zie Muller 1913, p. 173).

[37] Hij kreeg een jaar daarvoor een onwettig kind van Trijntje Ariëns (Rietema 1985, p. 151).

[38] Zie ook de bijdrage van Joos aan het *Album amicorum* van Abraham Sionsz. Luz, p. 10.

Koppenol heeft betoogd, dat de woekeraar Winner Grypal in Jan van Houts *Loterijspel* een karikatuur van Sion Luz zou zijn, die juist rond 1596 in hooglopende conflicten met het Leidse stadsbestuur verwikkeld was.[39] Baliotes treedt op enkele maanden voor hij de leentafel in Gouda onder zijn beheer kreeg.[40] Interessant is de grote opkomst van de kant van de Utrechtse tafelhouders. In 1597 werd een verlenging verleend van de overeenkomt voor het beheer van de Utrechtse leentafel aan Pedro (Pieter) Ormea, diens echtgenote Anna de Milan, Jeronimo en Octaviaen del Ponte. Pedro, die Joos al in 1580 kende, overleed kort daarna, en zijn weduwe trouwde vervolgens met Octaviaen del Ponte. De relatie van de Utrechtse tafelhouders met de Balbians zou in de volgende generaties tot een aantal huwelijken leiden. Bloed- en aanverwanten van de kant van Janneken Vink zijn er wel. Isaac Triest, die in 1615 peter is, had zich kort daarvoor als apotheker in Gouda gevestigd.[41]

[39] Koppenol 1998, p. 247-251.

[40] Zie Muller 1913, p. 175.

[41] Bierman e.a. 1992, p. 87: 'Trist, Isaäc; geb. 1590; overl. Gouda 1641; gevestigd te Gouda 1614.'

BIJLAGE 2
Het handschrift en de drukken

Inleiding

Het handschrift

BL Sloane 1255 is een omvangrijk handschrift van folioformaat[1], gebonden in vermoedelijk oorspronkelijke, met gestempeld leer overtrokken houten platten. Het beslaat nu 279 bladen maar was oorspronkelijk wat groter. Hier en daar is een blad verdwenen en de bladen zijn ook besnoeid. In 1905 werd het handschrift opnieuw gebonden, waarbij ieder blad afzonderlijk op een strookje papier werd geplakt. Helaas is er geen informatie over de eerdere katernindeling van het handschrift.[2]

Het hele handschrift is door Balbian zelf geschreven, op drie kleine uitzonderingen na.[3] Hier en daar is er nogal slordig onderstreept, vermoedelijk door een latere gebruiker. Balbian schrijft een zestiende-eeuwse cursief en gebruikt voor titels en kopjes (en een keer voor een Italiaans gedicht in zijn geheel) een humanistische 'blokletter'. Het is even wennen maar meestal schrijft hij mooi en duidelijk. Ik heb wel de indruk dat zijn hand door de jaren heen nogal achteruit gaat.

Als verzamelhandschrift[4] is het Balbian-handschrift een typisch 'additief compendium': 'al de teksten (...) zijn kennelijk alleen bijeengebracht om op één gebied zoveel mogelijk informatie te bieden.'[5] Ria Jansen-Sieben heeft erop gewezen, dat theoretische alchemieteksten altijd in additieve verzamelhandschriften staan en nooit met teksten over andere onderwerpen gecombineerd worden. Ze verklaart dit uit 'het misschien ietwat monomaan geïnteresseerde publiek en het arkanische, hermetische karakter van deze literatuur.'[6]

Balbian heeft zijn verzameling teksten enkele malen vrij systematisch ge- en herordend. Daardoor geeft het handschrift zoals het nu in elkaar zit geen beeld van de chronologie volgens welke het tot stand is gekomen. Verder gaat het meestal om 'netschrift': de teksten die hij naar eigen zeggen heeft vertaald, bewerkt of gecorrigeerd zien er keurig uit, zodat we kunnen aannemen dat hij er eerst minstens één kladversie van maakte en tenslotte de definitieve redactie netjes in zijn handschrift

[1] Het huidige formaat is circa 309 x 196 mm.

[2] De bladen zijn nu in principe per zes, maar incidenteel per zeven bijeen gebonden; verder blijkt uit de oorspronkelijke foliëringen dat er hier en daar bladen ontbreken.

[3] Namelijk de aantekening van een zoon op f. 2, een kleine toevoeging in een andere doch contemporaine hand op 188v en de 'Ooven der philosopen' op 28v, op ingeplakt los blad.

[4] In de *Richtlijnen voor de uitgave van Middeleeuwse verzamelhandschriften uit de Nederlanden* (1994) wordt een verzamelhandschrift omschreven als 'een codex die van meet af aan als materiële eenheid bedoeld is en waarin tenminste twee teksten zijn bijeengebracht' (geciteerd in Kienhorst 1996, p. 39). Alleen aan dit laatste criterium voldoet het Balbian-handschift ruimschoots en zonder twijfel.

[5] Jansen-Sieben 1996, p. 82. Alleen de heraldische tekeningen en de *Memoire* op het achterblad vallen buiten de alchemistische thematiek, maar deze eerste kunnen als een wat uitvoerig *ex-libris* beschouwd worden en het laatste lijkt een latere toevoeging.

[6] Jansen-Sieben 1996, p. 89.

overschreef, al dan niet ter vervanging van een eerdere versie.[7] Van de zeven prozateksten die hij in 1599 als *Tractatus septem* publiceerde dragen er drie het jaartal 1599; dit is vermoedelijk het jaar van afschrijven van het geredigeerde netschrift. De teksten in het handschrift komen namelijk vrijwel volledig overeen met die in de druk[8], hoewel Balbian in het voorwoord bij de druk meedeelt dat hij ze uit een zeer slechte legger heeft, en dat hij ze van talloze fouten heeft gezuiverd.

Voor een deel van de recepten geldt dit duidelijk niet: plaatselijk is aan de wisselende inkt en de verschillen in netheid en grootte van het handschrift te zien dat de collectie op verschillende momenten is uitgebreid. De meeste recepten zijn over drie afdelingen verdeeld. Blijkbaar heeft Balbian ze doelbewust in inhoudelijk samenhangende groepen ondergebracht. De eerste reeks betaat uit een twaalftal alchemische recepten. In de tweede overheersen Nederlandstalige kunstboekachtige recepten en 'metaalgerichte' overige; deze afdeling ziet er wat schrift betreft zo homogeen uit, dat deze verzameling vermoedelijk als geheel uit dezelfde bron is afgeschreven. De derde is een reek specifieke lijm- en luteerrecepten op de laatste bladen van het handschrift. Aan deze reeks is heel duidelijk te zien, dat de soms zeer korte recepten per stuk zijn toegevoegd.

Balbian begint een nieuwe tekst bij voorkeur op een nieuw blad. Daardoor bleven er aanvankelijk geregeld bladzijden gedeeltelijk leeg. Deze ruimte is achteraf nogal eens benut voor het invoegen van recepten en andere korte teksten. Ook zijn *Memoire* (Bloemlezing 20) heeft hij, aan het schrift te zien, pas later toegevoegd, en wel op de binnenzijde van een blad dat al veel langer als achterblad diende.

De eerste samenhangende groep teksten in het handschrift is de groep Franse prozateksten, waarvan de eerste in 1594 is afgeschreven. Ook de teksten van de *Tractatus septem* bevinden zich voor in het handschrift (maar niet in de volgorde van de druk) en vormen een groep, die echter wordt onderbroken door de zeer lange Nederlandse prozatekst (dertig folia) van Jan van der Donck.[9]

In ieder geval zijn alle rijmteksten in principe in een groep bij elkaar gebracht, midden in het handschrift. Ze zijn vrijwel consequent geordend op taal. Het enige gedicht dat buiten deze groep valt is het lange Duitstalige gedicht dat voorin het handschrift terecht is gekomen.[10] Dit lijkt erop te wijzen dat Balbian deze tekst pas in handen kreeg nadat de groep rijmteksten zijn huidige vorm had gekregen.

Na de poëzie-afdeling volgt, vanaf het huidige blad 185, het deel van het handschrift dat van verticale kantlijnen in rode inkt is voorzien. Dit gedeelte bevat onder meer alle prozateksten die in het eerste gedrukte boekje zijn opgenomen, waarbij het *Secretum* van Jodocus Greverus, dat het jaartal 1587 draagt: het vroegste jaartal van het hele handschrift. Ook de vertaling van de *Dicta Alani* dateert al uit 1588. Dit lijkt erop te wijzen dat dit roodbekantlijnde deel van nu nog ruim honderd bladen het oudste gedeelte van het handschrift is. Ook in dit deel van het handschrift

[7] Van een eerdere versie van het gedicht *Massa aurea* is het slot blijven staan, waarschijnlijk vanwege de tekst op de achterkant van het blad.

[8] Uitzonderlijk geval in het andere gedrukte boekje: een van de gedichten nl. *Est lapis occultus* wijkt in de druk opvallend af van het handschrift: in het handschrift telt het 130, in de druk 120 verzen, met verschillen in volgorde en tekstuele varianten.

[9] De overige onderbrekingen, die ertoe leiden dat de nummers van de zeven tractaten niet op elkaar aansluiten, zijn korte latere toevoegingen.

[10] Uitgezonderd het verdubbelde gedicht *Cogitur exire* en het doorgehaalde slot van een oudere redactie van de *Massa aurea*.

kunnen achteraf op oorspronkelijk leeg gebleven bladen of delen van bladen korte teksten zijn toegevoegd.

Balbian heeft het handschrift tweemaal eigenhandig van foliëringen voorzien, die nu niet meer volledig zichtbaar zijn. Deze sporen geen van beide met de moderne foliëring. Hij deed dat pas in of na 1601, omdat ze beide over op dat jaar gestelde teksten heen lopen. Uit deze foliëringen blijkt dat er hier en daar wat bladen ontbreken. Er is een moment geweest waarop het laatste blad (nu 279) blad 214 was. Deze telling is zichtbaar vanaf het huidige 211; dat was ooit 137. Er ontbreken 9 bladen, maar bij de ontbrekende bladen is nergens sprake van tekstverlies. Ze vallen altijd tussen afgeronde stukken in. Het is denkbaar, dat Balbian in of na 1601 twee of meer losse tekstverzamelingen tot een enkel handschrift heeft willen verenigen. In ieder geval lijkt het uitgesloten, dat de verzameling eerder dan 1601 in één band is samengebonden. Daarvoor was de collectie vermoedelijk 'een verzameling katernen of bijeenhorende werkeenheden, die los in een omslag bewaard werden', een gebruikelijk voorstadium van een verzamelhandschrift dat door de kopiist zelf voor eigen gebruik werd samengesteld.[11]

De gedrukte boekjes

Het eerste boekje dat Balbian liet drukken, *Jodoci Greveri Secretum et Dicta Alani*, heeft twee afzonderlijke voorwoorden bij deze teksten; het eerste is niet gedateerd, het tweede draagt de datum 1 april 1598. Deze twee teksten had hij al op zijn laatst in 1587, respectievelijk in 1588 in zijn bezit. In het voorwoord bij de *Dicta Alani* deelt Balbian mee dat hij deze tekst zelf, naar een handschrift, uit het Duits in het Latijn vertaald heeft ten behoeve van de alchemie-liefhebbers die geen Duits kennen. Het plan om hem te publiceren kan hij dus al tien jaar eerder hebben opgevat. De twee andere prozateksten in dit boekje, de brief van Pontanus en het Lulliaanse *Repertorium*, heeft hij vermoedelijk uit een druk van 1582.[12] Hoe hij te werk is gegaan bij het selecteren van de zes gedichten in het Latijn die ook in dit boekje staan is niet duidelijk. In het handschrift zitten nog zes Latijnse rijmteksten die hij niet opnam, hoewel daar in het gedrukte boekje wel ruimte voor was: de laatste vier bladen zijn blanco. Misschien is het hem niet gelukt om de lange rijmtekst *Massa aurea* op tijd te redigeren: de gecorrigeerde netversie in het handschrift dateert van 1601.

Ontsluiting

In de handgeschreven Sloane-catalogus in de British Library is de inhoudsopgave van het handschrift nogal globaal; titels van kortere teksten en recepten zijn volgens onduidelijke criteria soms wel maar meestal niet opgenomen.[13] De zeven in de

[11] Kienhorst 1996, p. 40.

[12] *Centum quindecim curationes experimentáque*, è germanico idiomate in latinum versa. Accesserunt quædam praeclara atque utilissima à B[ernardo] G[eorgio Penoto] à Portu Aquitano annexa. Item abdita quædam Isaaci Hollandi de opere vegetabili et animali adiecimus. Adiuncta est denuo Practica operis magni Philippi à Rovillasco Pedemontano. [Lugduni], Johannes Lertout, 1582.

[13] Het inhoudsoverzicht op de Alchemy Website (www.levity.com) is op deze catalogus gebaseerd.

Tractatus septem gepubliceerde teksten worden hier aan Justus a Balbian toegeschreven. Een aantal teksten wordt wat taal betreft onjuist geklasseerd.[14] Latere beschrijvingen van De Flou en Gailliard en Jansen-Sieben beperken zich tot de Nederlandstalige teksten in het handschrift.[15] Het lijkt me daarom nuttig, een zo compleet en gedetailleerd mogelijk overzicht te geven van de inhoud van het handschrift. Bovendien hoop ik andere onderzoekers een dienst te bewijzen met een drietal registers (namen, titels, incipits) op de teksten en subteksten in het handschrift en de drukken.[16]

Om te voorkomen dat de gebruiker van dit boek het spoor bijster raakt in het gedetailleerde overzicht laat ik dat voorafgaan door een ingekort, globaal overzicht. Daarin zijn alleen de hoofdteksten opgenomen, gesorteerd op taal en gesplitst in rijm en proza.

Het hoofdprobleem bij het opstellen van het uitvoerige overzicht dat dan volgt was de tekstgeleding. Prozateksten of gedichten die beginnen met een titel of opschrift en die eindigen met *Finis* leveren natuurlijk geen moeilijkheden op. In een aantal andere gevallen was het veel minder duidelijk, welke tekst- of andere onderdelen op zichzelf stonden en welke onderdeel waren van een groter geheel. In ieder geval heb ik alle recepten afzonderlijk, ook die welke deel uitmaken van een reeks, een eigen tekstnummer toegekend: 'het recept is het kleinste onafhankelijke traktaatje en zo gedraagt het zich ook'.[17] Ook andere soms zeer kleine op zichzelf staande stukjes tekst als spreuken en nota's kregen een eigen nummer.

Lastiger was het om de Nederlandstalige tekst op de folia 217v tot en met 230v te klasseren. Dit geheel wordt gescheiden door een grotendeels blanco bladzijde (222v); beide helften ter weerszijden daarvan bestaan uit een aantal onderdelen van wisselende lengte met een eigen opschrift. Bindend element is de inhoud: alle onderdelen handelen over de mercurius. Ze beschouwen dit onderwerp vanuit een spectrum van benaderingen: van volledig theoretisch tot uitgesproken praktisch. In ieder geval lijken de reeksen, hoewel de onderdelen oorspronkelijk uit verschillende bronnen afkomstig kunnen zijn, doelbewust tot een inhoudelijk samenhangend geheel te zijn verenigd. Met enige aarzeling heb ik besloten ze te beschrijven als twee mercurius-verzamelteksten.[18] Om toch nog recht te doen aan de afgerondheid van de onderdelen heb ik alle subtitels en sub-opschriften alsmede het incipit en explicit van de onderdelen in mijn inhoudsoverzicht opgenomen en in de registers verwerkt. In enkele andere gevallen (in het overzicht te herkennen aan een door letters aangegeven subgeleding na het tekstnummer) ben ik op dezelfde manier tewerk gegaan.

[14] *Vom stein der weisen* als Nederlands; Eckart als Nederduits; de beide latere Duitse gedichten als *Belgice*; *Toma la dama* als Italiaans.

[15] De Flou en Gailliard 1895, p. 217-225; Jansen-Sieben 1989, p. 397-398.

[16] Hierin volg ik het voorbeeld van Boeren; diens catalogus van de Leidse *Codices Vossiani Chymici* (1975) bleek door de gedetailleerde beschrijving en ontsluiting van de inhoud van deze collectie een waardevol instument bij het onderzoek.

[17] Jansen-Sieben 1996, p. 80. De ruim honderd recepten in mijn overzicht zijn met een # gemarkeerd en zouden verwerkt kunnen worden in de zo gewenste recepten-database.

[18] Het in dit geval bijzonder bruikbare begrip 'verzameltekst' danken we aan Ria Jansen-Sieben; zie Jansen-Sieben 1996, p. 79-80.

Verkort inhoudsoverzicht handschrift

Hoofdteksten gesorteerd op taal, met vermelding van omvang in pagina's voor proza en in verzen voor rijmteksten. De nummers voor de titels of incipits verwijzen naar het volledige overzicht.

LATIJN

De teksten met een asterisk zijn opgenomen in *Jodoci Greverum Secretum et Dicta Alani.*
De teksten met twee asterisken zijn opgenomen in de *Tractatus septem*

proza: 20 teksten, totaal ca. 180 pag.

7 Libellus de lapide philosophico [11p.]
10 Liber sancti Asrob senis meridiani [17p.]
14 Experimentum cuiusdam ignoti [4p.]
21 Demonstratio progressus naturae [8p.]
22** Rosarium abbreviatum [4p.]
24 Modus meus (inquit quidam ignoti) operandi [4p.]
25** Parvus tractatus de mercurio philosophico [1+p.]
27** Brevis sed non levis tractatus de lapide philosophico [1/3 p.]
30** Tractatus utilis et verissimis de lapide philosophico [2+p.]
31** Liber qui dicitur parvus tractatus de lapide philosophico [6p.]
32** Compendium utile ad credendum [5+p.]
36** Rosarium philosophorum per Toletanum philosophum [50p.]
66 Annotationes ignoti in predicta [1+p.]
100* Conclusio summaria ad intelligendum testamenti seu codicilli Raymundi Lullii [6p.]
102* Dicta Alani philosophi super lapide philosophico [10p.]
158 Tabula smaragdina Hermetis Trismegisti [22r.] Bloemlezing 18
159 Hortulani philosophi [..] commentariolus in tabulam smaragdinam [6p.]
160 Canones seu regule aliquot philosophorum super l. ph. [13p.]
162* Secretum [..] Jodoci Greveri [27p.]
163* Johannis Pontani [..] epistola [2,5p.] Bloemlezing 19

rijm: 11 teksten, van 6 tot 312 vs. per tekst

39d Sum dea, nec dea sum [6v.]
41* Est lapis occultus secreto fonte sepultus [130 v.]
42 Spiritus inspirans Deus inque rota girans [312v.]
43 Vena prior fontis stillat ad verticem montis [14v.]
45 Cogitur exire spiritus de corpore Jovis [24v.]
47 Audite atque animis mea dicta recondita vestris [26v.] Bloemlezing 5
51* Ad bonam pastam utere aqua atque farina [100v.]
52* Est quaedam ars nobilis dicta Alchimia [23v.] Bloemlezing 6
53* Alchimia extat ars creabunda [17v.]
54* Si felicitari desideras ut benedictionem philosophorum obtineas [19v.]
55 Spiritum volantem capite [32v.]

GRIEKS/LATIJN:

40 Sibillinum enigma: raadsel in het Grieks met vertaling in het Latijn [6v.]

NEDERLANDS

proza: 9 teksten, totaal ca. 156 pag.

9 Georgi Eckhart germani scriptum de lapide philosophorum [5p.] Bloemlezing 1
13 Een dialogus magistri et discipuli/ Den berch van sol/A.b.c. [12p.] Bloemlezing 2
23 Het boeck Lumen Luminum van Jan van der Donck [60p.] Bloemlezing 3
94 Dat Boeck der oprechter conste van de Alchemie [30p.]
95 Een ander cleyn tractaet vanden lapis philosophorum [14p.] Bloemlezing 11
97 Een cleyn tractaet Raymundi Lully van den steen der philosophen.
98 [Verzameltekst over mercurius] [10p.] Bloemlezing 12
99 [Verzameltekst over mercurius] [16p.] Bloemlezing 13
105 Experimentum mirabile e libello quondam flandrico impreso [2p.] Bloemlezing 14

rijm: 8 teksten, van 14 tot 154 vss. per tekst

46 Uuyt den lichaem gedreven wordt Jovis geest vaillant [20v.]
60 Het is een steen en gheenen steen [138v.] Bloemlezing 8
61 Een edel conste heeft Godt gelaten [72v.] Bloemlezing 9
62 Volcht de nature van hooger macht [28v.]
63 Ic ben nature van hooger macht [154v.].
67 Ghy philosophen u nu ter eeren [152v.]
68 Trect in de lucht trivier wilt hier op passen [14v.]
69 Ghy die den lapidem wilt leren bauwen [74v.]

FRANS

proza: 6 teksten, totaal 48 pag.

16 Livre alphabetal d'un incognu. En ce premier lieu traicterons de six diffinitions [16p.]
17 Aultre incognu. De la maniere douvrier et comment s'engendrent les principes [12p.]
18 D'un aultre incognu. La premiere chose requise a la secrete science de transmutation [6p.]
19 D'un aultre De probatione Alchimie [11p.]
20 S'ensuivent plusiers sentences necessaires a nostre divine oeuvre [6p.]
194 Memoire qu'en l'an 1584 le 13 Octob. je Josse Balbian [1p.] Bloemlezing 20

rijm: 4 teksten

70 J'ay faicte une maison dans laquelle suis née [23v.] Bloemlezing 10
71 En mercure est ce que querons [56v.]
72 Qui les deux corps veult animer [27v.]
73 Dieu la nature et l'art triple ouvrier conduict [14v.]

ITALIAANS

proza: 1 tekst

74 El modo della pietra [1p.]

rijm: 3 teksten

54 Nel'India parte piú calda dal monde [34v.] Bloemlezing 7
74 Voy che volete de virtu sapere [80v.]
75 O summa causa, o majesta divina [171v.]

SPAANS

rijm: 1 tekst
55 Toma la dama que mora nel cielo [216v.]

DUITS

rijm: 3 teksten

9 Eine getreuwe lher wil ich dir geben [340v.]
56 Al ding sthehen nur in dreyen [58v.]
57 O heilige dreyfaltigkeyt [184v.]

ILLUSTRATIES

Hier worden alleen de paginavullende illustraties vermeld.

1 Nuptiaal wapen Balbian/Gavere
2 Familiewapen Fouasse
3 Nuptiaal wapen Balbian/Janette Vinck
4 Allegorische figuur: Vrouwe Alchemia met alchemistische apparatuur en ovens
10 Den ooven der philosophen
28 Alchemistisch-symbolische voorstelling (Solidonius 3)
29 Alchemistisch-symbolische voorstelling (Solidonius 4)
37 Cirkeldiagram 1
38 Cirkeldiagram 2
39 De 'magica imago Martis' Bloemlezing 4

48 Boven: hermafrodiet; onder: ouroboros in vat met vogel; bijschriften.
Bloemlezing 2
92b Het 'character mercurii'
161 *Coelum philosophorum*, Ripley

Inhoud handschrift en drukken: overzicht en registers

Inhoudsoverzicht Ms. BL Sloane 1255

In dit overzicht is van de recepten alleen het incipit opgenomen; ze zijn gemarkeerd met een #.
De omvang van de teksten wordt aangegeven in pagina's (proza), aantal regels (proza minder dan een pagina) of aantal verzen (rijmteksten).

Afkortingen

DWS Dorothy Waley Singer, *Catalogue of Latin and Vernacular Alchemical Manuscripts in Great Britain and Ireland Dating from before the XVI Century*. Vol 1. Brussels, 1928.
HMES Lynn Thorndike, *A History of Magic and Experimental Science*. 8 vols. New York, 1923-1958.
ThCh *Theatrum Chemicum* 1559-1561
ThK Lynn Thorndike & Pearl Kibre, *A Catalogue of Incipits of Medieval Scientific Writings in Latin*. Londen, 1963.

1 [1r] Titelpagina 1; rechts bovenaan: 1599
a Justi a Balbian/Flandri / Alostani phylochymy
b Omnis sapientia a Deo est
c spe et patientia

[1v blanco]

2 [2r] Titelpagina 2:
a Justi a Balbian/Flandri Alostani/Philochymi
b Omnis sapientia a Deo est
c Omina nomen habet justus ceu palma virebis
Ergo ne dubites fidere Juste Deo
d Ardua per durum gloria vadit iter:- Difficilia/ quae pulchra
e Constituit Deus omnia in numero pondere et mensura
f E rosario
Adsit diligens administratio
Absit incontinens expectatio/
Revertatur omnium declaratio/
Sic eveniet tua desideratio
g anonimus antiquissimus
Hoc opus ipse rege/ sine principibus sine rege
Sub quorum lege nulla secreta lege
Hancque artem tege/ nullo suo principe dege
Nunquam collegae sint tibi solus age
h Horatius: Et genus et virtus/ nisi cum re/ vilior alga est [Horatius, *Satires* II, 5,8]

i rechts bovenaan: aant. van [ws.] een zoon: Quievit in Domino Pater meus Justus a Balbian Anno 1616 |2 May/ Die lunae Aetatis suae circa 73 annorum Minus 3 menses; natus vero 10 Augusti

[2v blanco]

3 [3r] heraldische tekening 1 Balbian.Gavere
[het nuptiaal wapen van Jan Balbian en Anna van Gavere]
4 [3v] heraldische tekening 2 Balbian. Josine Fouasse [het familiewapen van Josina Fouasse (Fouazzo), met helmteken]
5 [4r] heraldische tekening 3 Balbian/Jannette Vinck [het nuptiaal wapen van Justus Balbian en zijn

tweede vrouw, Janneken Claes Vinckendochter]

[4v blanco]

6 [5r] met aquarel gekleurde tekening: allegorische figuur Alchemia met instrumenten/gereedschap

7 [6r-11r] *Libellus de lapide philosophico* (11 pag.)
inc. Capitulum primum [proloog]. Si vis bene intelligere totum opus lege de parte in partem, et videbis mirabilia in diebus tuis; et nisi vidissem ...
inc. Veni dilecta mea et amplectere me et generabimus filium novum
expl. ...cuius una pars projecta super 1000 argenti vivi coagubit in rubeum in forma virtute et essentia Solis purissimi. Finis.
Donum Dei (15e eeuw), ThK 1206. Lit. zie J. Paulus in Priesner & Figala 1998, p. 112.

8 [11r] *Modus tingendi*. Sume crucibulum aurifabrorum # 4 r.

9 [11v-13v] *Cuiusdam Georgii Eckhart germani scriptum de lapide philosophico* ex superiore lingua germanica in inferiorem conversum per Justum a Balbian flandrum Alostanum philochymum 1600 (5 pag.)
inc. Met slechte eenvaudicheyt sal hier aen gedient werden hoe eertyts de aude philosophen het proces lapidis philosophici aengeleyt en door Goddelicke hulpe ende bystandt geluckelick volbracht ende geendet hebben
expl. verhopende op Godt dat het niet te vergeefs geschiet en sy. Finis scripti Jorgen Echart
sperantem sperata sequuntur
speranti sperata cedunt
Nur was Godt wil J.a.b..
Bloemlezing 1.

10 [14r-22r] *Liber sancti Asrob senis meridiani*, e vetustissimo codice descriptus a Justo a Balbian flandro Alostano philochymo (17 pag.)
inc. Ut ad perfectam scientiam pervenire possimus, primo sciendum est quod lapides spirituales, quibus perficitur totum magisterium Alchymie sunt argentum vivum, sulphur, arsenicum et sal armoniacum.
expl. ut nullus intromitteret se de arte nisi esset in scientia eruditus. Laus Deo omnipotenti qui sapientiam dat sapientibus. Explicit declaratio Alchymiae sancti Asrob senis meridiani.
ThK 1612 Nicolaus de Comitibus (?), *Speculum Alchemiae*. Ed. *ThCh* IV, 514-543 (als *Speculum Alchymiae* Arnoldi de Villa Nova); Manget 1702, 687-698. *HMES* III, ch. X (p. 163-175).

11 [22v-27r] *Von dem steyn der weysen* (340 vs.)
inc. Eine getreuwe lher wil ich dir geben
Darnach so richtet alhier dein leben
Bidt Godt umb gnadt du krychst sein gunst
expl. Solem Lunam undt ihren saamen
Godt lasz ons dem becommen amen.
Finis
Ed. Telle 1994.

12 [28r] tekening, gekleurd met aquarel: Den ooven der philosophen.

[28v blanco]

13 [29r-33v] a. *Een dialogus magistri et discipuli de magisterio lapidis* uyt den latyne in neerduyts gesteld [andere inkt:] door Justum a Balbian (9 pag.)
inc. 1 Meester: Myn uytvercoren sone ende seer neerstich in veel gedachtenissen, op dat ghy solt bekennen door myne trauwe onderwysinghe de nature

der dinghen onses steens, ende oock de verkeeringe synder elementen, soo syt versekert dat wanneer ghy niet en weet om te keeren de naturen..
inc. 2 [r.17] Meester: In den name des heeren mijn alderliefste zone. Int beginsel was het woort etcetera. Weet dat de geest Godes rustede op de wateren
expl. Onse heere sy u loon in de eeuwighe glorie, ende dat wy tsamen moghen besitten dat eeuwich leeven. Amen. Finis
[naschrift] Etiam hic o lector in describendo non pauca emendavi, atque etiam quaedam immutavi, quod ars requirere id videretur Vale J B
ThK 559, 668 en 1355; Boeren p. 34, p. 152, p. 88 (Duits), p. 218; DWS 161; *HMES* III, 64.

[34r-35r] b Dit naervolgende stont achter, als oock dede de interpretatie des A.b.c. die ter syden het boeck staet (Lat.-Ned. gemengd proza, 3 pag.)
Den berch van sol den Berch van Luna Draecken broeder———dats aes philosophorum ofte magnesia Lune
Bloemlezing 2.
c [aansluitend alfabet, 20 letters:]
inc. A Nota quod terra est creata ex una parte aquae et altera pars aquae est reservata ad irroranda terram ut producat fructus
expl. X Die eens gevrocht heeft ende den steen volmaect/ ten is hem niet noodich te erhalen, want de generatie machmen altijt vermeerderen beginnende van de multiplicatie. Finis.

[35v: blanco]

14 [36r-37v] *Experimentum cuiusdam ignoti; sic (inquit) operatus sum in Luna* (4 pag.)
inc. Cum animadverterem quamplurimos chimistas non leviter recutire a via naturae, cumque non minimum laboris et impendii insumpsissem in diversis sophismatibus ac nugis pseudochemicorum, tandem in me reversus ac conspiciens qua aberrarem via...
expl. Nihil hic amplius possum dicere, ne frustra nonnullorum chimistarum animos in artem armarem. Videte ut caute ambuletis. Finis
14b schetsje: 2 vaten, r. bevat maan, bijschrift: duae he cucurbitulae adjunctae erant

[38r blanco]

15a. [38v] *Practica fermentationis*; authorem nomen deerat. Accipe crucibulum bene ignitum
b. [38v] *Processus fermentationis.* Accipe deinde partem unam pretiosissimi sulphuris # 21 r.

16 [39r-46v] *Livre Alphabetal d'un incognu* (16 pag.)
inc. En ce premier lieu traicterons de six diffinitions de somme ou secret, commenchant a la fachon que les philosophes ont definy l'elixyr ...
expl. tellement que melieure fyn ny plus claire ne se peult traicter que celle qui est contenue es susdites chapitres De quoy tousjours louerez le Dieu eternel. Finis L'ay copié le 1 May 1594.

17 [47r-53r,5] Aultre incognu. *De la maniere douvrer et comment s'engendrent les principes de l'art* (12 pag.)
inc. Puis que nous avons monstré la nature et condition des elements et qu'avons prouvé et solues les arguments...
expl... et elle convertist l'argent vyf qui est au cuivre en fin argent, et le demeurant devient cendre. Et si nostre medecyne est d'or nous la jectons sur l'or si comme devant est dict. Finis.
NB zie 19: dit is de practica die na 19 hoort.

18 [53r,6- 55v] Opschrift: D'un aultre incognu. *La premiere chose requise a la secrete science de transmutation C'est la coignaissance de la matiere d'ont est extraict l'argent vyf des philosophes et le soulfre desquelles deux choses est faicte la souveraine medicyne et pierre des philosophes.* (6 pag.)
expl. La maniere d'ou est extraicte la souveraine medicyne
par le regiment et gouvernement de l'administrateur et ouvrier. Finis
Ps.-Bernard Trevisanus, *La parole delaissee* (*Verbum dimissum*), incompleet (eerste derde).
Corbett 1939, no. 70 & no. 77.

19 [56r-61r] D'un aultre *De probatione Alchimie et de ceulx qui disent ceste science estre impossible* (11 pag.)
inc. Premierement dirons les raisons d'iceulx qui disent ceste science n'estre possible
expl. qu'ombien que l'on en treuve peu pour le present qui la scachent exactement ainsy qu'il appertient. Caetera desiderantur.
N.b. naast de titel staat, in potlood, in de hand van JaB: Istud debet precedere quod folio 51 continetur (hij bedoelt het huidige f. 47).

[61v blanco]

20 [62r-65r, 6] S'ensuivent *plusieurs sentences necessaires a nostre divine oeuvre* (6+ pag.)
inc. Le feu ne peult estre reduict en eaue si premierement n'est reduict en air. Voila comment l'eaue par feu est reduicte en feu
expl. ... tu ne seras ignorant de l'un des plus grands secrets de nature et de la vraye et principale parfection du magistere.

21 [65r,7-69r,15] *Demonstratio progressus naturae seu generis generalissimi accidentis seu transeuntis in suam speciem generationis metallorum* (ruim 8 pag.)
inc. Sed ut ad propositum reversi: generationem metallorum alioqui secretam et abditam prosequamur. Natura parens sua arcana et naturali operatione convertit predictum sulphur et argentum vivum...
expl. ... procedendum est nobis ad praxim ut laetari possimus et frui nostris desideriis. Praxis illa deerat itaque desideratur.

[69v blanco]

22 [70r-71v] *Rosarium abbreviatum* e manu scripto vetustissimo ignoti (4 pag.)
inc. Adverte charissime quod quae sequuntur verissima sunt intelligentibus. Prima preparatio et fundamentum artis est solutio, id est corporis in aquam reductio...
expl... et habet oculos videat lapidem in septem propositionibus notum, et laudet Deum. Explicit rosarium abbreviatum ignoti
ThK 68. Ed.: Tract.7; *ThCh* III, 650-53. Manget II, 133-134. Zie *HMES* III, p. 56-57

23 [72r-101v] *Het boeck Lumen Luminum dat is het licht der lichten* van Jan van der Donck (60 pag.)
inc. Met veel diversche spraken ende met bedecte woorden hebben die philosophen tot elcanderen gesproken van eender conste die boven allen consten edel is, ende is genoempt metheora, dat is hemelsche conste
expl...ende lovet Godt van syn sonderlinghe gaven die hy ons heeft verleent ende biddet voor my ende deylt den aermen dat bidde ic u allen. Finis
[naschrift:] Amice lector ego, Justus a Balbian, libellum hunc nactus multa ex arte in eo immutavi neque

id temere tamen in describendo enim mendis plenum reperi/ superflua itaque multa omisi/ atque etiam plura recte omitti poterant/ quedam etiam lucidius expressi/omissa quo ad hec ars permittit restituivi quod verum esse cum aliis exemplaribus collatum res indicabit Vale ipsis calendae septembris 1597

Bloemlezing 3.

24 [102r-104r,5] *Modus meus (inquit quidam ignotus) operandi* (4+ pag.)
inc. In primis habita solutione philosophica conjunge cum maxima subtilitate, sed cave ne commisceas album rubeo, quia ea ratione frustraveris intento tuo
expl. ... hanc massam per antimonium purgavi et retinui sex dragmas Solis cum nisi quinque imposuissem. Finis.

[rest 104r en 104 v blanco]

25 [105r-105v,10] *Parvus tractatus de mercurio philosophico* (Lat. proza, ruim 1 pag.)
inc. Scias quod mercurius philosophorum de duobus plumbis facit magnas operationes
expl. ... in corporibus imperfectis et similiter in corpore humano de quo non est dubium Finis
ThK 1389. DWS 453. Ed: *Tractatus Septem* no. 6, p. 94-95 *ThCh* III, 697-8.

26 [105v] *De aqua mercurii.* Ad aquam mercurii recipe mercurii libram unam et salis armoniaci # 12 r.

27 [106r] *Brevis sed non levis tractatus de lapide philosophico* (13r.)
inc. Revolvi lapidem et sedebam super ipsum. In puteo paene detrudatur qui potenti vel fatuo istud revelaverit
expl. Nec videat faciem Dei qui potenti vel fatuo id revelaverit.
ThK 1360. DWS 212,ii. Ed. *Tractatus Septem* no. 7, p. 96; *ThCh* III, 698.

[106r, rest en 106v blanco]

28 [107r] Symbolisch-alchemistische tekening

29 [108r] Symbolisch-alchemistische tekening; beide ingekleurd

Deze zijn no. 3, resp. no. 4 van de uit achttien figuren bestaande zgn. Solidoniusreeks, beschreven door Adam McLean op www.levitycom/alchemy/s_solid.html.

[107v en 108v blanco]

30 [109r-110r,10] *Tractatus utilis et verissimus De Lapide philosophico* e manu scripto vetustissimo 1599 (jaartal: andere inkt. Ruim 2 pag.)
inc. Sciant artifices alchemiae species vere permutari non posse quod quidem verum est, quia species per se non sunt subjectae actionibus sensibilibus, cum omnino sunt incorruptibiles
expl. Hoc ergo magisterium nos equat regibus et mundi altioribus, quia qui habet ipsum indeficientem habet thesaurum. Finis.
ThK 1385. DWS 130. Ed.: *Tractatus Septem* no. 2, p. 15-18. *ThCh* III, 653-55.

[rest 110r en 110v blanco]

31 [111r-113v] *Liber qui dicitur parvus tractatus de Lapide philosophico* e codice vetustissimo 1599 (6 pag.)
inc. Est lapis unus, medicina una, in quo totum magisterium artis alchemie consistit, cui non adjungimus aliquam rem extraneum
expl. ... et sic habebis Solem et Lunam quantum volueris ipse, meliorem quam extractum de minera.

Finis parvi tractatus de minera philosophica.

ThK 937. DWS 143. DWS 508. Ed. *Tractatus Septem* no. 3, p. 19-25; *ThCh* III, 655-659.

32 [114r-116v,7] Incipit *compendium utile ad credendum meditationum experimentum* (ruim 5 pag.)
inc. Testificatur ad credendum meditationum experimentum id quoniam species corporibus magis assimilantur per hoc quod corporibus magis uniuntur, quoniam amicabilius quam alia illis conveniunt in natura
expl. Deo altissimo laudes et gratias agamus. Finis.
ThK 1569 (John Dastin, *Libellus Aureus.*) DWS 285. *Tractatus Septem* no. 4, p. 26-32. *ThCh* III, 659-665 Lit. *HMES* III, 87 n. 5

33 [116v] *De aqua corrosiva quae resolvit spiritus et omnia corpora calcinata.* Recipe salis armoniaci libram unam, salis petrae libram semis, coporosae viridis quartam et de alumine plumoso # 8 r.

34 [116v] *Alia eodem libello contenta.* Recipe vitrioli viridis partes duas, salis petrae partem unam, et pulverisa simul # 7 r.

35 [116v-117r] *Sublimatio mercurii valde utilis.* Recipe cuperosae viridis, aluminis glaciei, atramenti nigri, salis communis # 15 r.

36 [118r-143r] *Rosarium philosophorum ex compilatione omnium phisicorum librorum* per Toletanum philosophum maximum (Lat. proza, ruim 50 pag.)
inc. Desiderabile desiderium, inpretiabile pretium, a cunctis philosophis positum quod non deponitur, nec male propositum fuisse supponitur, ex libris antiquorum hic in summa una breviter adunabimus
expl. Et in hoc completur secretum secretorum nature maximum, quod est super omne mundi pretiosum pretiosissimum. Amen Explicit rosarium vere aureum.
ThK 403 (John Dastin, *Rosarius philosophorum*). DWS 231. Ed. *Tractatus Septem* no. 5, p. 33-93. *ThCh* III, 663-697, Manget II, 119-133 en 309-324. Lit. *HMES* III ch. V (p. 85-102) en appendix 5 (p. 676-678).

37 [143v] tekening
38 [144r] tekening
Beide: met aquarel gekleurde cirkeldiagrammen, uitgeknipt en ingeplakt.

39 [144v-145r] teksten en tekening *De magica quaedam imagine*
inc. 39a. Prope Florentiam in cenobio sancti Benedicti habetur talis figura Martis, sub specie reginae cuiusdam depicta
expl. ... si quis vero meum sensum perceperit, omnes mundi divitias sibi subjectas habebit
39b gekroond figuur op fontein, tekstbordjes
39c Bijschrift inc. Deinde date inimico vestro bibere
Vgl. DWS 804 en Perifano 1980. Ed. in *Ritterkrieg* 1595 en *Uhr-alter Ritterkrieg* 1680.
Bloemlezing 4.
39d Onderschrift: 6 Lat. verzen, ignoti.
inc. Sum Dea nec Dea sum. Modo vir modo foemina dicor.

40 [145v] *Sibillinum enigma* 6 Griekse verzen, inc. 'Enneas grammat'ego tetrasyllabos eimi nothi me'... eronder: arsenicon [Gr. letters]
Versio eiusdem enigmatis
6 Lat. verzen, inc. Ter tres literas habeo, quadrisyllabus sum; nosce me
eronder staat: arsenicum philosophorum, en dunner: I.B. mercurius noster
Lit. Von Lippmann 1919 p. 60-63 en 101; Telle 1980 p. 143 n.35; Buntz 1968, p. 65.

41 [146r-147v] *Compendium de perfectissimo lapide philosophico metrificatum* (Lat., 130 vs.)
inc. Est lapis occultus secreto fonte sepultus Rupibus ex mundis consurgens aereus undis
expl. Et capit augmentum generans tibi millia centum/ Per par fermentum; totum docet experimentum. Finis.
ThK 510. DWS 739, 796. Walther p. 287. Ed. Greverus/Alanus no. 9, p. 82-86; *ThCh* III, 740-743. Lit. Birkhan 1992, 71-76.

42 [148r-152r,8] *Massa aurea* e libro vetustissimo desumpta et correcta de Justo a Balbian. Flandro Alostano philochymo 1601 (312 vs.)
inc. Spiritus inspirans Deus inque rota girans/ Inspirans numen corporis de lumine lumen/ Trius personis/ indivisus quoque donis
expl. Inque hyerarchia dat psallere philosophia Quae cum prole pia dux celi ad astraque via.
ThK 1526. DWS 831.

43 [152r,10] Cesarius (14 vs.)
inc. Vena prior fontis stillat ad verticem montis/ Undam movens terram solvit addisque secundam/ Tertia splendescit, sed cum Luna dira quiescit
expl. Vena tamen fontis veniens de vertice montis
Boeren, p. 100: Pseudo-Vergilius; Voss. Chym. F. 35, f. 76; ald. 27 vss.

44 [152r, onder no. 42] ignotus
2 r., slecht leesbaar op afdruk. Poging:
Igneu. humori mixtus calor omnia gignit Quae terra et pontus vassus et aether habent

45 [152v] *Aliud vetus carmen ad Lunam* (24 vs.)
inc. Cogitur exire spiritus de corpore Jovis/Albus per ignem, quem modo collige tali.
expl. Tunc ores pro me, nam talia ego scripsi pro te.
ThK 230 (Conradus de Hildensee (Hilsener?)). DWS 801.

46 [153r] *Het selve in neerduyts over geset* (20 vs.)
inc. Uuyt den lichaem gedreven wordt Jovis geest vaillant / Wit door den viere, dyen ghy dus vergadert plaisant./ Een pont Jovis stelt int vier, synde mynerael
expl. En geeft u Lunam op alle preuven perfect / Dit werck is cort profytelick en cleyn.

47 [153v] *Carmen Marcelli Palingenii de Lapide philosophico* (Lat., 26 vs.)
[opschrift] Phoebus loquitur
inc. Audite, atque animis mea dicta recondite vestris:/ Hunc iuvenum Arcadium infidum, nimiumque fugacem,/ Prendite, et immersum Stygys occidite lymphis
expl. Sed paucos tanto dignantur munere Divi.
Marcellus Palingenius, *Zodiacus Vitae,* Boek X l. 213, ed. Chomarat 1996.
Bloemlezing 5.

48 [154r] tekeningen met bijschriften
Bloemlezing 2.

49 [154v] Ab uno omnia ad unum

50 [155r] fragment, doorgehaald; slot van *Massa Aurea* (42); laatste 19 r.
inc.Non festimus eris artis qui munera quaeris/Si res de more sumens et ab inferiore/
expl. Inque hyerarchia det psallere philosopia/Quae cum prole pia dux celi ad ardua via. Finis

51 [155v-157r,6] *Aliud vetustissimum carmen de lapide philosophico* (100 vs.)
inc. Ad bonam pastam utere aqua atque farina/ Nec non fermento; modo simile in lapide nostro./ Haec tria reperies phisicorum dicta referre
expl. Est in mercurio quidquid querunt sapientes:/ Nam sub umbra sua viget hec essentia quinta.
ThK 30 (Gratian, *Carmina*). DWS 823. Ed. Greverus/Alanus no. 8, p. 79-82; *ThCh* III, p. 738-740.

52 [157r,8 e.v.] *Aliud non minus vetustatem redolens* (Lat., 23 vs.)
inc.Est quaedam ars nobilis, dicta Alchimia/Quam non quaerat mobilis, vel stans in fantasia./Petit enim clericum valde industriosum
expl. Et nulla est deviatio respectu unitatis. Finis
ThK 512. Ed. Greverus/Alanus no. 5, p. 77; *ThCh* III, 736-43.
Bloemlezing 6.

53 [157v] *Alterius* (Lat., 17 vs.)
inc. Alchimia extat ars creabunda, / ut in eius patet practica:
expl. Et tingens aurum in melius. Finis
Ed. Greverus/Alanus no. 6, p. 77-78; *ThCh* III, 737

54 [157v, na no. 50- 158r,5] *Alterius vetustissimi* (Lat., 19 vs.)
inc. Si felicitari desideras, ut benedictionem philosophorum obtineas/ Vivit Deus in eternum, vivat haec veritas tecum.
expl. Hic est juxta votum dictus lapis philosophorum. Finis
Ed. Greverus/Alanus no. 7, p. 78-79; *ThCh* III, 737-738.

55 [158r] *Alius eiusdem facine* (Lat., 32 vs.)
inc. Spiritum volantem capite / Et in radium solis trahite / Ut fixetur debite
expl. Donec fluat levissime. Finis
ThK 1526. DWS 843.

[158v blanco]

56 [159r] *Aenigma della pietra phisica di Lorenzo Ventura* (34 vs.)
inc. Nel' India, parte piú calda dal mondo / Nasce pietra, talhor ch'en se rinchiude/ Virtu infinite che vengon dal cielo
expl. Render gratie immortal gloria et honore. Finis
Ed. Ventura 1571; *ThCh* II, p. 311.
Bloemlezing 7.

57 [159v-162v,10] *Versos d'Alchemia* (216 vs.)
inc. Toma la dama que mora nel cielo / Que es hita del Sol sin duda niguna / La quella prepara il bagno de Luna
expl. Pues a los tales no me es defendido. Finis.
Ed.: Luis de Centelles, "Las Coplas de la Piedra Philosophal (tres versiones)", textos editados por Elena Castro Soler, «Azogue», nº 4, 2001, URL: http://come.to/azogue.

58 [163r-164v,5] *Aenigmata de tinctura phisica* (58 vs.)
[kopje] Questio prima
inc. Al ding sthehen nur in dreyen / In vieren thun sie sich freuwen [8 vs.]
Responsio prima [diagram, 4 vs.]
Na Responsio quarta: Responsio universalis et finalis (12 vs.)
expl. Dan mehrers darf ich dir nicht sagen
Ed. *Ritterkrieg* 1595; *Uhr-alter Ritterkrieg* 1680.

59 [164r, na no. 55- 166v, 10] *Summa explicatio Solis et Lune* (184 vs.)
inc. O heillige dreyfaltigkeyt / Hoch gelobet in euwigkeyt / Anfangs ehe sich al ding erhebt

expl. Da mit seistu auch vorgnuget / Godt, verstandt, zeit, rath, ordnung fuget. Finis
Ed. *Ritterkrieg* 1595; *Uhr-alter Ritterkrieg* 1680.

60 [166v- 168v, 17] Een onbekent autheur (138 vs.)
inc. Het is een steen en gheenen steen / Daer onse konst in leyt alleen, / Die nature hevet soo gelaten
expl. Danct Godt en helpt den aermen al; / Syn rycke v Godt vergunnen sal. Finis
Bloemlezing 8.

61 [169r-170r, 6] Een ander (72 vs.)
inc. Een edel conste heeft Godt gelaten / Allen den ghenen die hem belyen, / Ende dien de ongherechtheyt haten
expl. Men macht volbrengen met dry pondt groot / Al dat twerck cost, tsy groot oft cleyn.
Bloemlezing 9.

62 [170r, 9-onderaan] De selve (28 vs.)
inc. Volcht de nature van hooger macht, / Die in besloten bergen werct haer cracht / Die daer metalen maect uyt damp
expl. Dan genese ict al ontrent my / Dat ic aenraecke, tsy wat het sy. Finis
Ed. Braekman 1986, p. 95.

[170v blanco]

63 [171r-173r, 16] *Een uytlegginge vanden boom mercurii* (Ned., 154 vs.)
inc. Ic ben nature van hooger macht, / Geordonneert door Gods cracht. / Die werelt op myn duymken draeyt.
expl. Soo sult ghy besitten myn coninckrycke, / Van costelicheyt noynt der gelijcke Finis
Ed. Fraeters 2001.

64 [173r, na no. 63] Nota
Viere syn in eenige materie ingeslict
In eender wolcke als een nevel dick.

65 [173r, na no. 64] Nota
Die vruchten die onsen boom draecht syn Son en maen; dat is het alder subtylste vier ende lucht. Dese werden int aerbeyden wit bevonden, ende root, als sy in haer corpus gecoaguleert syn daer uyt sy syn gecommen.

66 [173r, onderaan-173v] *Annotationes ignoti in predicta* (ruim 1 pag.)
inc. Est sola et unica materia lapidis, et quatuor elementorum naturae sunt in hac re una, nam elementa circulantur per opus nature
expl. id est rubei Leonis vel Lunariae in elixyre albo. Repetitur aliquoties propter multiplicationem. Finis.

67 [174r-176r, 20] Een ander (152 vs.)
inc. Ghy philosophen u nu ter eeren / Wil ic desen steen u maken leeren / Also dyen my gaf de joncvrauwe /Natura, uyt gunst en trauwe.
expl. Godt sy lof prys en dancbaerheyt / Van nu tot in der eeuwicheyt Finis
Zie boven, p. 48 en 56

68 [176r, 22-onder] Een ander (14 vs.)
inc. Trect in de lucht trivier, wilt hier op passen: /Door hitte laet d'eerde in die lucht wassen. /Dese suldy gants wel tormenteeren
expl. Daer uyt compt den edelen mercurius, Ende den lapis philosophicus. Finis

69 [176v-177v, 8] Een ander van den steen der philosophen (74 vs.)
inc. Ghy die den lapidem wilt leeren bauwen, / Opt dwerck der naturen moetty schauwen, / Op haer einde, ende haer beginsel mede
expl. En vrolick leven op aerderycke;/ Dies dancket Godt van hemelrycke. Finis

70 [177v, 10- onder] *Aelia aux enfans de l'art* (23 vs.)

inc. J'ay faict une maison dans laquelle suis née. / Vierge ay esté tousjours des le commencement, / Et vierge je demeure apres l'enfantement
expl. Dissoudre et congeler, c'est l'operation. / Que peu de medicins ont de dieu ce beau don!
Ed. Van Gijsen en Stuip 2004.
Bloemlezing 10.

71 [178r-178v] Un incognu touchant la pierre philosophale (56 vs.)
inc. En mercure est ce que querons. / De luy esprit et corps tyrons,/ Et ame aussy, d'ou sort teincture
expl. Dieu te doint grace / En peu d'espace / Que le tout face. Fin
DWS 806. Ed. *La Transformation metallique,* 1561 en latere; Méon IV, pp. 243-244.

72 [179r] *Balade sur le mesme subject* (27 vs.)
inc. Qui les deux corps veulx animer / Et leur mercure hors extraire, / L'ardant d'iceulx bien sublimer, / L'oysel volant apres retraire
expl. Prince, cognois de quel agent / Et patient tu as affaire / Pour fruict avoir tresexellent. Fin.
Ed. *La transformation metallique,* 1561 en latere; Méon IV, p. 289-290; Wilkins 1993, p. 102-103.

73 [179v] *Sonet* (14 vs.)
inc. Dieu, la nature et l'art triple ouvrier conduict: / Par dessin, par raison, par emulation; / L'idée, les vertuz et l'operation / En esprit, forme, effect ordonne, agist, imite.
expl. Sont le commencement, le milieu et la fin / De tout, tenants eux trois toutes choses encloses. Fin

74 [180r-181r] *De Lapide philosophico Lunari versus Italici* (80 vs.)
inc. Voy che volete de virtu sapere / Et de philosophia la bella arte / Che sopra ogni scienza é nobil parte
expl. El fisso volare, el volatile fisso fare; / Cosi la pietra vuol moltiplicare. Fine

75 [181v-183v] *Altri dal medesinio subjetto* (171 vs.)
inc. O summa causa,o majesta divina / Che tutto abbracci, et tutto in ogni parte / Le sacro sanctae carte
expl. Al qual l'honor et il regno sempre sia / Et a sua gloria nostra voluntá fia. Fine

76 [183v na 75] schetsje van oventje met bijschrift: schema forni ex altera parte descripti.
Bij welke tekst hoort dit? In het *Secretum* van Greverus is op 263v ruimte opengelaten voor tekening oven.

77 [184r-184v,5] *El modo della pietra* (ruim 1 pag.)
inc. La prima operatione di quella compositione si chiama solutione la 2a distillatione. La 3a descensione/ la quarta putrefactione
expl. … dessolto che sarà distilla gli l'aqua da dosso per bagno alquante volte essa lavare et la ridurra in medecine

Rest 184 v blanco.

78 [185r, 1-8] fragment: doorgehaald proza, gemengd Lat./Ned., begint midden in zin:
facit aer ergo in aperta olla vel vitro; dan doet het in den destilleer pot ende destilleertse per cineres. Tunc habebis aquam mirabilem, de qua lege Theophrastum in libello De xenodochio et de morbo gallico. Cortex ergo ovorum terra est et materia salis; albumen autem mercurii, et castellum vero sulphur, quoniam oleum probet, et albumen liquorem, et testa, sal, aer dissolvit: ergo si vis quidpiam [?] a solutione preservare cooperi ne aer illud ingrediatur.

79 [185r] *Modus albificandi vel purgandi mercurium per sublimationem.* Recipe argenti vivi boni et a plumbo et omni sorde purificati # 14 r.

80 [185r-v] *Om den mercurium precipitatum te maecken.* Nemept mercurium ofte quicsilver eerst wel gevreven met saut ende wynasyn # 29 r.

81 [185v] *Sublimatio mercurii inter ceteras optima.* Recipe mercurii mundi lib. ij, vitriolo romani optimi tantundem, salis communis semi libram # 13 r.

82 [186r] *De Mercurio.* Cum spiritu salis vel oleo salis primo in primam materiam, id est in aquam, reducitur, oleo salis deinde fit oleum; tunc schietz her syn sperma als eyn man int weyb/ das sperma can men infra mensem fixeeren. 4 r.

83 [186r] *De mercurii quinta essentia.* Neempt vanden alder stercxten asyn dye ghy cryghen cont, ende dat hy wel claer sy # 18 r.

84 [186r-v] *De aqua mercuriali* ofte [2 symb.] Neempt soo veele mercurii ghy wilt ende vryft hem met gelycke deel salis communis ende ooc soo veel sal armoniack # 16 r.

85 [186v] *Een ander.* Neempt gesublymeert quicsilver dat vyf mael gesublymeert is met sout ende vitriolum, ende neempt daer toe even veele sal armoniacum # 15 r.

86 [186v] *Een ander niet soo geweldich.* Neempt een pont mercurii rite purgati doet in een cleen gelasen destilleer vat ende destilleert soo veel vochticheyt daer af als ghy cont # 14 r.

87 [186v-187r] *De aqua mercuriali.* Recipe mercurii rite sublimati quantum voles et tantundem salis armoniaci puri # 13 r., e manu scripto

88 [187r] *Aqua ex argento vivo.* Recipe mercurii; impone urinali vitreo superposito alembico optime lutato, destilla in balneo bullente # 5 r.

89 [187r] *Aliud ad idem.* Recipe argenti vivi libram unam crudam et puram; pone in vase vitreo cum collo oblongo # 8 r.

90 [187r] *Proba mercurii non adulterati.* Mercurius purus ne sit an cum plumbo vel alia re sophisticatus ita probabis Excipe paululum mercurii cochleari argenteo # 5 r.

91 [187v] *Vetus carmen pro transmutatione Lunae* (24 vs.)
inc. Cogitur exire spiritus de corpore Jovis
zelfde tekst (met kleine varianten) als no. 45, zie ald.

92 [188r-189r] *Caracteren ofte teeckenen die van sommighe geuseert worden in de Alchemie*
Symbolen in 2 kolommen. De eerste veertien zonder kopje, inc. R dat is recipe of neempt; vervolgens b. De vyf roocken der metalen; c. De mineraelsche corpora; d. De seven planeten; e. Volghen acht sauten; f. Volghen de steenen; g. De saepen h. Metaelsche ende mineraelsche corpora; i. De twelve hemelsche teeckenen; j. Alchemistische woorden; k. Dat onderscheet van den tyt. Op 189r paginagroot l. *Character mercurii* (Dee's Monas).

93 [189v] *Om alderande metalen tot eenen steen te maecken.* Neempt wat metael ghy wilt ende maket tot zijnen vitriolum ofte ten minsten calcineeret tot eenen calck. # 28 r.

94 [190r-205v, 18] *Dat Boeck der oprechter conste van de Alchemie.* Richardi Anglici *Correctorium Alchimiae.* (30,5 pag.)
inc. Aengesien dat in veele dinghen ende in de verbeteringhe van allerande dingen dye natuere van een dinck augmenteert ende vermeerdert, soo wort in veele schriften der philosophen dye natuere door conste verbetert boven haerlier beweginghe
expl. Ende datte teghen die nature alleen per se sonder cost in de eerste forme gemaect ende gebrocht wort. Finis
Ed. Duits: Jobin 1581/erven Jobin 1596; Latijn: *ThCh* II, 385-406; Manget II, 266; Manget II, 165 (als anoniem *Correctio fatuorum*). Duveen p. 508; Ferguson II p. 270; *HMES* III 106; 629 (zie m.n. p. 106-107).

95 [206r-212v] *Een ander cleyn tractaet van den lapis philosophorum* (14 pag.)
inc. Dit is om te maecken den lapis philosophorum ofte den steen der wysen. Om dye metalen daer mede te doen veranderen alsoo dat een slecht metael gemaect mach worden tot een goet beter ende fix metael
expl. ... want hy te boven gaet alle schatten ende juweelen van der gantscher wyde werelt. Finis
Gedeeltelijke vertaling van pseudo-Paracelsus, *Aurora Philosophorum* (1577).
Bloemlezing 11.

96 [212v, onderste helft] *tekeningetje* met bijschrift Ab uno omnium ad uno;
Onderschrift: De masculo et femina fit circulus rotundus et ex illo circulo extrahe quadrangulum/ et ex illo quadrangulo extrahe triangulum et ex illo triangulo fac circulum et pro certo habebis lapidem philosophorum

97 [213r-217v, 10] *Een cleyn tractaet Raymundi Lullii van den steen der philosophen* (ruim 9 pag.)
inc. In den name Godes soo hoort toe, merct ende neempt waer myn alderliefste vrienden dye groote ende principale heymelicheyt dye alle schatten der gantscher werelt te boven gaet, en dye Godt syn uytvercoorene geeft ende leert
expl. ... ende dye selvighe hebben dan dit wel secreet gehouwen. Godt sy lof, prys ende heerlickheyt in der eeuwigheyt Amen. Finis
Ed. Duits: Jobin 1581; erven Jobin 1596.

98 [217v, 12- 222v, 7] Mercurius-verzameltekst (10 pag.)
a. [217v] *Hoe men den mercurium sal prepareeren ende sublimeeren tot der Alchemie.*
inc. Ghy sult nemen een pont gemeenen mercurii sulx men uyt dye mynen trect/ ende een pont vitrioli romani de welcken ghy stampen oft stooten sult [ruim 1,5 pag.]
b. [218r] *Om den mercurium tot een water te maecken.*
inc. Neemt gesuyverden mercurium, ende doet hem in eenen houtenen mortier [1 pag.]
c. [219r] *Een ander aqua mercurii per se*
inc. Neemt den gemeynen mercurium ende suyvert hem van alle syn vuylicheyt ofte swerticheyt/ [16 r.]
d. [219r] *Een ander aqua mercurii*
inc. Neemt eenen groten wyen eerden destilleer pot met eenen grooten buyck ende met eenen dunnen langhen hals [15 r.]
e. [219v] *Een oleum mercurii*
inc. Neempt mercurium/ ende sublimeertem met calchatum oft vitriolum ende met gemeyn sout gelyck die maniere is [8 r.]
f. [219v] *Een ander oleum mercurii Paracelsi*

inc. Neemt mercurium soo veele als ghy wilt ende amalgameert hem met gelycke veel fyn enghels ten/ [24 r.]
g. [220r] *Van den azoth*
inc. Azoth en is niet den gemeynen mercurius dye daer slecht uyt dye mineren der eerden getrocken wort [ruim 1,5 pag.]
Bloemlezing 12.
h. [220v] *Van den mercurius*
inc. Is ten eersten te weten als dat den mercurius eenen metaelschen geest is ende gelycker wys eenen geest meer is als een corpus alsoo is oock den mercurius teghen die andere metaelen [krap 2 pag.]
i. [221v] *Van de generatie ende eerste wesen des quicsilvers uyt Paracelso*
inc. Van het argentum vivum ofte quicsilver is te verstane dat het eenen metaelschen aert in hem heeft/ het welcke hem oock niet en laet hameren noch ghieten [krap 1 pag.]
j. [222r] *Om te maecken een elixyr mercurii*
inc. Neempt den mercurius ende sublimeertem soo langhe ende veele van den dooden cop vanden vitriolum tot dat hy gelyck een fix cristalyn wort [10 r.]
k. [222r] *Om de metalen te brenghen tot haren mercurium*
inc. Neemt gout, silver, loot oft ten, of welck metael ghy wilt, ende maecter een amalgama af met vier soo vyf mael soo veele gesuyvert quicsilvers [tweederde pag.]
expl. Soo verkeert u metael alte male tot eenen levenden mercurius; ende aldus cont ghy maecken den mercurius van alle seven de metaelen.
Hierna [222v, 7] is de rest van het blad blanco.

99 [223r-230v] Mercurius-verzameltekst (krap 16 pag.)
a. [223r] *Van den gemeynen mercurius soo hy by de droghisten vercocht wort; van zyn cracht, duecht ende eygenschap*:- e manu scripto
inc. In den eersten wil ic scryven vanden groven elementisschen geest mercurius, dye alle opperste geesten onderworpen is, want hy en heeft gheen oprechte forme ofte gesteltenisse in hem [volgt 8, 5 pag.]
expl. Wat u hyer inne meer van noode is, vint ghy elders genoech, ende oock in dit boeck.
Bloemlezing 13.
b. [half 227r] *van de dryderley lapides philosophorum*
inc. Geber schryft ende seyt als datter dryderley lapides philosophorum syn, te weten: in het gout, in het silver ende in het quicsilver [2, 5 pag.]
c. [228v, 1] *Om te scheyden de vier elementen in den mercurius ende oock in alle andere metalen*
inc. In den eersten soo maect dye metaelen tot haren vitriolum, ofte crocus martis, ofte het coper tot synen crocus veneris ende het loot tot zyn lootwit [krap 2 pag.; 229r is niet helemaal vol]
d. [229v] *Een water van mercurius*
inc. Neemt een vierendeel mercurii dye gesublimeert ende fix is ende gelycke veele wit coperoot ofte galitsen steen [18 r.]
e. [229v, 19] *Van de materie daer in de Alchemisten wercken sullen*
inc. Nu is hier te verstane waer in dat de artisten ende Alchemisten wercken sullen om den lapis philosophorum te maecken/ soo sult ghy in den eersten voornemen dat gout/ [3 pag.]
expl. ende het sulphur des gouts is dye eerste prima materia uyt de drye eerste. [iets over de helft van 230v; rest blanco]

100 [231r-234r, 9] *Conclusio summaria ad intelligentiam testamenti seu codicilli Raymundi Lullii et aliorum librorum eius*, nec non argenti vivi, in quo pendet tota intentio; incipit in Dei nomine (ruim 6 pag.)

inc. Aqua vero nostra philosophica secreta tribus naturis componitur et est aqua minere consimilis, in qua lapis noster dissolvitur
xpl. Cum igitur lapis ad album perficitur sic fit. Finis.
ThK120; DWS 259. Ed. *Verae alchimiae...*, 1561; Greverus/Alanus no. 3, p. 63-72; *ThCh* III, 730-734. Lit. *HMES* IV, 647.

101 [234r, onderste tweederde] a. diagram; opschrift: *Philophans* [sic] *in verbis*
b. onderschrift 1: De masculo et femina fit circulus rotundus, et ex illo circulo extrahe quadrangulu, et ex illo quadrangulo extrahe triangulum, et ex illo triangulo fac circulum; et pro certo habebis lapidem philosophorum. (n.b. ook op 212v, no. 93)
c. Argentum vivum non habetur nisi ex corporibus liquefactis, et tale sulphur non reperitur super terram quale in corporibus, scilicet Solis et Lune.

102 [234v-239v, 23] *Dicta Alani philosophi super lapide philosophico* ex superiore germanico idiomate latine reddita per Justum a Balbian Gandensem 1588 (krap 10 pag.)
inc. Ad Deum ter Optimum Maximum, fili mi, et cor et mentem convertito quam ad artem magis; ipsa enim donum dei summum est, cuique bene placitum fuerit eam largitur
expl. ... et sapientum mercurius. His finem facientes, soli Deo et honorem et gloriam adscriptam volumus. Finis.
Ed. Duits in Barke 1991, p. 434-442. Latijn: Greverus/Alanus no. 2, p. 49-63; *ThCh* III, p. 722-729.

103 [239v] *Experimentum non vulgare e fragmento anglico.* Recipe Vitri trito uncias duas, mercurii vivi sublimati uncias ii, Jovis unciam i, salis armoniaci dragme 6 # 5 r.

104 [239v] Ex eodem. Liquefac libram i Jovis et impone uncias ii mercurii sublimati. # 3 r.

105 [240r-241r, 8] *Experimentum mirabile e libello quodam flandrico impresso*: sophisticum mea quidem sententia (2 pag.)
inc. Neempt vyf engelschen cornet gout oft een once gebrant silver dye door den antimonium gepasseert moeten weesen
expl.... Daer desen elyxir dan in geworpen transmuteert hem in oprechten Sol ofte Luna. Danct Godt ende gedenct den aermen. Finis
Andriessen 1581; id. 1600.
Bloemlezing 14.

106 [241r, 9-30] *Testamentum Arnoldi de Villa Nova datum magistro hospitalis* Jherosol: contr.cas (Lat. proza, halve pag.)
inc. Recipe vitrioli romani, salis petre, salis armoniam ana partes equales; destilla aquam cum igne lento donec prima grossa humiditas recesseret
expl... et fiet aurum pretiosissimum et verum ad omne examen et iudicium.
106b [241r] De rectificationis salis armoniaci. Primo dissolvatur in aqua commune bullente; postea coletur per filtrum; deinde coagulatur.
HMES III, 81 en 662 (Magister hospitalis).

107 [241v] *Experimenta aliquot sophistica rationi ex parte consentanea.* Recipe vert de grys, souffre vyf, vitrioli romani ana # 11 r.

108 [241v] *Aliud non absimile.* Recipe limaturae Solis unciam unam, animae saturni uncias tres, mercurii uncias sex; misceantur in vitro rotundo #13 r.

109 [241v-242r] *Modo di fare una medicina che tinga l'argento di color d'oro.* Si piglia oro et argento vivo ana et

si accompagnano insieme et si mette dentro una boccetta lutata # 11 r.
Fioravanti 1564, p. 91-92.
Bloemlezing 15.

110 [242r] *Om goult uyt silver te trecken.* Neempt een seer subtyl ende suyer vylsel van ysere ende doet dat in eenen seer stercken smelt croes ende setten opt vier # 10 r.

111 [242r] *Om gout uyt quicsilver te cryghen.* Maect een schey water ofte aqua fortis van drye deelen vitriolum, twee deelen salpeters ende een deel pluym aluyn # 14 r.

112 [242v] *Om gout uyt coper te trecken.* Neempt coper ende brandet tot pulver met solfer, ende dan maect dat pulver wederom tot een coper met loot # 7 r.

113 [242v] *Een purgatio veneris ad augmentum.* Neempt venus ende lamineertse wel dunne. Dye laminas maect ettelicke mael geloeyent ende lestse in water # 6 r.

114 [242v] *Om het gout te gradeeren.* Neempt vitriolum, salpeter, spaens groen ende aluyn; maect daer van een sterc water ende calcineert daer mede gout # 9 r.

115 [242v-243r] *Een secreet om gout te cementeeren.* Om het gout fyn te cementeeren sonder door den anthimonum te ghieten het sy dan munte ofte ander sins soo doet hem aldus: neempt een once gestampte tichchelen # 12 r.

116 [243r] *Om alderande munten te fyneeren sonder smelten.* Neempt sulphur ende vitriolum gepulveriseert; bindet in een doexken # 5 r.

117 [243r] *Om eenighe munte het coper af te sieden datter in is de munte ongeschent.* Neempt een half once spaens groen ende een once wit coperroot, een once sulpher ende een half once aluyn # 7 r.

118 [243r] Een andere. Neempt aude tichchelen ende stamptse tot cleynen poeyer. Neempt daer van een once en half; doeter toe twee oncen coperroot # 10 r.

119 [243r-v] *Om pistoletten, hoorens, guldens ende dergelycke te brenghen tot fyn ducaten gout.* Neempt een deel salpeters ende een deel aluyns; vryfse tsamen # 8 r.

120 [243v] *Om gout van silver te scheyden.* Neempt een goet aqua fortis ende ghietet in een gelas met eenen langhen hals; settet op een forneys in asschen # 12 r.

121 [243v] Een ander. Neempt silver dat met gout vermenghelt is ende latet wel smelten # 6 r.

122 [243v-244r] *Om vergultsel van silver oft coper te scheyden.* Neempt silver dat vergult is ende beroocket over den roock van solfer # 17 r.

123 [244r] *Om gout van coper te scheyden.* Soo wanneer ghy coper hebt daer eenich gout onder vermengelt is soo smelt dat selvighe met gelycke vele anthimoni # 10 r.

124 [244r] *Een maniere om alle corpora te oversilveren.* Om eenich corpus metallicum te oversilveren met cleynen cost ende moeyte, ende dat wort geheeten cremers bierenbroot, wantmen daer mede over selvert alle coperen ketenen, hechten van messen, sporen en alderande dinghen dat van root ofte geel coper # 18 r.

125 [244v] Een andere. Solveert fyn silver in een lutsken sterck water, ende doeter by soo veel wyn steen ende sal armoniack tot dat het is gelyck een salve # 8 r.

126 [244v] *Om eenen gauden penninck leelick te maecken soo dat hy schynen sal niet te doghen.* Handelt ofte vryft een stuck gout met u vingheren daer mede ghy te vooren gesublimeert quicsilver gehandelt hebbet # 2 r.

127 [244v] *Om yser schoone ende wit te maecken als silver.* Neempt sal armoniack, pulveriseeret ende vermengelet met ongebluste calck # 5 r.

128 [244v] *Om gaut ende silver van stael, yser ende dergelycke te scheyden.* Neempt rauwen mercurium ende doet hem in eenen smelt croes ende laet hem opt vier werm worden # 9 r.

129 [244v-245r] *Om het coper coleur van gaut te geven.* Neempt een loot copers, een loot lapis calaminaris ende een half loot tutia; dan maect u coper wel geloeyent # 14 r.

130 [245r] *Om allerande metalen ende oock steenen sonder gaut coleur van gaut te geven.* Neempt sal armoniack, wit coperroot, salpeter ende spaensch groen # 6 r.

131 [245r] *Een pulver welck alle metalen wit maect.* Neempt een pont tartarum, een pont arsenicum ende een pont gemeyn sout ende een pont ongeblusten calck # 7 r.

132 [245r] *Om het ten syn craeckinghe te benemen.* Neempt sterck gemeyn saut ende honinch, van elx vyf oncen; smelt u ten erghens in # 4 r.

133 [245r] *Congelatio mercurii* e libello antiquo manu scripto. Recipe sal commune et pone pulverisatum in oleo communis et pone super ignem et antequam bulliat impone mercurium # 3 r.

134 [245r] *Om alderande metael gesmydich te maken.* Neempt wat metael ghy wilt smydich maecken; dat suldy smelten ende ghietent in termentyn # 7 r.

135 [245v] *Ad congelandum mercurium.* Fili charissime, hunc modum pretiosum pre ceteris estimato. Recipe uncias [of: dragmas?] tres salis alcali preparati, et funde in crucibulo # 20 r.

136 [245v] *Notabile et admirabile experimentum.* Fac amalgama cum una parte Solis et tribus mercurii; lava a nigredine cum aceto et sale # 14 r.
Bloemlezing 16a.

137 [246r] *Een wonder experiment.* Neemt Lunam wel gefyneert ende cleyn gevylt ofte dunne geslaghen ende cleyn gesneden ofte beter tot blaren geslaghen # 27 r.

138 [246r] *Probatio mercurii vulgaris.* Si forte suspicereris mercurium tuum sophisticatum esse vel falsificatum permixtione Saturni super quatuor libras huiusmodo mercurii # 5 r.

139 [246v] *Aqua mercurium fingens et tingens.* Recipe Salis nitri seu petrae, vitrioli romani ana libram unam; tere singula et commisce # 14 r.

140 [246v] *Aurum nimio colore tinctum superfluum colorem detrahere.* Aurum nimio colore tinctum per aliquot dies urine inmerge # 4 r.

141 [246v] *Een slechte conste om den mercurium te coaguleeren.* Maect eenen ronden cloot ofte bolle van lutum sapientiae, ende dat hy van binnen hol sy # 13 r.

142 [247r] *Een ander fixatie mercurii uyt Paracelso.* Neempt een busken van fyn silver datmen toe schuyven mach; daer in besluyt den mercurium seer dicht # 6 r.

143 [247r] *Coagulatio mercurii.* Coagulatur vel fixatur mercurius in pulverem cum aqua aluminis; coagulatur etiam cum sulphure vel cum oleo plumbi # 2 r.

144 [247r] *Fixatio mercurii* e codice vetustissimo. Recipe aquae fortis paratae ex partibus equalibus salis nitri et vitrioli romani # 7 r.

145 [247r] *Ad solem et luna eliciendum.* Recipe antimonii rubei partem unam, sal. armo. partem i, salis nitri partem unam, rebohot daer met men die corpora reyniget partem unam # 7 r

146 [247r] *De mercurio* (8 r.)
inc. Mercurius exaltat se ipsum, quare exaltatio eius est in sua propria domo; ergo philosophi verum loquntur, dicentes mercurius seipsum mortificat, se ipsum exaltet; et exaltatio eius sic fit: Regatur mercurius diu in vase precipitationis
expl. et proiiciatur super Lunam et fiet Sol optimus.

147 [247v] *Caesaris Maximiliani opus.* Recipe sulphuris et cere communis et carbonum tiliae ana, liquentur et optime miscerantur # 5 r.
Bloemlezing 16b.

148 [247v] *Fixatio mercurii.* Bufonem iniice in aquam calefactam in cacabo, et ex calori os aperietur # 4 r.
Bloemlezing 16c.

149 [247v-248r] *Een wonder particulier experiment* gesonden uyt Parijs den 25 Martii 1600 door een Nederlander aen Corneille Longchamp dict Artois, son intime amy. Neempt in den name Godes een deel des fynsten gouts dat ghy becommen cont # 47 r.
Bloemlezing 17.

150 [248r-v] *Een ander seer gelyck experiment* my by den vorseiden Corneille de Longchamp gecommuniceert, ende tsynen huyse door een Frans edelman geconprobeert by experientie in den Hage 1600. Preparatio de Venus. Recipe eau forte une livre, sel armoniac un quarteron, que mesleréz ensemble # 26 r.
Bloemlezing 17b.

151 [248v] *Pour faire lesprit d'uryne.* Mettez de l'uryne en un alembic a descretion et la faictes destiller comme se faict le vinaigre destillé # 8 r.

152 [248v] *Marcasite.* Prenez marcasite d'or un marc ou 8 onces, Sol quartre onces, Luna demy marc # 8 r.

153 [248v] *Pour cognostre la marcasite.* Prenez de la marcasite et la mettant au feu faictes la rougir # 3 r.

154 [248v-249r] Pour faire bon crocus Martis. Vous prendres de la limaille de fer laquelle a feu de flamme ferez rougir # 13 r.

155 248r *Recepta sive experimentum cuiusdam socii ambulantis per mundum.* Recipe vitrioli libram 1, salis petrae libram semis, cinabri uncias 4 # 21 r.

156 [249v] *Recepta unius socii per mundus ambulantis.* Recipe vitrioli libram unam, salis petre libram semis, cynabry uncias 4 # 23 r.

157 [249v] Aliud eiusdem facinae. Elixyr ad solem. Recipe sulphuris vivi et limature Martis ana libram unam,

vitrioli rubificati, lapidis hemathites et viridis eris ana libras duas # 18 r.

158 [250r, 1- 22] *Tabula smaragdina Hermetis Trismegisti* [gr.] peri chumeias interprete incerto
inc. Verba secretorum hermetis quae scripta erant in tabula smaragdi inter manus eius inventa in obschuro antro, in quo humatum corpus eius repertum est. Verum, sine mendacio, certum et verissimum. Quod est inferius est sicut quod est superius
expl. Sic mundus creatus est. Itaque vocatus sum Hermes Trismegistus, habens tres partes philosophiae totius mundi. Completum est quod dixi de operatione Solis.
Bloemlezing 18.

159 [250r, 23-253v] *Hortulani philosophi ab hortis maritimis commentariolus in Tabulam smaragdinam Hermetis Trismegisti* [gr.] peri chumeias. (ruim 6 pag.)
Precatio Hortulani. Laus, honor, virtus et gloria sit tibi domine Deus omnipotens cum dilecto filio tuo
Prefatio [250v, 10] inc. Ego dictus Hortulanus ab hortis maritimis nuncupatus, pelle Jacobina involutus, indignus vocari discipulus philosophiae, motus dilectione chari mei
inc. Quod ars Alchemiae sit vera et certa cap. 1. Dicit autem philosophus. VERUM
Expl. ... trium colorum et quatuor naturarum existentis, ut dictum est, in unica re, scilicet in solo mercurio philosophico. Finis.
ThK 487. Zie over de drukken (vanaf 1541) Ferguson 1906, I, 419-421 (i.v. Hortulanus). Lit. *HMES* III ch. XI, p. 176-190 en id. App. 11, p. 686-688.

160 [254r-260r] *Canones seu regule aliquot philosophice super Lapide philosophico* (13 pag.)
inc. Sulphur et mercurius appellatur propria, vera ac immediata prima materia metallorum. Sulphur et mercurius materia sunt lapidis, ideo mercuriorum cognitio..
Expl. ... corpus et anima istaque duo ita simul conjugendi, ut non possint amplius separari sive perfecta sint sive imperfecta.

161 [260v] *Coelum philosophorum.* Diagram met veel tekst en bijschrift [alle tekst Latijn].
Onderaan: Author fuit Georgius Ripleus Anglus 1471.
Ed. Barnaud, *Quadriga aurifera* 1599; *ThCh* III, 832 bis.

162 [261r-274r] *Secretum nobillissimum et verissimum* venerabilis Jodoci Greveri presbiter (27 pag.)
inc. In honorem sanctae et individuae trinitatis et beatae matris semper virginis Mariae, nec non in consolatione piorum, allevigationem pauperum et directionem philosophantium, lapidem secretissimum priscorum..
expl. quia me tuam gratiam non abscondisti artisque secretissimae mysteria nisi revelasti, unde sit nomen tuum sanctum benedictum in sempiterna secula. Amen. Finis. Saccaram psitaco, foenum bovi.
Descripsi 1587 i.a.b.; imprimi curavi et in lucem dedi 1599
Ed. Greverus/Alanus no. 1, p. 5-46; *ThCh* III, p. 699-721.

163 [274v-275v, 19] Johannis Pontani summi philosophi *epistola in qua de Lapide quem philosophorum vocant agitur* (2,5 pag.)
inc. Ego Johannes Pontanus multas perlustravi regiones, ut certum quid de lapide philosophorum agnoscerem, et quasi totum mundum ambiens deceptores falsos inveni, et non philosophos
expl. Sed sciant quid inquirere debeant eo modo ad artis veritatem pervenient, et non aliter.Vale. Finis.

ThK 489. Ed. Penotus 1582; Greverus/Alanus no. 4, p. 73-76; *ThCh* III, 734-736.
Bloemlezing 19.

164 [275v] *Quatuor sunt ignes philosophorum.* Primus Aqua mercurii dissolvens et calcinans...(4 r.)
Ripley, *Liber duodecim portarum.* Ed. (deel) Penotus 1582; Barnaud 1599.

165 [275v] *De aquis mercurialibus tractatulus* B g L a portu perscrutare et tace. 9 r.
inc. Vera aqua mercurialis tribus materiis perficitur. Primo: mercurius vulgi in aquam reducitur.
expl. cui fermentum adjungitur ad lapidis compositione.
Auteur ws. Bernardus G. Penotus alias Londrada a Portu S. Mariae. Ed. Penotus 1582?

166 [276r] *Om Lutum sapientie te maecken.* Soo neempt in den eersten wit van eyeren soo veele alst u gelieft, ende dat suldy slaen ende cloppen tot dat het heel dunne wort als water # 33 r.

167 [276v] *Sigillum hermetis.* Neempt u gelas daer ghy yet in circuleeren oft digereeren wilt om syn crachten ende duechden te bewaren, ende doeget het derden deel vol met u materie, latende de twee deelen ydel # 20 r.

168 [276v] *Lutum sapientie.* Recipe tegularum optime tritarum libram unam, terrae figuli libras duas, calcis communis uncias sex vel septem # 6 r.

169 [276v] *Een ander lutement.* Neempt van de beste poteerde, asschen van beenen van viervoetighe dieren # 3 r.

170 [277r] *Een ander om te luteeren ende te sigilleeren.* Recipe lytargyrium, cleyn gestooten gelas # 3 r.

171 [277r] *Een ander om te sigilleeren.* Recipe goet geluwe solfer, terwen blomme ende een weynich levende calck # 3 r.

172 [277r] *Een sigillum hermetis.* Neempt borax ende cleyn gevreven gelas/ mengelet tsamen ende legget tusschen twee gelasen dye ghy te gaer hebben wilt # 6 r.
Bloemlezing 15b.

173 [277r] *Een ander om kolveren ende retorten te verluteeren.* Recipe gemeenen leem oft vanden beste poteerde, asschen gemaect van beenen van ossen ofte andere hooren beesten, # 6 r.

174 [277r] Een andere. Neempt wel gereynichde poteerde twee deelen, peertstront een deel, ende een weynich cooren meel ende vylsel van ysere # 8 r.
Bloemlezing 14b.

175 [277v] Aliud. Recipe vitri pulverisati litargirii ana partem unam, farine partem semis # 3 r.

176 [277v] Ad vitra fracta conjungenda. Recipe fragmenta vitri trita et in pulverem subtillissimum redacta # 4 r.

177 [277v] *Om gebroken gelasen.* Neempt gestremde case een once ongebluste geseefte calck een half once te samen gevreven op eenen steen # 5 r.

178 [277v] *Lutum sapientie.* Neempt ceruse 2 oncen, lytargyrium een once, gesifte hamerslach dry oncen # 8 r.

179 [277v] *Simplex Lutum sapientiae.* Ad hoc sufficit sumere argillam cum farina et albuminibus ovorum; possunt etiam addi pili corii vaccini vel bovis [vgl. 185] # 2 r.

180 [277v] *Een ander om te sigilleeren.*

Neempt een deel gestooten ende cleen gevreven gelas, twee deelen levende calck ende een deel terwen blomme # 8 r.

181 [278r] *Une cole qui ne se defaict ny a l'eau ny au feu.* Prens chaux vive mise en poudre et aultant de terre potiere secche mise pareillement en poudre # 9 r.

182 [278r] *Aultre lutiment.* Recipe gypsi, corticis ovorum, vitri pisti ana # 3 r.

183 [278r] Aliud. Recipe gummi draganthi agitetur cum albumine ovorum. # 1 r.

184 [278r] Een ander. Neempt een deel levende calck ende twee deel drooge goede potteerde # 5 r.

185 [278r] Aliud. Simplex lutum sapientie fit ex argilla et farina cum albuminibus ovorum; possunt addi pili a panno detonsi [vgl. 179] # 2 r.

186 [278r] *Glutem mirabile.* Recipe termentyn ende huysblas gelycke deel # 3 r.

187 [278r] *Aliud glutinum.* Recipe vernicem liquidam et misceas cum calce viva et cerusa # 3 r.

188 [278r] *Een lym tot gelasen.* Recipe den doeyer van een ey ende wat meel van gemalen boonen # 3 r.

189 [278v] *Bitumen de caseo* e libro antiquissimo. Recipe casei extracti de caseata desicca et in pulverem redige; huic frusta poculorum coloniensium tonde # 5 r.

190 [278v] *Om een cement tot gebroken gelasen, hout ende steen.* Neemt 1 ons sulphur ende was, ooc een once; spiegel harst twee oncen, gemeyn sout 10 so 12 greynen # 3 r.

191 [278v] *Een ander tot geborsten gelasen ende geschuert.* Neempt veneets gelas, menye, lynolye # 3 r.

192 [278v] E vetustissime codice. Lutum sapientie fit de bolo armenico, calce viva, glara ovorum et pulvere vitri equaliter commixtis. # 2 r.

193 [278v] *Lutum* e veteri codice. Recipe vitrum confusum vel pulverisatum # 2 r.

194 [279r] *Memoire* qu'en l'an 1584 le 13 Octob. je, Josse Balbian, fils de Jehan, fus denommé l'un des six reservéz hors l'apointement faict par ceulx de Gand (1 pag.)
Ed. (gedeeltelijk): Braekman 1986. Bloemlezing 20.

195 [279v] achterblad, enkele spreuken:

a Ab uno omnia ad unum
eo omnia ...[onleesbaar/ uitgeveegd?]
Unum sunt omnia per quod omnia
eo unde omnia

1588

b In opere nostro nihil intrat extranei neque in principio neque in medio neque in fine
c Fac mercurium per mercurium
d Ignis et azoch sufficiunt
e Solve congela [andere inkt]

Inhoud ***Jodoci Greveri Secretum et Dicta Alani***

Geraadpleegde exemplaren: Den Haag KB 1703 E 26; Antwerpen, MPM 10364; Leiden UB 2317 H 24.[1]
Tussen [ ]: nummers conform het voorafgaande inhoudsoverzicht van het handschrift.

Jodoci Greveri SECRETUM: et Alani Philosophi DICTA De Lapide Philosophico. Item alia nonnula eiusdem materiae, pleraque jam primum edita a JUSTO A Balbian [drukkersmerk]. Ex officina Plantiniana Apud CHRISTOPHORUM RAPHELENGIUM, Academiae Lugduno-Batava Typographum M D IC. Katernopbouw: A8-E8 F4 (5 x 16 plus 1 x 8= 88 pagina's). De laatste twee bladen zijn blanco.

schutblad; blanco

1 titelpagina (verso= p. 2 blanco)

3-4 Benevoli Lectori Justus a Balbian, Alostanus, salutem dicit.
inc. Quamquam non me lateat, amice lector, a plerisque huius temporis hominibus Chemicae artis libros, non secus quam olim sibyllinos, studiore adversari
Bloemlezing 21

5-46 Secretum nobilissimum et verissimum venerabilis viri Jodoci Greveri, Presbyteri.
inc. In honorem sanctae & individuae Trinitatis, & beatae matris Mariae semper virginis, nec non in consolationem piorum
expl. unde sit nomen tuum sanctum benedictum in sempiterna secula. Amen hierna, cursief: *Vir insipiens cognoscet, & stultus non intelligit hac. Saccharum psittaca, fanum bovi* [162]

47 titelblad Dicta Alani

48 Lectori benigno Justus a Balbian, Flander, salutem dicit.
inc. In Alani Dicta cum incidissem primum, cepi ea legere (ut par eram) attentius, idque sapius
Bloemlezing 22

49-63,7 Dicta Alani Philosophi de lapide philosophico; E Germanico idiomate
Latine reddita per Justum a Balbian Alostanum.
inc. Ad Deum, mi fili, & cor et mentem convertito quam ad artem magis
expl. His finem facientes, soli Deo & honorem & gloriam adscriptam volumus. [102]

63,8-72 Conclusio summaria ad intelligentiam Testamenti seu Codicilli Raymundi Lullii, & aliorum librorum ejus, nec non argenti vivi, in quo pendet intentio tota intentiva, qua aliter Repertorium Raymundi appellatur.
inc. Aqua vero nostra philosophica secreta tribus naturis componitur
expl. Cum igitur lapis sit ad album ut dixi fit.[100]

73-76 Joannis Pontani, summi Philosophi, epistola, in qua de lapide, quem Philosophorum vocant, agitur.
inc. Ego Joannes Pontanus multas perlustravi regiones
expl. eo modo ad artis veritatem perveniet, & non aliter, vale. [163]

[1] Zie voor andere exemplaren Valkema Blouw 1998, I, no. 2167.

77 Ignoti
Est quaedam ars nobilis, dicta Alchimia [52]

77-8 Alterius
Alchemia extat ars creabunda [53]

78-79 Alterius antiquissimi
Si felicitari desideras, ut benedictionem Philosophorum obtineas [54]

79, 12- 82, 18 Alterius
Ad bonam pastam utere aqua atque farina [51]

82, 19-86, 14 Alterius
Est lapis occultus, secreto fonte sepultus [41] (nb in hs. 130 vss, hier 120!)

86, 15-86 Alterius
Solvere qui nescit vel subtiliare metallum [13 vs.; niet in hs. Zie supra, p. 92[3]]

Herdrukken (zonder de titel en zonder het voorwoord bij Greverus) in:

Theatrum Chemicum III, Ursellis 1602.
Theatrum Chemicum III, Straatbrurg 1613, p. 735-784 [ex. Utrecht UB]
Theatrum Chemicum III, Straatsburg 1559, p. 699-743 [reprint]

Inhoud *Tractatus Septem*

Geraadpleegde exemplaren: Amsterdam, Bibliotheca Philosophica Hermetica (niet in Valkema Blouw); Den Haag KB 1702 E 21.[2]

TRACTATUS SEPTEM DE LAPIDE PHILOSOPHICO, E vetustissimo codice desumti, ab infinitis repurgati, & in lucem dati A JUSTO A BALBIAN, FLANDRO ALOSTANO PHILOCHYMO. [drukkersmerk]. Ex officina Plantiniana Apud CHRISTOPHORUM RAPHELENGIVM, Academiae Lugduno-Bat. Typographum
M D I C. (A8-F8, 6 x 16 = 96 pagina's)

3-6 Illustrissimo ac generoso domino D. Aegidio Borluyt, Equiti Flandro, Justus a Balbian Flander S. D.
inc. Quantum fecerint veteres illi Philosophi, nec non Reges & Principes chymie scientiam, domine illustrissime, & quo apud ipsos habita sit in pretio, liquidò testantur ipsorum monumenta literis commmendata
Bloemlezing 23.

7-8 Hermeticae philosophiae studioso Justus a Balbian Flander, Alostanus, Philochymus S. D.
inc. Consideranti mihi, benigne Lector, non minorem fere eos meriri laudem, qui veterum lubricationes è latebris in lucem protrahunt, quam eos qui ipsi novi aliquid operis moliuntur ac emittunt
Bloemlezing 24.

9-14 Tractatus primus Rosarii abbreviati, E manuscripto vetustissimo
inc. Adverte, charissime, quod quae sequuntur verissima sunt intelligentibus
expl. & qui habet oculos videndi videat lapidem in septem propositionibus notum, & laudet Deum. Explicit Rosarium abbreviatum ignoti. [22]

15-18 Tractatus secundus De lapide philosophico, incogniti authoris

[2] Zie voor andere exemplaren Valkema Blouw 1998, I, no. 4941.

inc. Sciant artifices Alchemiae, species metallorum vere permutari non posse
expl. & mundi altioribus, quia qui habet ipsum indeficientem habet thesaurum. [30]

19-25 Tractatus tertius De minera philosophica. Ignoti auctoris.
inc. Est lapis unus, medicina una, in quo totum magisterium artis Alchemiae consistit
expl. & sic habebis Solem vel Lunam quantum volueris ipse, meliorem quam extractum de minera. [31]

26-32 Tractatus quartus qui dicitur Compendium utile ad credendum meditationum experimentum
inc. Testificatur ad credendum meditationum experimentum
expl. Deo altissimo soli sint laudes & gratiae perpetuae & perennes. [32]

33-93 Tractatus quintus qui dicitur Rosarium Philosophorum ex compilatione omnium philosophorum Librorum Per Toletanum Philosophum Maximum.
inc. Desiderabile desiderium impretiabile pretium, à cunctis Philosophis positum
expl. In hoc completur secretum secretorum naturae maximum, quod est super omne hujus mundi pretiosum pretiotissimum [36].

94-95 Tractatus sextus cui titulus Parvus tractatus de Mercurio Philosophico
inc. Scias quod Mercurius philosophorum de duobus plumbis, facit magnas operationes
expl. & similiter in corpore humano de quo non est dubium. [25]

96 Tractatus septimus Brevis sed non levis De Lapide Philosophico
inc. Revolvi lapidem, & sedebam super ipsum.
expl. Non videat faciem Dei qui potenti vel fatuo istud revelaverit. Finis brevis Tractatus & ultimi. [27]

Koptekst: Rosarii abbreviati.

Herdrukken (zonder de titel en zonder de opdracht aan Gillis Borluyt) in:
Theatrum Chemicum III, Ursellis 1602.
Theatrum Chemicum III, Straatburg 1613, p. 678-734 [ex. Utrecht UB].
Theatrum Chemicum III, Straatsburg 1559, p. 649-698 [reprint].

Registers op het handschrift en de drukken

Register van personen

genoemd in het handschrift, de drukken en het inhoudsoverzicht
Folionummers verwijzen naar het handschrift, GA en TS gevolgd door een paginanummer naar de drukken. De tekstnummers tussen [ ] verwijzen naar het inhoudsoverzicht.

Register van titels en opschriften

Recepten zijn met een # aangegeven.
Een eventuele variant uit een explicit is ook opgenomen.
Titels en opschriften van gedichten zijn *cursief.*

Register van incipits

Ook incipits van hoofdtekst na een proloog en van afzonderlijke onderdelen van verzamelteksten zijn opgenomen. De nummers tussen vierkante haakjes verwijzen naar het voorafgaande inhoudsoverzicht.
Aanduidingen: **Hs** is Handschrift; **GA** is druk 1 (Greverus/Alanus); **TS** is druk 2 (*Tractatus septem*)
Incipits van rijmteksten zijn *cursief.*
Spreuken en nota's (van 1 of 2 regels) zijn aangegeven met een $ na het incipit
Recepten worden aangegeven met een # na het incipit

Aengesien dat in veele dinghen ende in de verbeteringhe van allerande dingen Hs 190r [94]
Alchemia extat ars creabunda GA 77
Alchimia extat ars creabunda Hs 157v [53]
Al ding sthehen nur in dreyen Hs 163r [58]
A. Nota quod terra est creata Hs 34r [13c]
Aqua vero nostra philosophica secreta tribus naturis componitur et est aqua minerae consimilis Hs 231v [100]
Aqua vero nostra Philosophica secreta tribus naturis componitur, et est aqua minerae consimilis GA 63
Ardua per durum gloria vadit iter:- Difficilia/ que pulchra $ Hs 2r [2d]
Argentum vivum non habetur nisi ex corporibus liquefactis Hs 234r [101c]
Audite atque animis mea dicta recondita vestris Hs 153r [47]
Aurum nimio colore tinctum per aliquot dies urine inmerge # Hs 246v [140]
Azoth en is niet den gemeynen mercurius dye daer slecht uyt dye mineren der eerden getrocken wort Hs 220r [98g]

Bufonem iniice in aquam calefactam in cacabo, et ex calori os aperietur # Hs 247v [148]

Coagulatur vel fixatur mercurius in pulverem # Hs 247r [143]
Cogitur exire spiritus de corpore Jovis Hs 152v [45]
Cogitur exire spiritus de corpore Jovis Hs 187v [91]
Consideranti mihi, benigne lector, non minorem fere eos mereri TS 7
Constituit Deus omnia in numero et mensura $ Hs 2r [2e]
Cum animadverterem quamplurimos chimistas non leviter recutire a via naturae Hs 36r [14]

De masculo et femina fit circulus rotundus et ex illo circulo extrahe quadrangulus Hs 234r [101b]
De masculo et femina sit circulus rotundus et ex illo circulo extrahe quadrangulum Hs 212v [96b]
Den berch van sol Hs 34r [13b]
Desiderabile desiderium, inpretiabile pretium, a cunctis philosophis positum Hs 118r [36]
Desiderabile desiderium impretiabile pretium, à cunctis Philosophis positum TS 33
Dieu la nature et l'art triple ouvrier conduict Hs 179v [73]
Die vruchten die onsen boom draecht syn Son en maen Hs 173r [65]
Dit is de warachtighe doncker figure Hs 34r [13c]
Dit is om te maecken den lapis philosophorum ofte den steen der wysen Hs 206r [95]

Een edel conste heeft Godt gelaten Hs 169r [61]
Ego dictus Hortulanus ab hortis maritimis nuncupatus pelle Jacobina involutus Hs 250v [159b]
Ego Joannes Pontanus multas perlustravi regiones GA 73
Ego Johannes Pontanus multas perlustravi regiones Hs 274v [163]
Eine getreuwe lher wil ich dir geben Hs 22v [11]

Neempt een deel gestooten ende cleen gevreven gelas, twee deelen levende calck # Hs 277v [180]

Neempt een deel levende calck ende twee deel drooge goede potteerde # Hs 278r [184]

Neempt een deel salpeters ende een deel aluyns vryfse tsamen # Hs 243r [119]

Neem*pt* eenen groten wyen eerden destilleer pot met eenen grooten buyck Hs 219r [98d]

Neempt een goet aqua fortis ende ghietet in een gelas met eenen langhen hals # Hs 243v

Neempt een half once spaens groen ende een once wit coperroot # Hs 243r [120]

Neempt een loot copers, een loot lapis calaminaris ende een half loot tutia # Hs 244v [117]

Neempt een once gestampte tichchelen ende gelycke vele gemeyn gebrant saut # Hs 242v [129]

Neempt een once sterck waters ende doet daer in van dye cleyne spaensche halve realen # Hs 244r [124]

Neempt een once sulphur ende was ooc een once, spiegel harst twee oncen, gemeyn sout # Hs 278v [190]

Neempt een pont mercurii rite purgati doet in een cleen gelasen destilleer vat # Hs 186v [86]

Neempt een pont tartarum een pont arsenicum ende een pont gemeyn sout # Hs 245r [131]

Neempt een seer subtyl ende suyver vylsel van ysere ende doet dat in eenen seer stercken smelt croes # Hs 242 [110]

Neem*pt* een vierendeel mercurii dye gesublimeert ende fix is ende gelycke veele wit coperoot Hs 229v [99d]

Neempt gestremde case een once, ongebluste geseefte calck een half once # Hs 277v [177]

Neempt gesublymeert quicsilver dat vyf mael gesublymeert is met sout ende vitriolum # Hs 186v [85]

Neem*pt* gesuyverden mercurium ende doet hem in eenen houtenen mortier Hs 218v [98b]

Neem*pt* gout, silver, loot oft ten of welck metael ghy wilt, ende maecter een amalgama af Hs 222r [98k]

Neempt in den name Godes een deel des fynsten gouts dat ghy becommen cont # Hs 247v [149]

Neem*pt* Lunam wel gefyneert ende cleyn gevylt ofte dunne geslaghen ende cleyn gesneden # Hs 246r [137]

Neempt mercurium ende sublimeer hem met calchatum oft vitriolum Hs 219v [98[e]]

Neempt mercurium ofte quicsilver eerst wel gevreven met saut ende wijnasyn # Hs 185r [80]

Neem*pt* mercurium soo veele als ghy wilt ende amalganeert hem met gelycke veel fyn enghels ten Hs 219v [98f]

Neempt rauwen mercurium ende doet hem in eenen smelt croes # Hs 244v [128]

Neempt sal armoniack, pulveriseeret ende vermengelet met ongebluste calck # Hs 244v [127]

Neempt sal armoniack, wit coperroot, salpeter ende spaensch groen # Hs 245r [130]

Bibliografie

Handschriften

Album Amicorum Abrahami Lussii Dordraceni (1587-1601), Archief Kasteel Twickel, Delden.
Den Haag KB 133 M 28. Convoluut; I, f. 1r-49v: *Den Roosegaerd der Philosophen* door Tholetanus den aldermeesten philosooph (anno 1592); II, F1- 96 ff. Alchemistische bloemlezing, 17e eeuw, bijgebonden in 1673.
Den Haag Centraal Bureau voor de Genealogie, Familie-aantekeningen van Jan Balbian, Anthonie Jansz. Balbian, Abraham Anthonisz. Balbian en de echtgenoot van Jaqueline Abrahamsdr. Balbian, handschrift, zeventiende eeuw, Familiearchief Verster Doos 7.
Leiden UB Voss. Chym. F. 19.
Leiden UB Voss. Chym. Q. 13.
Leiden UB Voss. Chym. Q. 54.
Leiden UB Voss. Chym. O. 5.
Leiden UB Voss. Chym. O. 8.
Londen BL Ms. Sloane 1255.
Londen Wellcome Institute Ms. 233.
Londen Wellcome Institute Ms. 359.
Memorieboek van Anthonie Balbian en zijn nazaten, handschrift, ca. 1570- ca. 1780, privé-collectie Hartman, Rotterdam.

Drukken voor 1800
Inclusief reprints

Andreas 1643 — Valerius Andreas, *Bibliotheca Belgica*. Zegers, Leuven, 1643. Ex.: Antwerpen, Bibliotheek Ruusbroecgenootschap, RG 9 E 4.

Andriessen 1581a — [Simon Andriessen], *Een schoon tractaet van sommighe werckingen der alchemistische dinghen* [...]. Reess, Derick Wijlicks van Santen, 1581. Ex.: Leiden UB, Mij. 1202 H 24 dl. 2.

Andriessen 1581b — [Simon Andriessen], *Const Bouck. Nyelick uuten Alchemistischen gront vergadert* [...]. Reess, Derick Wijlicks van Santen, 1581. Ex.: Leiden UB, Mij. 1202 H 24 dl. 3.

Andriessen 1600 — [Simon Andriessen], *Een schoon tractaet van sommighe werckingen der alchemistische dinghen* [...]. Amsterdam, Cornelis Claesz., 1600. Ex.: Amsterdam UB, 975 E 21.

Auriferae artis 1572 — *Auriferae artis, quam chemiam vocant antiquissimi authores*. Basileae, Petr. Perna, 1572. Ex.: Antwerpen, Stadsbibliotheek, G 5256.

Balbian 1599a — *Jodoci Greveri Secretum: et Alani Philosophi Dicta de Lapide Philosophico*. Item alia nonnula eiusdem materiae, pleraque jam primum edita a Justo a Balbian. Leiden, Christophorus Raphelengius, 1599. Ex. gezien: Den Haag KB 1703 E 26, Antwerpen MPM 10364., Leiden UB 2317 H 24.

Balbian 1599b — *Tractatus septem de lapide philosophico.* E vetustissimo codice desumti, ab infinitis repurgati, & in lucem dati a Justo a Balbian. Leiden, Christophorus Raphelengius, 1599. Ex. gezien: Amsterdam BPH, z. sign.; Den Haag KB 1702 E 21.

Borellius 1654 — Petrus Borellius, *Bibliotheca Chimica, seu, Catalogus librorum philosophicorum hermeticorum.* Heidelberg, 1656. Reprint Hildesheim 1969.

Chalmot 1798 — Jacques A. de Chalmot, *Biographisch woordenboek der Nederlanden.* Amsterdam, 1798.

Eloy 1778 — N. Eloy, *Dictionnaire historique de la Médécine.* Mons, 1778.

Fioravanti 1564 — Leonardo Fioravanti, *Del compendi dei secreti rationali.* Venecia, Vincenzo Valgrif, 1564. Ex.: Londen, BL, C.108.5.10.

Foppens 1739 — Jean François Foppens, *Bibliotheca Belgica, sive virorum in Belgio vita.* 2 delen. Bruxelles, 1739.

Hollandus 1695 — Johannis Isaci Hollandi *Opus Vegetabile.* Worin er den treuhertzigen Filiis doctrinae getreu wahrhaffter massen umbständlichen Unterricht gibt [...]. (vert.) vom Sohn Sendivogii genannt J.F.H.S. 2e dr. Amsterdam, Johann Caspar Meier, 1695. Ex.: Amsterdam, Bibliotheca Philosophica Hermetica.

Jöcher 1750 — Christian G. Jöcher, *Allgemeines Gelehrtenlexikon.* Bd. I. Leipzig, 175. Reprint Hildesheim, 1961.

Lenglet Dufresnoy 1742 — [Nicolas] Lenglet Dufresnoy, *Histoire de la Philosophie hermétique.* 3 delen. Paris, Coustelier, 1742. Reprint Hildesheim, 1975.

Manget 1702 — Jacques Manget. *Bibliotheca chemica curiosa, seu rerum ad alchemiam pertinentium thesaurus instructissimus: quo non tantum Artis Auriferæ, ac scriptorum in ea nobiliorum historia traditur; lapidis veritas argumentis & experimentis innumeri* [...]. Chouet, Geneva, 1702. 2 volumes. Ex.: Antwerpen, Stadsbibliotheek, G 5252.

Paquot 1766 — Jean N. Paquot, *Mémoires pour servir à l'histoire littéraire des dix-sept provinces des Pays-Bas, de la principauté de Liege et de quelques contrées voisines.* Louvain, 1766.

Pernety 1758 — Dom Antoine-Joseph Pernety, *Dictionnaire Mytho-Hermétique, dans lequel on trouve les Allégories Fabuleuses des poetes, les Métaphores, les Énigmes et les Termes barbares des Philosophes Hermétiques expliqués.* Paris, Baucher, 1758. Reprint Milano, 1980.

(pseudo-)Paracelsus 1577 — *Aurora thesaurusque philosophorum Theophrasti Paracelsi. Accessit Monarchia physica* [...] in defensionem paracelsicorum principiorum par Gerardum Dorneum. Basel, 1577. Ex.: Parijs, BNF; electronisch gereproduceerd op http://gallica.bnf.fr/

Richardus Anglicus 1581 — *Correctorium alchymiae Richardi Anglici. Das ist reformierte Alchimy, oder Alchimeibesserung, und Straffung der Alchimistischen Mispräuch* (...). Strassburg, Bernart Jobin, 1581. Ex.: Amsterdam, Bibliotheca Philosophica Hermetica.

Ritterkrieg 1595 *Ritter-Krieg, das ist ein Philosophisch gedicht,* in Form eines Gerichtlichen Process, wie zwey Metallen, nemlich, Sol und Mars [...]. Lenger denn vor 100 Jaren durch einen denckwirdigen Herrn, Joannen Sternhals damals Catholischen Priester des bischofflichen Stiffs Bamberg, als einen waren Chymic. und Philos. Laut seiner eigener Vorrede, gestellet Durch, Johan. Schaubert, der K. Reichsstadt Northausen verordenten Organisten. Erffordt: gedruckt durch Marti Wittel, 1595. Ex. Londen, BL.

Roth-Scholtz 1727 Friedrich Roth-Scholtz, *Bibliotheca Chemica,* Nürnberg, 1727. Reprint Hildesheim, 1971.

Spondanus 1606 HOMERI *quae exstant opera omnia [...] cum latina versione [...]* Johanni Spondani Mauleonensis commentariis [...] 2e ed. Basel: Sebastianus Heinricpetri, 1606. Ex.: Utrecht UB.

Sweertius 1628 F. Sweertius, *Athenae Belgicae, sive nomenclator infer. Germaniae scriptorum.* Antverpiae, apud Gulielmum a Tungris, 1628. Ex.: Antwerpen, Stadsbibliotheek, A 83.

Theatrum Chemicum *Theatrum Chemicum, praecipuos selectorum auctorum tractatus de chemiae et lapidis philosophici antiquitate* [...]. 6 delen. Derde, vermeerderde druk. Straatsburg, Erven Eberhard Zetzner, 1659-1661. Reprint Torino, 1981.

Timaretes 1684 Phileleutherus Timaretes [ps. Van Theodorus Janssonius ab Almeloveen], *Collectio monumentorum rerumque...* Amsterdam, 1684.

Transformation 1561 *De la transformation metallique, trois anciens tractez en rithme Françoise*; Ascavoir, *La fontaine des amoureux de science*: autheur J.de la Fontaine. *Les remonstrances de Nature à l'alchymiste errant,* par J. de Meung. *Le sommaire philosophique* de N. Flamel. Paris, Guillaume Guillard et Amaury Warancore, 1561. Ex.: Amsterdam, Bibliotheca Philosophica Hermetica.

Uhr-alter Ritter-Krieg 1680 *Uhr-alter Ritter-Krieg/ Das ist/ Ein Alchemistisch Gespräch unsers Steins/ Des Goldes/ und des Mercurii* [...]. S. Johannis Kirchen, Georg Wolff, 1680. Ex.: Amsterdam, Bibliotheca Philosophica Hermetica.

De Vadis 1595 *Dialogus inter Naturam et filium philosophiae. Accedunt abditarum verum Chemicarum Tractatus varii scitu dignissimi* ut versa pagina indicabit. Autore & collectore Bernardo G. Penoto a Portu S. Mariae Aquittano, Ex.: UB Leiden 487 E 3 (convoluut met Vogelius 1595).

Ventura 1571 Laurentius Ventura, De ratione conficiendi lapidis philosophorum liber unus. *Hic accesserunt eiusdem argumenti J.Garlandi angli liber unus. Et ex speculo magni Vincentii libri duo.* Basel, Perna, 1571. Ex.: Londen, BL, 1033.G.5.

Vogelius 1595 Ewaldus Vogelius Belga, *De lapidis physici conditionibus liber.* Quo duorum abditissimorum auctorum Gebri et Raimundi Lullii methodica continetur explicatio. Coloniae Agrippinae, apud Henricum Falckenburg, 1595. Ex.: UB Leiden 487 E 3 (convoluut met De Vadis 1595).

Literatuur verschenen na 1800

Van der Aa 1853 Abraham J. van der Aa, *Biographisch woordenboek der Nederlanden.* Deel 2. Haarlem, 1853.

Abels 1989 Abels, P.H.A.M. 'Van Vlaamse broeders, slijkgeuzen en predestinateurs. De dolerende gemeente van Gouda 1615-1619.' In: P.H.A.M. Abels, N.D.B. Habermehl en A.P.F. Wouters, *In en om de Sint-Jan.* Oudheidkundige kring 'Die Goude', Een-en-twintigste verzameling bijdragen. Delft, 1989, p. 75-90.

Bachmann en Hofmeier 1999 Manuel Bachmann en Thomas Hofmeier, *Geheimnisse der Alchemie.* Basel, 1999.

Barke 1991 Jörg Barke, *Die Sprache der Chymie. Am Beispiel von vier Drucken aus der Zeit zwischen 1574-1781.* Tübingen, 1991.

Berthelot 1963 M. Berthelot en Ch.E. Ruelle, *Collection des anciens alchimistes grecs,* vol. I. Londen, 1963 [reprint van ed.-1893].

Bierens de Haan 1883 David Bierens de Haan, *Bibliographie néerlandaise historique-scientifique.* Rome, 1883.

Biermans e.a. 1992 A.J. Biermans, M.J. van Lieburg en D.A. Wittop Koning, *Biografische index van Nederlandse apothekers tot 1867.* Rotterdam, 1992.

Bik 1955 J.G.W.F. Bik., *Vijf eeuwen medisch leven in de stede van der Goude.* Oudheidkundige kring "Die Goude", Achtste verzameling bijdragen. Gouda, 1955.

Birkhan 1992 Helmut J.R. Birkhan, 'Arthurian tradition and alchemy.' In: C. De Backer (ed.), *Cultuurhistorische caleidoscoop aangeboden aan W.L. Braekman.* Gent, 1992, p. 61-89.

Blommaert z.j. Ph. Blommaert (ed.), *Politieke balladen, refereinen, liederen en spotdichten der XVIe eeuw.* Gent, z.j.

Boeren 1975 P.C. Boeren, *Codices Vossiani Chymici.* Décrits par -. Leiden, 1975.

Boese 1973 *Thomas Cantimpratensis Liber de Natura Rerum.* Editio princeps secundum codices manuscriptos. Berlin etc., 1973.

Bostoen 1987 K. Bostoen, *Dichterschap en koopmanschap in de zestiende eeuw. Omtrent de dichters Guillaume de Poetoe en Jan vander Noot.* Deventer, 1987.

Braekman 1986 Braekman W.L. 'Joos Balbiaen, dokter, alchemist en legerkapitein tijdens de Gentse calvinistische republiek (1576-84).' In: *HMGOG* XL (1986), p. 85-95.

Van den Broek en Quispel 1996 *Corpus Hermeticum.* Ingeleid, vertaald en toegelicht door R. van den Broek & G. Quispel. Amsterdam, 1996.

Van Bruaene 1998 Anne-Laure van Bruaene, *De Gentse memorieboeken als spiegel van stedelijk historisch bewustzijn (14de tot 16de eeuw).* *VMGOG* XXII. Gent, 1998.

Brunt 1993 A.J. Brunt, *Inventaris van het huisarchief Twickel* 1133-1975. 7 delen. Zwolle/Delden, 1993.

Buntz 1968 Herwig Buntz, *Deutsche alchimistische Tractate des 15. und 16. Jahrhunderts.* Inaugural-Dissertation Ludwig-Maximilians-Universität zu München. München, 1968.

Chomarat 1996 Jacques Chomarat (ed.), Palingène (Pier Angelo Manzolli dit Marzello Palingenio Stellato), *Le Zodiaque de la Vie (Zodiacus Vitae*; texte latin établi, traduit et annoté par —, suivi d'appendices et d'index.) Genève, 1996.

Corbett 1939 James Corbett, *Catalogue des manuscrits alchimiques latins. I. Manuscrits des bibliothèques publiques de Paris antérieurs au XVIIe siècle.* Bruxelles, 1939.

Corpus Hermeticum, zie: Van den Broek en Quispel 1996.

Coudert 1984 Allison Coudert, *Alchemie; De steen der wijzen.* Vertaald door H.K. Engelemoer. Deventer, 1984.

Decavele 1984 J. Decavele (red.), *Het eind van een rebelse droom.* Opstellen over het calvinistisch bewind te Gent (1577-1584) en de terugkeer van de stad onder de gehoorzaamheid van de koning van Spanje (17 september 1584). Gent, 1984.

Delvenne 1829 Mathieu Delvenne, *Biographie du Royaume des Pays-Bas.* Vol. 1. Liège, 1829.

Desprets 1963 A. Desprets, 'De instauratie der Gentse Calvinistische Republiek (1577-1579).' In: *HMGOG* NR dl. 17 (1963), p. 119-229.

Dewalque 1866 *Biographie nationale.* Académie Royale des Sciences, des Lettres et des Beaux-Arts de Belgique. T. I. Bruxelles, 1866, k. 656.

Van Dolder-de Wit 1993 H. van Dolder-de Wit, *De St.-Janskerk te Gouda; Mensen en monumenten in een oude stadskerk.* Gouda, Fonds Goudse Glazen, 1993.

Van Doren 1866 P.J. van Doren, *Invenaire des archives de la ville de Malines* T. I. Mechelen, 1866.

Duveen 1949 *Bibliotheca alchemica et chemica. An Annotated Catalogue of Printed Books on Alchemy, Chemistry and Cognate Subjects in the Library of Denis I. Duveen.* London 1949.

Elaut 1952 Leo Elaut, 'Een vijfde Aalsterse geneeskundige in het buitenland: Justus Balbianus.' In: *Het land van Aalst* IV (1952), p. 20-21.

Ferguson 1906 John Ferguson, *Bibliotheca Chemica*: A catalogue of the alchemical, chemical and pharmaceutical books in the collection of the late James Young of Kelly and Durris. 2 Vols. Glasgow, 1906.

De Flou en Gailliard 1895 Karel de Flou en Edw. Gailliard, *Beschrijving van de Middelnederlandsche handschriften die in Engeland bewaard worden.* Gent, 1895.

Foerstermann 1841 C. Foerstermann, *Album Academiae Vitebergensis*, I. Leipzig, 1841.

Fraeters 1999 Veerle Fraeters, *Gods gouden thesaurus. Het Middelnederlandse handschrift Wenen, ÖNB, 2372 in de alchemistische traditie.* Leuven, 1999.

Fraeters 2001 Veerle Fraeters, '"Een uytlegginghe van den boom mercurii". Onderzoek naar de betekenis en de herkomst van de *arbor mercurialis* aan de hand van een Middelnederlandse rijmtekst.' In: Barbara Baert en Veerle Fraeters (red.), *Aan de vruchten kent men de boom. De boom in tekst en beeld in de middeleeuwse Nederlanden.* Leuven, 2001, p. 67-95.

Van Gijsen 1993 — Annelies van Gijsen, '17 juni 1514: Thomas van der Noot ubliceert Tscep vol wonders. De drukker-uitgever als verspreider van artes-teksten.' In: M.A. Schenkeveld-van der Dussen (red.), *Nederlandse literatuur, een geschiedenis.* Groningen, 1993, p. 131-136.

Van Gijsen en Stuip 2004 — Annelies van Gijsen en René Stuip, 'Aelia; entre parthénogenèse et croisement.' In: A. Vanneste e.a., *Mémoire en temps advenir. Hommage à Theo Venckeleer.* Leuven, 2004, p. 323-337.

Goris 1925 — J.-A. Goris, *Étude sur les colonies marchandes méridionales (portugais, espagnols, italiens) à Anvers de 1488 à 1567.* Louvain, 1925.

Grant 1974 — E. Grant, *A Source Book in Medieval Science.* Cambridge, Mass., 1974.

Greilsammer 1989 — Myriam Greilsammer, *Een pand voor het paradijs; Leven en zelfbeeld van Lowys Pourquin, Piëmontees zakenman in de zestiende-eeuwse Nederlanden.* Vert. d. Ph. De Gryse. Tielt, 1989.

Grendel 1957 — E. Grendel, *De ontwikkeling van de artsenijbereidkunde in Gouda.* Oudheidkundige kring "Die Goude". Negende verzameling bijdragen. Gouda, 1957.

De Halewijn 1865 — Halewijn, F. de, *Mémoires sur les troubles de Gand (1577-1579).* Ed. Ph. Kervyn de Volkaersbeke, Brussel etc., 1865.

Halleux 1979 — R. Halleux, *Les textes alchimiques.* Typologie des sources du moyen âge occidental 32. Turnhout, 1979.

Hamilton 1980 — A. Hamilton, 'Paulus de Kempenaer, «non moindre philosophe que trèsbon ecrivain»'. In: *Quaerendo* 10 (1980), p. 293-335.

Hoefer 1852-1866 — [Johann Christian] Ferdinand Hoefer, *Nouvelle Biographie Universelle.* 46 delen. Parijs, 1852-1866.

Huizenga 1997 — Erwin Huizenga, *Een nuttelike praetijke van cirurgien. Geneeskunde en astrologie in het Middelnederlandse handschrift Wenen, ÖBN, 2818.* Hilversum, 1997

Jansen-Sieben 1989 — Ria Jansen-Sieben, *Repertorium van de Middelnederlandse artes-literatuur.* Utrecht, 1989.

Jansen-Sieben 1996 — Ria Jansen-Sieben, 'Iets over Artes in verzamelhandschriften.' In: Sonnemans 1996, p. 79-89.

Janssen 1989 — F.A. Janssen, 'Dutch translations of the Corpus Hermeticum'. In: T. Croiset van Uchelen, K. van der Horst en G. Schilder (ed.), *Theatrum Orbis Librorum; Liber Amicorum presented to Nico Israel,* Utrecht, 1989, p. 230-241.

De Jong 1965 — H.M.E. de Jong, *Michael Maiers's Atalanta Fugiens; Bronnen van een alchemistisch emblemenboek.* Utrecht, 1965.

Jourdan 1820 — A.L.J. Jourdan, *Dictionnaire des sciences médicales. Biographie Médicale* 1. Paris, 1820.

Jung 1989 — C.G. Jung, *Mysterium Coniunctionis; An inquiry into the separation and synthesis of psychic oppositers in alchemy.* Transl. R.F.C. Hull. 2nd ed., Princeton N.K., 1989.

Kahn 1994 — Didier Kahn, 'Le debut de Gerard Dorn d'apres le manuscrit autographe de sa *Clavis totius Philosophiae Chymisticae* (1565).' In: J. Telle (ed.), *Analecta Paracelsica.* Stuttgart, 1994, pp. 59-126.

Kahn 1995 — 'Les manuscrits originaux des alchimistes de Flers.' In: Kahn en Matton 1995, p. 347-427.

Kahn en Matton 1995 — Didier Kahn en Sylvain Matton (red.), *Alchimie: art, histoire et mythes*: actes du 1er Colloque de la Société d'étude de l'histoire de l'alchimie (Paris, Collège de France, 14-15-16 mars 1991). Paris, 1995.

Kienhorst 1996 — H. Kienhorst, 'Middelnederlandse verzamelhandschriften als codicologisch object.' In: Sonnemans 1996, p. 39-60.

Kobus 1854 — Jan C. Kobus, *Beknopt biographisch woordenboek van Nederland.* D. 1. Zutphen, 1854.

Koppenol 1998 — Johan Koppenol, *Leids heelal. Het Loterijspel van Jan van Hout.* Hilversum, 1998.

Liedekerke 1969 — Raoul de Liedekerke, *La Maison de Gavre et de Liedekerke; Lignée des Rasse.* Brussel, 1969.

Von Lippmann 1919 — Edmund O. von Lippmann, *Entstehung und Ausbreitung der Alchemie.* Mit einem Anhange: zur älteren Geschichte der Metalle. Berlin, 1919.

Margolin en Matton 1993 — Jean-Claude Margolin en Sylvain Matton, (ed.) *Alchimie et Philosophie à la Renaissance.* Paris, 1993.

Marnef 1987 — Guido Marnef, 'Brabants calvinisme in opmars: de weg naar de Calvinistische Republieken te Antwerpen, Brussel en Mechelen, 1577-1580.' In: *Religieuze stromingen te Antwerpen voor en na 1585.* Wetenschappelijk colloquium, Antwerpen 30 november 1985. *Bijdragen tot de geschiedenis* 70 (1987), p. 7-21.

Von Martels 1990 — Z.R.W.H. von Martels (ed.), *Alchemy revisited.* Proceedings of the International Conference on the history of alchemy at the University of Groningen 17-19 April 1989. Leiden, 1990.

Matton 1993 — Sylvain Matton, 'Marsile Ficin et l'alchimie; sa position, son influence.' In: Margolin & Matton 1993, p. 123-192.

Meinel 1986 — Ch. Meinel (ed.), *Die Alchemie in der europäischen Kultur- und Wissenschaftsgeschichte. Vorträge gehalten anlässlich des 16. Wolfenbütteler Symposiums vom 2. bis 5. April 1984 in der Herzog August Bibliothek.* Wiesbaden, 1986.

Méon 1814 — M. Méon (ed.), *Le Roman de la Rose par Guillaume de Lorris et Jean de Meung.* Nouvelle édition, revue et corrigée sur les meilleurs et plus anciens manuscrits. 4 delen. Paris, 1814.

Moorat 1963 — S.A.J. Moorat, *Catalogue of Western Manuscripts on Medicine and Science in the Wellcome Historical Medical Library I. Manuscripts written before 1650 A.D.* London, 1963.

Muller 1913 S. Muller Fz., *Catalogussen van de bij het stadsarchief bewaarde archieven*. Eerste afdeling. Utrecht, 1913.

Muylwijk 1934 P.D. Muylwijk, 'Waarom dokter Balbian tweemaal begraven en waarom zijn dochter met oogenblikkelijke verbanning bedreigd werd.' In: *Oudheidkundige kring "Die Goude." Eerste verzameling bijdragen*. Gouda, 1934, p. 64-66.

Nederlands Patriciaat 1978-79 'Verster, De Balbian Verster, Verster de Balbian.' In: *Nederlands Patriciaat* 64 (1978-79), p. 309-379.

Newman 1991 W.R. Newman, *The 'Summa perfectionis' of Pseudo-Geber*. A critical edition, translation and study. Leiden, 1991.

Newman 1993 W.R. Newman, 'L'influence de la *Summa Perfectionis* du Pseudo-Geber.' In: Margolin & Matton 1993, p. 64-77.

North 1986 J.D. North, *Horoscopes and history*. London, 1986.

Palingenius, zie: Chomarat 1996.

De Pater 1917 C.H. de Pater, *De Raad van State nevens Matthias*. 's Hage, 1917

Partington 1961 J.R. Partington, *A History of Chemistry*. 2 vols. London/New York, 1961.

Pereira 1993 Michela Pereira, 'Un tesoro inestimabile: Elixir e « prolungatio vitae » nell' alchimia del ' 300', in: *Micrologus* 1 (1993), p. 161-187.

Perifano 1988 Alfredo Perifano, 'Deux sonnets alchimiques attribués a frère Élie de Cortone.' In: *Chrysopoeia* II (1988), p. 385-390.

Pauwels de Vis 1843 Jean Pauwels de Vis, *Dictionnaire biographique des Belges*. Bruxelles, 1843.

Piron 1860 Constant F. Piron, *Algemeene levensbeschryving der mannen en vrouwen van België*. Mechelen, 1860.

Priesner en Figala 1998 C. Priesner und Karin Figala, *Alchemie. Lexikon einer hermetischen Wissenschaft*. München, 1998.

Putscher 1986 Marielene Putscher, 'Das Buch der heiligen Dreifaltigkeit und seine Bilder in Handschriften des 15. Jahrhunderts.' In: Meinel 1986, p. 151-178.

De Ridder-Symoens 1986 H. De Ridder-Symoens, 'Enkele gegevens over Joos Balbiaens universitaire studies.' In: *HMGOG* XL (1986), p. 97-100.

Rietema 1976 L.M. Rietema, 'Banken van lening in Zeeland.' In: *Gens nostra* 31 (1976), p. 85-90.

Rietema 1977 L.M. Rietema, 'Kriex; Een familie van tafelhouders.' In: *Jaarboek van het Centraal Bureau voor Genealogie* 31 (1977), p. 67-83.

Rietema 1985 L.M. Rietema, 'De Goudse Balbians.' In: *Jaarboek van het Centraal Bureau voor Genealogie* 39 (1985), p. 147-158.

Roob 1997 Alexander Roob, *Alchemie & Mystiek*. Vertaald door W. Boesten. Hedel, 1997.

Ruska 1931 J. Ruska, *Turba philosophorum. Ein Beitrag zur Geschichte der Alchemie*. Berlin/Heidelberg/New York, 1970 [herdruk van 1931].

Secret 1995 François Secret, 'Pierio Valeriano et l'alchimie. In: Kahn en Matton 1995, p. 429-441.

Sheppard 1986 — Harry J. Sheppard, 'European Alchemy in the Context of a Universal Definition.' In: Meinel 1986, p. 13-18.

Singer 1928 — Dorothea Waley Singer, *Catalogue of Latin and Vernacular Alchemical Manuscripts in Great Britain and Ireland Dating from before the XVI Century*. Vol 1. Brussels, 1928.

Sliggers 1998 — B.C. Sliggers, *Naar het lijk. Het Nederlandse doodsportret 1500-heden*. Haarlem, 1998.

Sonnemans 1996 — Gerard Sonnemans (red.), *Middeleeuwse Verzamelhandschriften uit de Nederlanden. Congres Nijmegen, 14 oktober 1994*. Hilversum, 1996.

Telle 1980a — Joachim Telle, *Sol und Luna. Literatur- und alchemiegeschichtliche Studien zu einem altdeutschen Bildgedicht*. Hürtgenwald, 1980.

Telle 1980b — Joachim Telle, 'Mythologie und Alchemie. Zum Fortleben der antiken Götter in der frühneuzeitlichen Alchemieliteratur'. In: Rudolf Schmitz und Fritz Krafft (hrsg.), *Humanismus und Naturwissenschaften. Beiträge zur Humanismusforschung*, Bd. VI. Boppard, 1980, p. 135-154.

Telle 1986 — Joachim Telle, 'Zum ' Filius Sendivogii' Johann Harprecht.' In: Meinel 1986, p. 119-136.

Telle 1992 — Joachim Telle, *Rosarium Philosophorum. Ein alchemisches Florilegium des Spätmittelalters*. Herausgegeben und erläutert von -. Aus dem Lateinischen ins Deutsch übersetzt von Lutz Claren und Joachim Huber. 2 delen. Weinheim, 1992.

Telle 1994 — Joachim Telle, "Vom Stein der Weisen". Eine alchemoparacelsistische Lehrdichtung des 16. Jahrhunderts. In: *Analecta Paracelsica*, hrsg. von Joachim Telle. Stuttgart, 1994, p. 167- 212.

Den Tex 1959 — J. den Tex, 'Nederlandse studenten in de rechten te Padua 1545-1700'. In: *Mededelingen van het Nederlands Historisch Instituut te Rome*, derde reeks, Deel 10, 1959, p. 45-165.

Thomas van Cantimpré, zie: Boese 1973.

Thorndike — Lynn Thorndike, *A History of Magic and Experimental Science*. 8 vols. New York, 1923-1958.

Thorndike en Kibre — Lynn Thorndike en Pearl Kibre, *A Catalogue of Incipits of Medieval Scientific Writings in Latin*. Londen, 1983.

Toepke 1886 — G. Toepke, *Die Matrikel der Universität Heidelberg von 1386 bis 1662*, II. Heidelberg, 1886 [reprint Nendeln 1976].

Valkema Blouw 1998 — *Typographia Batava, 1541-1600: Repertorium van boeken gedrukt in Nederland tussen 1541 en 1600*. 2 delen. Nieuwkoop, 1998.

Versprille 1957 — A. Versprille, 'Sion Luz, tafelhouder'. In: *Leidsch jaarboekje* 49 (1957), p. 106-118.

Visscher en Van Langelaar 1907 — H. *Visscher en L.A. van Langelaar, Het Protetantsche Vaderland. Biographisch woordenboek van Protestantse Godgeleerden in Nederland*. Deel 1. Utrecht, 1907.

Waite 1894 — *The Hermetic and Alchemical Writings of Paracelsus the Great*. Now for the First Time Faithfully Translated into English.

	Edited with a Biographical Preface, Notes, Vocabulary, and Index by -. Vol. 1: *Hermetic Chemistry*. London, 1894.
Walther 1959	H. Walther, *Carmina medii aevi posterioris Latina*. Pars 1: *Initia carminum ac versuum medii aevi posterioris latina*. Göttingen, 1959.
Werling 1968	Josef Werling, 'Ein Receptbuch des Kaisers Maximilian I?' In: *Fachliteratur des Mittelalters. Festschrift für Gerhard Eis*. Stuttgart, 1968, p. 469-480.
Wilkins 1993	Nigel Wilkins, *Nicolas Flamel; Des livres et de l'or*. S.l., 1993.
Willard 2001	Thomas Willard, 'The enigma of Nicolas Barnaud: an alchemical riddle from Early Modern France.' In: R. Caron, J. Godwin, W.J. Hanegraaf & J.-L. Vieillard-Caron (eds.), *Ésoterisme, gnoses & imaginaire symbolique: Mélanges offerts à Antoine Faivre*. Leuven, 2001.
Witten en Pachela 1977	Laurence C. Witten and Richard Pachella (ed.), *Alchemy and the Occult. A Catalogue of Books and Manuscripts from the Collection of Paul and Mary Mellon given to Yale University Library*. 3 vols. New Haven, 1977.

REGISTER VAN PERSONEN EN ZAKEN

Zie ook de afzonderlijke registers op het inhoudsoverzicht van het handschrift en de drukken van namen, titels en incipits in Bijlage 2, p. 227-241. In het hier volgende register is dit inhoudsoverzicht niet verwerkt. Verwijzingen naar voetnoten: paginanummer met nootnummer superscript. Het eventuele voorvoegsel Pseudo- bij auteursnamen is hier weggelaten.

PRINTED ON PERMANENT PAPER • IMPRIME SUR PAPIER PERMANENT • GEDRUKT OP DUURZAAM PAPIER - ISO 9706

N.V. PEETERS S.A., WAROTSTRAAT 50, B-3020 HERENT